油区地热资源评价与开发利用实践

闫家泓　王社教　姚艳华　等著

U0322732

石油工业出版社

内 容 提 要

本书系统介绍了国内外地热发展现状、油区地热资源的形成与成因机制、热储的分布特征、地热资源开发利用技术、地热资源评价、地热资源经济性评价、油区地热开发利用实践、未来油田地热开发利用前景等内容，既包含地热资源基础理论知识，又包含地热开发利用案例分析。

本书可供从事地热资源研究的地质人员、开发工程人员及高等院校相关专业师生参考阅读。

图书在版编目（CIP）数据

油区地热资源评价与开发利用实践/闫家泓等著
.—北京：石油工业出版社，2022.5
ISBN 978-7-5183-4804-6

Ⅰ.①油… Ⅱ.①闫… Ⅲ.①地热能–资源开发–研究–中国②地热能–资源利用–研究–中国 Ⅳ.
①P314

中国版本图书馆 CIP 数据核字（2021）第 160911 号

出版发行：石油工业出版社
　　　　　（北京安定门外安华里 2 区 1 号　　100011）
　　　　　网　　址：www.petropub.com
　　　　　编辑部：（010）64253017　　图书营销中心：（010）64523633
经　　销：全国新华书店
印　　刷：北京中石油彩色印刷有限责任公司

2022 年 5 月第 1 版　2022 年 5 月第 1 次印刷
787×1092 毫米　开本：1/16　印张：16.25
字数：390 千字

定价：200.00 元

《油区地热资源评价与开发利用实践》
撰 写 人 员

闫家泓　　王社教　　姚艳华　　孙凤鸣　　朱永山

胡俊文　　米晓利　　刘梅侠　　冯学坤　　张新成

黄旭楠　　周　宏　　朱焕来　　朱颖超　　赵　宁

陈宁生

前言 /PREFACE

地热能是蕴藏在地壳岩石和地下流体中能够为人类开发利用的热能资源，是仅次于太阳能的第二大清洁能源。与风能、太阳能相比，地热能资源量大、分布广泛，开发利用系数最高，不受季节、气候、昼夜变化等因素影响，是具有广阔发展前景的可再生能源。目前全球已有 100 多个国家开发利用地热能，并以年增长率超过 10% 的速度快速发展。我国已将地热能列为重点扶持的战略性新兴能源产业，出台相应产业发展规划和鼓励政策，推动地热资源的开发利用。

地热能利用主要有两种形式，即直接利用和地热发电，其中在直接利用方面中国长期保持世界第一。中国中低温地热资源非常丰富，含油气盆地是我国中低温水热型地热资源最富集的地区。作为油气伴生的热能资源，油田企业很早就重视并开始利用油田地热能。开发利用油田地热资源，不但能满足油田生产、居民生活的用热需求，而且对改善北方地区环境污染、治理雾霾、优化区域能源结构具有重要的社会意义和现实意义。工业方面，油田地热能的开发利用，可用于油气开发过程的油水分离、油管清洗、集输伴热等。民用方面，油田地热能的开发利用，可用于油田老矿区、新建小区及边远矿区冬季供暖，实现节约燃油、燃气和燃煤。

在国家推进能源革命和低碳转型的宏观背景下，开发油田地热资源，实现"油、气、热 + 多种能源"综合利用，是石油公司拓展新能源业务、增加经济效益的重要举措。

本书是作者长期从事油田地热研究的成果总结。在中国石油天然气股份有限公司科技管理部的支持下，作者开展了油田地热地质评价、地热资源评价、地热资源经济评价、地热开发有利区优选、地温场模拟等基础研究，实施了油田采出水余热利用、废弃井改造为地热井、深井直接换热、砂岩地层回灌、中低温地热发电、综合物化探地热勘查等多项工程试验，取得了一系列重要成果和认识，形成了多项专有技术和发明专利。为让读者更多地了解油田地热的发展状况，加快推动油田地热和我国地热产业的发展，特撰写此书，期望对关心和支持油田地热业务的专家和学者有所帮助。

本书撰写分工如下：前言由王社教撰写，第一章由王社教、闫家泓撰写；第二章由闫家泓、王社教、胡俊文撰写；第三章由王社教、闫家泓、胡俊文、陈宁生、姚艳华、朱焕来撰写；第四章由黄旭楠撰写；第五章由姚艳华、米晓利、孙凤鸣、朱永山、刘梅侠、冯学坤、张新成、周宏、朱颖超、赵宁撰写；第六章由闫家泓、王社教撰写。全书由闫家泓和王社教统稿。

在本书撰写过程中，得到了中国石油天然气股份有限公司科技管理部、规划计划部、勘探与生产分公司，中国石油勘探开发研究院，以及15家油田公司的大力支持和帮助。在开展油田地热资源评价的过程中，油田公司提供了丰富的基础材料，为系统评价油田地热资源奠定了坚实基础。科技管理部李峰副处长在项目研究和本书撰写过程中给予了大力支持，在此一并表示感谢！

目录 /CONTENTS

第一章　地热资源类型及特点

地热是一种宝贵的自然资源，功能多，用途广，使用年限长，具有绿色环保的特点。它不仅能发电，还能提供热能，同时还是宝贵的医疗热矿水和饮用矿泉水资源，社会、经济和环境效益显著。目前，国家高度重视地热能的开发利用，期望地热能在清洁供暖、治理雾霾、改善能源结构和建设美丽中国过程中发挥重要作用。

第一节　地热资源分类

一、地热能

地热能是蕴藏在地壳岩石（称为干热岩）和地下流体中能够为人类开发利用的热能资源，主要来源于地球的熔融岩浆和放射性物质的衰变。地热能是一种巨大的自然能源，可通过火山爆发、温泉及岩石热传导等形式不断向地表传送和散失热量。

地热资源是指能够经济地被人类利用的地球内部的地热能、地热流体及其有用组分。目前可利用的地热资源主要包括通过热泵技术开采利用的浅层地热能、通过天然通道或人工钻井直接开采的水热型地热能和干热岩体中的地热能。

地热开发通常以地热田为基本单元。地热田是指经地质勘查或研究证实，在目前技术经济条件下可以开采的、具有开发利用价值的地热能及地热流体的地域。它一般包括水源、热源、热储、通道和盖层等要素，具有有关联的热储结构，可通过地质、物化探方法加以圈定。

二、地热资源分类

地热资源一般按深度及热储、温度进行分类。

（一）按深度及热储划分

浅层地热能是指蕴藏在地表以下一定深度（一般<200m）范围内的岩土体、地下水和地表水中的热能。它受地球内部能量传导和太阳辐射共同作用产生，一般温度低于25℃。主要通过热泵技术对浅层土壤、地下水和地表水中的地热能进行利用。

水热型地热能是指蕴藏在地下水中，通过天然通道或人工钻井进行开采利用的地热能；温度一般在25℃以上，埋深介于200～4000m；分为对流型地热能和传导型地热能两种。对流型地热能的成因为构造隆起，包括火山型、非火山型地热系统；传导型地热能的成因为构造坳陷，包括断陷盆地型、坳陷盆地型地热系统。

增强型地热系统（EGS）是指通过钻井建立地下人工热交换系统获取地热能的系统，通常指的是干热岩的开发。干热岩是不含或含少量流体，温度高于180℃，在当前技术经济条件下可以利用其热能的岩体。

（二）按温度划分

按地热水的温度可划分为高温地热资源、中温地热资源和低温地热资源（表1-1）。

表 1-1　地热资源温度分类

温度分级		温度界限 T（℃）	主要用途
高温地热资源		$T \geqslant 150$	发电、烘干
中温地热资源		$90 \leqslant T < 150$	工业利用、烘干、发电
低温地热资源	热水	$60 \leqslant T < 90$	采暖
	温热水	$40 \leqslant T < 60$	医疗、洗浴、温室
	温水	$25 \leqslant T < 40$	农业、养殖

第二节　地热资源特点及利用方式

一、地热资源特点

地热是集热、矿、水于一体的资源，既是清洁能源，又是十分可贵的医疗矿水资源，具有广泛的用途。

地热资源具有储量大、分布广、清洁环保、用途广泛、稳定性好、可循环利用等特点，不受季节、气候、昼夜变化等外界因素干扰。特点一：资源量巨大。地表以下5km地热资源量约 14.5×10^{25} J，相当于 4900×10^{12} t标准煤。每年地表散失的热量，相当于 1000×10^8 bbl 石油燃烧的热量，全球每年可采地热资源量达 500×10^{18} J。特点二：利用效率高。与风能、太阳能发电相比，地热发电效率更高、更稳定。据世界能源理事会统计，地热能利用效率可达72%～76%，是风电的3～4倍、太阳能发电的4～5倍。因此，地热能的开发利用受到广泛的关注和重视。

多年的地热开发利用实践表明，开发地热资源用于发展清洁供暖、旅游业、医疗保健卫生业、房地产业、农牧渔业，即发展地方经济与提高人们生活质量方面具有其他新能源和常规能源不可替代的作用。

二、开发利用方式

地热能开发利用形式多种多样，既可以发电，也可以用于供暖、制冷、农业种植、养殖等，尤其我国正大力实施清洁能源采暖计划，地热能在清洁采暖、治理雾霾方面将发挥重要作用。

（一）地热发电

地热发电是地热开发利用的重要组成部分，地热发电站运行稳定、效率高、不受气候和季节变化的影响，在可再生能源发电中具有很大的优势。我国地热发电从20世纪70年代初开始，分为1970—1985年以中低温试验电站为主和1985年以后发展商业应用的高温地热电站两个阶段。我国高温地热资源集中分布在藏南、滇西和川西地区，是我国开展高温地热发电最有远景的地区。

（二）地热供暖

近年来，我国地热采暖有很快的增长，尤其在北方，如北京、天津、大港、任丘、大庆、西安、咸阳、开封等地，并取得了良好效果，既节约了常规能源，又减少了环境污染。

（三）地热农业利用

我国中西部大部分地区属农业区，无论是山区还是平原地区，地热资源均十分丰富，为地热在农牧副渔等方面的广泛利用提供了优越的资源条件。目前，地热资源已有效应用于温室种植（蔬菜、花卉等）、水产养殖、禽类孵化等方面，效益显著。

（四）地热工业利用

我国中西部地区地热水中含有许多贵重的稀有元素、放射性元素、稀有气体和化合物，如溴、碘、硼、锂、铷、铯、锶、镭、氦、重水和钾盐等，是国防工业、原子能工业、化工工业及农业不可缺少的原料。20世纪50年代末，石油企业在四川盆地中部打成一口基准井——蓬基井，揭露了埋藏于盆地深部的热卤水资源，除制盐外，还可以提取溴和碘等化工原料。

（五）地热医疗与旅游

由于地热水具有较高的温度且含有特殊的化学成分、气体成分、少量生物活性离子以及放射性物质等，并在一些地热区形成矿泥，对人体具有明显的医疗、保健作用。我国地热医疗利用的历史十分悠久，目前已建立具有一定规模的温泉疗养院200余座。我国许多地区既拥有医疗矿水资源，又拥有温泉旅游观光资源，不少已成为著名的矿泉旅游疗养胜地。

（六）矿泉饮料业

许多热矿水中含有锂、锶、溴、碘、锌、硒等微量元素和二氧化碳等气体，且含量分别达到我国饮用天然矿泉水国家标准，有些甚至多项达标，对人体具有良好的医疗保健作用。近年来，矿泉饮料业已取得一定进展，效益显著。

第二章　地热开发利用现状

自1904年意大利拉德瑞罗建成世界上第一台地热发电机组以来，地热能被广泛地用于发电、供暖和工农业。经过100多年的发展，地热发电和直接利用规模不断壮大，地热勘查与开发利用技术逐渐成熟，中低温和高温地热资源得到有效利用，地热产业正步入高质量快速发展阶段。

第一节　世界地热开发利用现状

一、产业现状

地热利用分为地热发电和直接利用。受高温地热资源和经济的影响，近10年地热发电增长缓慢（图2-1），2010年全球地热发电装机容量为9992MW，2019年装机容量为13931MW，10年增长39%。地热发电位列前10名的国家为美国、印度尼西亚、菲律宾、土耳其、新西兰、墨西哥、肯尼亚、意大利、冰岛和日本，美洲和亚太地区占主导地位，美国位居世界第一（图2-2）。中国地热发电近10年几乎没有变化，2019年总装机容量为27.8MW。

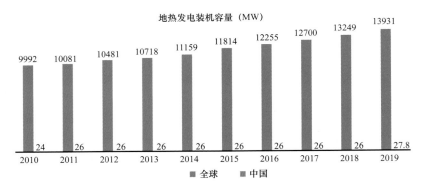

图2-1　全球和中国地热发电装机容量（据国际可再生能源署，2020）

全球地热能直接利用的国家有88个，近10年快速增长。2010年装机容量为48493MWt，年利用热量为423830TJ，2020年装机容量为107727MWt，年利用量1020887TJ（折合油当量8100×10⁴t），10年来地热直接利用装机容量和年利用热量分别增长122%和141%（图2-3）。地热直接利用位居前5名的国家为中国、美国、瑞士、土耳其和日本。中国在地热直接利用方面长期保持世界第一，目前地热装机容量达到40610MWt，年利用量443492TJ（图2-4）。

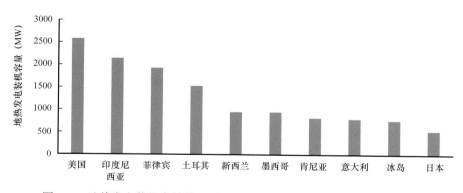

图 2-2 地热发电装机容量前 10 名的国家（据国际可再生能源署，2020）

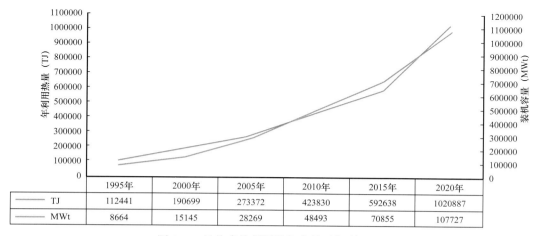

	1995年	2000年	2005年	2010年	2015年	2020年
TJ	112441	190699	273372	423830	592638	1020887
MWt	8664	15145	28269	48493	70855	107727

图 2-3 地热直接利用装机容量及年利用量

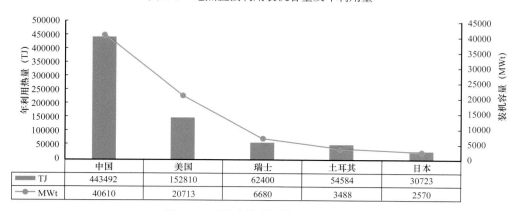

	中国	美国	瑞士	土耳其	日本
TJ	443492	152810	62400	54584	30723
MWt	40610	20713	6680	3488	2570

图 2-4 地热直接利用前 5 名的国家

10 年来地热发电成本一直比较稳定，平准化度电成本（LCOE）2010 年全球为 0.05 美元 /（kW·h），2012 年为 0.08 美元 /（kW·h），2013 年至 2018 年，平均为 0.06～0.07 美元 /（kW·h）。2018 年为 0.07 美元 /（kW·h），比 2017 年下降 1%。

二、技术现状

地热能开发利用是一门涉及多学科、多领域、多行业的综合性技术，包括资源勘查与评价、钻完井、储层压裂改造、尾水回灌、换热和保温、防腐防垢、热泵和发电、地面工程、运行管理等技术。

美国、日本、德国、意大利、冰岛、新西兰等国的地热发电技术走在世界前列，中国在中低温地热资源的勘查、开发和直接利用等方面技术先进。

地热地球物理勘查技术是一项比较成熟的技术，是依据岩石地球物理响应特征，圈定地热异常范围、热储空间分布、基底起伏及隐伏断裂的空间展布，该技术主要有电（磁）勘探、重磁勘探、地震勘探（人工地震、微地震、随钻地震）、遥感、测井、重磁电震综合解释技术等。电磁勘探技术常应用于断裂构造、热储异常范围与埋深、热储特征的识别；重磁勘探技术可识别地热评价区基底起伏、断裂空间展布、岩浆体分布、地热相关蚀变带等；地震勘探技术能够准确圈定地层结构、热储埋深及断裂特征；微地震技术可用于监测干热岩的人工压裂。

地热地质评价技术，主要包括热储评价技术、地热资源评价技术、地热田优选评价技术等。地热地质评价技术的核心是了解地热资源形成的基本条件，明确热储的地温场、热储的（热）物性及分布特征，评价地热资源及分布等。地热地质评价技术总体比较成熟。

地热开发技术，包括地热钻完井技术、热储压裂改造技术、废弃井改造技术、地热水回灌技术、深井直接换热技术、地热开发数值模拟技术、地热开发动态监测技术，等等。目前地热钻井技术比较成熟，如常规地热井钻完井技术、高温地热钻井技术。中国石油长城钻探工程分公司（简称长城钻探）通过多年在肯尼亚进行高温地热钻井服务以及重大科技项目技术攻关，在高温地热井高效 PDC 钻头、抗高温泡沫钻井液体系、高温地热井固井、高温地热井测试等方面取得了重大进展。热储改造技术仍比较薄弱，干热岩热储压裂改造处于试验阶段。地热开发模拟技术和回灌技术是当前重点关注的技术，尤其中国水热型地热资源的开发，要求尾水必须进行回灌，如何实现采灌平衡保持地热可持续开发，对地热开发模拟技术和回灌技术至关重要。目前中国在地热开发模拟技术方面还比较薄弱，但在回灌技术，尤其是砂岩地层回灌技术方面处于领先地位。

地热利用技术总体成熟，包括地热直接利用技术和地热发电技术。地热直接利用技术包括压缩式热泵技术、吸收式热泵技术、地热水水质处理技术、防腐蚀技术、结垢防治技术、地热井增产技术、保温技术、设备橇装化技术、三维数字化技术、五化技术（标准化设计、工厂化预制、模块化施工、机械化作业、信息化管理）等。地热直接利用发展最快的是热泵技术，2019 年全球地热（地源）热泵装机容量为 77547MWt，用热量为599981TJ/a，占地热直接利用装机容量和年利用量的 58.8% 和 72%。地热发电技术包括高温地热发电和中低温地热发电技术，其中高温地热发电技术成熟，中低温地热发电技术仍处于攻关和试验阶段。发电技术：一是干蒸汽发电，指蒸汽动力机直接带动发电机做功发电；二是闪蒸发电，也是最为常用的技术，地下热水或汽液两相分离后，蒸汽带动发电机发电，液体被降压闪蒸进行发电；三是双循环发电，指中低温热水热交换加热低沸点工质循环做功发电。目前增强型地热系统发电技术仍不成熟。总体上，中国直接利用技术与国外同步，地热发电成套技术相对落后。

三、发展趋势

从能源发展趋势看，当前正处在第三次能源变革阶段，即从油气为主向非化石能源为主转型发展的阶段，预计到2050年，可再生能源占比将超过40%，地热能在未来能源体系中将扮演重要角色。

目前中低温地热资源开发利用趋于成熟，深层高温地热资源由于其高效性逐渐成为关注点。干热岩热能蕴藏量大、利用率高、系统稳定，蕴含的能量相当于全球所有石油、天然气和煤炭蕴藏能量的30倍，发展潜力巨大，因此，增强型地热系统将成为地热能未来发展的主要方向。

干热岩开发利用技术，包括干热岩高温钻完井技术、干热岩压裂技术、干热岩换热技术均不成熟，仍处于试验和示范阶段。美、法、德、日、英、澳等国家在干热岩开发方面取得了一定进展，建设试验性工程31项，发电能力12.2MW。针对干热岩温度高、应力高、岩石致密等特点，埋藏深（大于5000m）、高温（大于450℃）地热井钻完井新技术及井下装置，高温地热井设计、工艺、采热专有技术体系，深部高温高应力条件下的压裂工具及材料的研发，干热岩储层水力压裂数值模拟，干热岩储层水力压裂监测，低成本储层改造，储层改造方案的优化和施工设计等是干热岩重点发展的技术。

第二节　中国地热开发利用现状

中国属于地热能资源比较丰富的国家之一，以中低温地热资源为主，直接利用长期保持世界第一。中国中低温地热资源主要分布沉积盆地内，如渤海湾盆地、松辽盆地、鄂尔多斯盆地等。高温地热资源主要分布在我国的西南部，如藏南、滇西、川西等地区。从中国地热资源赋存条件和开发潜力看，水热型地热资源的开发利用仍将是中长期发展的目标，高温地热和EGS地热的综合开发利用是未来发展的方向。

一、发展现状

供暖是我国地热直接利用的主要方式。随着北方地区清洁供暖的推广，特别是第一个国家地热产业规划《地热能源开发利用"十三五"规划》的发布，地方政府相关优惠政策的实施，近5年我国地热直接利用发展迅速，中低温地热资源直接利用呈指数增长。地热能年利用总量和年利用总热量分别为14160MWt和197281TJ，是五年前地热利用总量的2.3倍。2019年底，全国地热采暖装机容量为7011MWt，总供热面积超过$1.5 \times 10^8 m^2$。地源热泵持续快速发展，2019年总装机容量达到26450MWt，年利用量$443492 \times 10^{12}J$（超过$2000 \times 10^4 t$标准煤），位列世界第一，实现供暖（制冷）面积$5 \times 10^8 m^2$以上，比5年前增加了55.5%。

我国地热发电发展缓慢。2011—2018年，发电装机容量一直为26MW，2018年，西藏羊易地热电站16MW机组成功接入国家电网，四川康定藏区建成400kW试验发电机组，云南省德宏市建成2MW地热发电机组。截至2019年，我国地热发电装机容量达到

34.896MW，实际装机容量为27.18MW。在干热岩方面，我国正在青海共和盆地开展干热岩开发试验。

我国在地热资源勘查、地热钻完井、地热直接利用等领域达到国际先进水平，高温地热钻完井领域的高效PDC钻头、抗高温泡沫钻井液体系、高温地热井固井、高温地热井测试等技术处于国际领先。在热储工程技术、中低温地热发电、高温地热发电、深井直接换热、高效热泵、干热岩开发利用等技术方面，我国仍比较薄弱。尤其作为战略性接替能源的干热岩勘查和开采技术，我国刚刚启动共和盆地干热岩开发工程示范，亟待加快推进干热岩先导试验，攻克干热岩热储压裂改造、高效换热等技术难题，实现干热岩的经济有效开发。

二、发展潜力

从中国一次能源消费结构看，煤炭占59%，石油占19%，天然气占8%，非化石能源占14%，煤炭占比远高于全球平均占比。中国以煤为主的消费结构带来了环境污染的问题，特别是北方冬季供暖时，大量二氧化碳等污染物，严重影响空气质量与生存环境。为了改善能源结构，国家正大力发展包括地热能在内的新能源，推广"煤改电""煤改气"以及"地热采暖"等清洁采暖工程，提高清洁能源的比重。近年来，国家对部分省市煤改清洁能源取暖出台了一系列鼓励及补贴政策。

在地热能利用上，地热对治理大气污染意义突出。相对于太阳能发电、风力发电等减少的燃煤电厂排放的污染物，地热供暖减少的是采暖锅炉的燃煤和直燃的散煤所产生的污染物。采暖锅炉排放的二氧化硫、氮氧化物和粉尘分别是燃煤电厂锅炉的4倍、4倍和2.5倍，1t散煤直燃的污染物排放量是1t工业燃煤经集中减排后污染物排放量的十几倍。因此，地热采暖替代燃煤采暖将大大减少污染物的排放。

中国地热资源量巨大，浅层地热资源量（200m以浅）约$95×10^8$t标准煤，年可利用$7×10^8$t标准煤；中深层地热资源量（3000m以浅）约$1.25×10^{12}$t标准煤，年可利用$19×10^8$t标准煤；干热岩地热资源量（3000~10000m）相当于$856×10^{12}$t标准煤，如果按照可采量2%计算，折合$17.2×10^{12}$t标准煤。目前全国地热资源利用量仅占2018年中国一次能源消耗总量的0.6%，而每年中国地热可开采量达到$26×10^8$t标准煤（不包括干热岩），占2018年中国一次能源消费的56%，开发利用明显不足，发展空间巨大。

第三节　油田地热开发利用现状

在油气开发过程中，每年油水分离出的数亿立方米、40~50℃的地热水是地热资源的一部分。据统计，陆上油气企业有近30万口油气生产井，大部分油气井高含水，这些水就是地热资源，尤其东部老油田已进入开发后期，平均含水率高达90%以上，实际上的油田已变为"地热田"。

目前中国石油、中国石化、中国海油三大石油公司均涉足了地热领域，开展了一系列地热开发利用活动。

一、中国石油

作为油气的伴生资源，中国石油从 20 世纪 80 年代就重视和开发利用油田地热资源。在华北、辽河、大庆、冀东、大港等油田开展了一批地热能开发利用项目，利用油气开发过程中的伴生水余热资源或废弃井改造为地热井，开发地热用于生活采暖、输油伴热、管道清洗等，节约了大量燃油、燃气、燃煤，取得了显著的经济效益和社会效益。截至 2019 年，中国石油累计建设地热项目 68 个（表 2-1），其中正在运行的项目 41 个，地热供暖项目 21 个，供暖面积达到 $500 \times 10^4 m^2$。余热利用替代标准煤达到 $4.7 \times 10^4 t$，累计地热直接利用年替代标准煤 $15 \times 10^4 t$。

表 2-1 中国石油地热业务发展情况

序号	油田	项目类型	项目 / 个	在运项目 / 个	在运项目规模	停运
1	华北	地热供暖	5	4	供暖面积 $130 \times 10^4 m^2$	地热水不回灌
		余热利用	6	4	替代标准煤 $0.58 \times 10^4 t$	技术不过关，经济效益低
2	冀东	地热供暖	2	2	供暖面积 $306 \times 10^4 m^2$	
		余热利用	1	1	替代标准煤 $0.07 \times 10^4 t$	
3	大港	地热供暖	10	1	供暖面积 $20 \times 10^4 m^2$	改扩建，运维人员缺乏
		余热利用	—	1	替代标准煤 $0.23 \times 10^4 t$	改扩建，经济效益低
4	辽河	地热供暖	5	3	供暖面积 $18.1 \times 10^4 m^2$	改扩建，运行成本过高
		余热利用	7	4	替代标准煤 $1.8 \times 10^4 t$	质保到期，运行成本高
5	大庆	地热供暖	32	21	供暖面积 $27.4 \times 10^4 m^2$	改扩建，运行成本高

华北油田，早在 20 世纪 70 至 80 年代开始利用地热，主要用于供暖和花卉种植、输油伴热、清洗油管。1995 年对废弃井霸 9 井的地热开发是一个典型的成功案例，华北油田利用该井产出的地热水，建成 28 座温室大棚进行育苗并养殖花卉，经济效益显著，由此带动当地第三产业发展。"十一五""十二五"期间实施两个中低温地热发电先导试验，试验电站装机容量分别为 400kW 和 500kW。2019 年实施石油新城规模化民用社区地热供热计划，建成采暖面积 $63 \times 10^4 m^2$，2019 年底华北油田地热供暖面积累计达到 $130 \times 10^4 m^2$。

大庆油田，1998 年发现地热田，自 2004 年建立第一个热泵项目以来，累计实施热泵改造项目 31 项，总供热规模为 46940kW，供热面积为 $37.47 \times 10^4 m^2$，目前 24 个项目正常运行，实际供暖面积 $27.4 \times 10^4 m^2$。其他项目正在扩建或因改造已停用。年替代标准煤能力达 $4.65 \times 10^4 t$。

辽河油田地热研究工作始于 1985 年，是中国石油唯一拥有水文地质、地热应用技术研究机构的油田企业。已研发地下水人工密封回灌技术、电缆传送可钻式水源井堵漏技术、水源井"对井"边开采边回注技术及其所采用的开采回注系统、一种地热井套管坐封器、潜水泵井下气水分离装置、无基管钢筋骨架尼龙网状筛管、简易电测水位计、一种导入式地热井套管分离器、一种水井开放式套筛管冲砂装置等实用新型发明专利。辽河油田不仅在辽河矿区成功开展地热利用项目（表2-2），还与中国石油天然气股份有限公司浙江油田（简称浙江油田）签订地热合作开发框架协议，共同开发浙江油田及江苏省地热利用项目，为冀东油田曹妃甸项目、华北油田石油新城项目提供技术服务。

表 2-2　辽河油田已实施的部分地热利用开发项目统计表

项目名称	热源	热源温度（℃）	流量（$10^4 m^3/a$）	替代标准煤量（t/a）	主要用途
润诚苑小区热泵供暖工程	地下水	30～35	80	2000	$17 \times 10^4 m^2$ 住宅冬季采暖
供水公司水源站热泵供暖工程	地下水	20～25	30	1500	8 座水源站采暖
油气集输小龙湾热泵供热工程	地下水	20～25	74	1667	外输原油伴热
供水公司运输公司综合办公楼地埋管供暖/制冷工程	土壤	6～9	—	400	$6300 m^2$ 办公楼冬季采暖、夏季制冷
兴油三十五站热泵供热工程	土壤	6～9	—	274	外输原油伴热
欢三联热泵供热改造工程	油田采出水	38～41	11.4	1190	外输原油伴热
沈四联高温热泵替代燃气加热炉改造工程	油田采出水	42～45	54.7	4800	外输原油伴热
海南联合站热泵伴热工程	油田采出水	20～25	18.7	250	油罐伴热、冬季供暖
SAGD 高温采出液热量利用工程	SAGD 采出水	140～150	248	6000	曙采吞吐换热

冀东油田早在 1991 年就开始进行地热能开发利用。2018 年，利用油田地热建成 $230 \times 10^4 m^2$ 的曹妃甸供暖项目；2019 年，持续开展曹妃甸新城地热供暖二期项目，建成 $260 \times 10^4 m^2$ 供暖能力。冀东油田的成功，除由于冀东曹妃甸较好的地下资源特征、地面供暖需求属于曹妃甸经济开发区，地下、地上优质资源相匹配以外，很重要的一点是多年来辽河油田培养的地热开发技术队伍，全面支撑了冀东油田的地热项目，也为冀东油田培养了地热团队。

充分利用油田丰富的地下地质资源数据，精细刻画大型砂岩热储层是实现科学、可持续地开发地热资源的重要条件。在我国地热开发历史上，首次成功实现大型砂岩热储的工业化、规模化、采灌均衡的开发用于地热供暖，为我国地热产业的科学化发展作出重要贡献。

大港油田自 1982 年起开发利用地热资源，钻探了地热井 23 口，改造 3 口报废油井为地热井，高峰时供暖面积达到 $68 \times 10^4 m^2$。2018 年，大港油田公司成立地热开发利用小组。目前正在第五采油厂实施"地热＋"五型示范项目和勘探开发研究院"地热＋"绿色发展示范项目。

中国石油在国资委要求下，由海峡能源及其下属基金公司投资成立了宝石花医疗、宝石花物业等系列混合经营公司，其中宝石花同方能源科技有限公司组建了地热开发利用技术团队，主要在油田矿区外开展地热利用项目，致力于地热能开发利用业务的发展。已在河南开封、商丘、河北无极县和冀东油田曹妃甸实施了地热供暖项目。

二、中国石化

中国石化地热业务快速发展，地热采暖面积占全国中深层采暖面积的 30%。2009 年，中国石化新星公司（简称新星公司）在河北雄县打造了第一座地热供暖"无烟城"，亦称"雄县模式"，即"政府主导、市场运作、统一开发、技术先进、环境保护、百姓受益"，成为可复制的地热开发利用的样板工程。截至 2019 年底，中国石化在雄安新区已建成供暖能力 700 余万平方米，地热供暖全面覆盖雄县、容城城区，造福近 7 万余户居民。以"雄县模式"为引领，中国石化在河北、陕西、河南、山东等省区市建成地热供暖能力 $5700 \times 10^4 m^2$，在河北省建成供暖能力 2300 多万平方米。

中国石化正全力升级"雄县模式"，助力雄安新区建设，参与编制雄安新区"地热 +"清洁供暖规划，落实中国地质调查局勘探部署，在起步区和容东安置区部署 6 口探井。2017—2019 年，先后完成雄县大营镇后营、中营、大营村等 11 个自然村地热代煤改造工程，建成换热站 7 座，敷设管网 400 多千米，供暖 5000 多户、供暖面积 70 多万平方米。

新星公司于 2008 年开始进入雄县开发地热能，在牛驼地热田钻地热井 60 口，其中 30 口回灌井。雄县地区地热储层是雾迷山组白云岩，具有易回灌、温度高、水量大的特点，开采深度 1600～1700m，井口温度 60～70℃，地热开发基本实现一采一灌。2009 年完成第一个 $30 \times 10^4 m^2$ 的供暖项目，目前雄县地热供暖面积达到 $328 \times 10^4 m^2$，采用"取热不取水"技术（即利用地热水热能后，将尾水通过回灌井注入地下），县城地热供暖面积达 100%，成为冬季供暖无烟化地区（供暖期 4 个月），国家能源局力推雄县地热供暖模式。

第四节　地热开发利用政策

近几年，中国高度重视地热能的开发利用，无论是国家层面还是地方政府，都出台了一系列地热政策以加快推进地热产业快速发展。总体看，中国地热资源扶持政策都较为宏观（表 2-3）。作为新兴的绿色能源产业，地热开发前期投入较大，投资回收期较长，一些政策亟须细化和落实。

表 2-3　中国地热相关政策法规

序号	主要政策法规	颁布时间	相关内容
1	《中华人民共和国可再生能源法》	2006 年 1 月	将地热能的开发与利用明确列入鼓励发展的新能源范围
2	《国家中长期科学与技术发展规划纲要（2006—2020 年）》	2005 年	将地热能开发利用作为重点领域
3	《地源热泵系统工程技术规范》	2006 年 1 月	规范了地源热泵系统工程的设计、施工及验收
4	《国务院关于加强节能工作的决定》	2006 年 8 月	提出大力发展风能、太阳能、生物质能、地热能、水能等可再生能源

序号	主要政策法规	颁布时间	相关内容
5	《建设部、财政部关于推进可再生能源在建筑中应用的实施意见》	2008 年 8 月	将地源热泵的应用列为重点技术领域
6	《节能减排综合性工作方案》	2007 年 6 月	提出积极推进能源结构的调整，积极推进地热能与建筑一体化，加强资源调查和评价
7	《中国应对气候变化国家方案》	2007 年 6 月	指出推广满足环境和水资源保护要求的地热供暖和地源热泵技术
8	《可再生能源中长期发展规划》	2007 年 9 月	在我国可再生能源总体发展目标中明确提出大力推广太阳能和地热能在建筑中的规模化应用
9	《关于大力推进浅层地热能开发利用的通知》	2008 年	对推进浅层地热能资源的评价、开发利用和监测等进行了工作部署
10	《"十二五"节能减排综合性工作方案》	2011 年 8 月	指出调整能源结构，因地制宜大力发展风能、太阳能、生物质能、地热能等可再生能源
11	《可再生能源发展"十二五"规划》	2012 年 8 月	提出合理开发利用地热能，并明确指出建设重点为地热发电和浅层地热能利用
12	《能源发展"十二五"规划》	2013 年 1 月	提出稳步推进地热能等可再生能源开发利用，着力增加地热能等可再生能源在建筑用能中的比重
13	《关于促进地热能开发利用的指导意见》	2013 年	明确提出了我国 2020 年地热能开发的主要目标
14	《可再生能源发展"十三五"规划》	2016 年 12 月	提出积极推广地热利用，有序推进地热发电，加大地热资源潜力勘察和评价
15	《地热能开发利用"十三五"规划》	2017 年 2 月	开展地热资源潜力勘查与选区评价，积极推进地热供暖、发电等利用，加强关键技术研发
16	《京津冀能源协同发展行动计划（2017—2020 年）》	2017 年 11 月	明确在雄安新区、北京城市副中心、天津滨海新区、冬奥会赛区、北京新机场等新增用能区域，支持以地热能、风能、太阳能为主的可再生能源开发举措
17	《关于加快浅层地热能开发利用促进北方采暖地区燃煤减量替代的通知》	2018 年 1 月	对地热资源因地制宜开发利用，对现有非清洁燃煤供暖适宜用浅层地热替代的尽快完成替代，对集中供暖无法覆盖的城乡结合部，在适宜发展浅层地热能供暖的情况下，积极发展浅层地热能提供供暖

2016 年 12 月出台《可再生能源发展"十三五"规划》，提出积极推广地热利用，有序推进地热发电，加大地热资源潜力勘察和评价。到 2020 年，地热供暖（制冷）面积累计达到 $16 \times 10^8 m^2$，地热能供暖年利用量达到 $4000 \times 10^4 t$ 标准煤。2017 年 1 月出台《能源技术创新"十三五"规划》，提出加快地热能利用关键技术及装置研发和示范工程建设。2017 年 1 月出台《地热能开发利用"十三五"规划》，提出"十三五"新增地热能供暖（制冷）面积 $11 \times 10^8 m^2$，其中新增浅层地热能供暖（制冷）面积 $7 \times 10^8 m^2$，新增

水热型地热供暖面积 $4 \times 10^8 m^2$。新增地热发电装机容量 500MW。到 2020 年，地热供暖（制冷）面积累计达到 $16 \times 10^8 m^2$，地热发电装机容量约 530MW。2020 年地热能年利用量 $7000 \times 10^4 t$ 标准煤，地热能供暖年利用量达到 $4000 \times 10^4 t$ 标准煤。京津冀地区地热能年利用量达到约 $2000 \times 10^4 t$ 标准煤。2017 年 11 月出台《京津冀能源协同发展行动计划（2017—2020 年）》，明确在雄安新区、北京城市副中心、天津滨海新区、冬奥会赛区、北京新机场等新增用能区域，支持以地热能、风能、太阳能为主的可再生能源开发举措。2018 年 1 月出台的《关于加快浅层地热能开发利用促进北方采暖地区燃煤减量替代的通知》，要求对地热资源因地制宜开发利用，对现有非清洁燃煤供暖适宜用浅层地热替代的尽快完成替代，对集中供暖无法覆盖的城乡接合部，在适宜发展浅层地热能供暖的情况下，积极发展浅层地热能提供供暖。

许多地方政府为加快落实"十三五"地热规划，纷纷出台各项补贴政策。如北京、天津、河北、山东、辽宁等对开发地热均有相应的补贴政策，并建立了地热资源勘查、矿权审批、地热水回灌、开发利用等管理制度和监管机制，鼓励企业合规合理、有序开发地热资源。

世界上许多国家都出台过地热相关的政策，以促进其国家的地热产业健康发展。例如，美国、日本、德国和冰岛对地热资源的开发起步较早，相关的开发利用配套政策和法规比较健全。

一、美国

美国地热发电增长迅速，是世界上地热发电最多的国家。美国出台《国家能源政策法》《能源战略计划》和《21 世纪清洁能源的能源效率与可再生能源办公室战略计划》等法规来促进地热等可再生能源的开发利用，其中关于地热资源的政策主要有以下几个方面：

（一）提高可再生能源利用比率

政府明确规定，2035 年供应全美清洁能源提高到 80%；加利福尼亚州规定：2020 年前确保全州三分之一的电力供应来自可再生能源。

（二）增加研发投入

（1）2009 年财政年度中，美国政府共投入 3000 万美元用于地热研发，比上一年增加 50%。2011 年，美国能源部宣布投资 7000 万美元发展地热技术，同年 9 月，又宣布未来三年拨款 3800 万美元加快发展地热技术。（2）2014 年美国能源部宣布提供 3.38 亿美元奖励资金，用于探索开发新的地热领域，研究新的地热技术。（3）美国为实现地热资料共享建立了国家数据中心，为加强人才培养建立了地热教育奖学金。（4）政府为增强型地热系统（EGS）等科研项目的野外工作选择合作伙伴来分担成本，为地热规划示范区提供资金补贴。

（三）税收补贴

2009 年出台《美国复苏和再生投资法案》集中展现了可再生能源项目的减税政策。（1）开展长期的针对地热的税收优惠及补贴计划，通过多种方式促进退税的货币化，例如：① 对于 2013 年底前投入运行的地热发电，实施生产税抵免政策，以减少税收的形式给予支持，生产税收依据发电量进行计算，标准为 2.2 美分 /（kW·h），生产税收抵免不用申请，在征税时直接减免；② 对 2016 年底前投入运行的地热发电项目，投入运行 60 天内提供补贴申请，经财政部下属部门审核认定后，由联邦政府给予项目建成价 30% 的税务减税额度，政府并不发放现金，而是用企业今后若干年内的营业利润冲抵；③ 对 2009 年和 2010 年在役项目，以及 2009 年和 2010 年开工项目，按项目建成价的 30% 由联邦政府提供一次性现金补贴。以上三种正常只能选其一。（2）地热系统的价格有时是传统暖气和空调系统的两倍。另外，要钻一口地热井也很昂贵。美国国会 2009 年通过了一条法案，只要在 2016 年 12 月 31 日之前安装任何地热系统，就给个人房屋的户主提供该系统成本的 30% 的课税减免，而商业项目则可以减免 10% 的额度。（3）美国政府规定，地热土地使用费及相关税收的 50% 归各州，25% 归属相关县市，剩余的 25% 则作为联邦地热资源技术研究、开发利用基金。（4）许多州都为地热发电提供了免税激励政策，这些地热系统减轻了用电高峰时期电力网所承受的负担，因此许多电力公司都提供电费折扣。

（四）贷款担保

（1）《示范法》中美联邦机构对于基于资源评价、技术研究与开发、获取地热资源权、商业生产、利用地热进行农业生产等投资行为均提供贷款担保。（2）政府采取为地热资源开发及利用过程中的科研项目选择合作伙伴的方法降低风险，分担成本。（3）美国能源部为充分结合当地条件、高效率利用地热能等可再生能源的技术提供贷款担保，使其可获得的潜在资助为 100 亿美元。这方面美国做得较为突出，例如，2011 年 2 月美国能源部为美国地热公司的俄勒冈州地热发电站项目提供 9680 万美元贷款担保，用于帮助建设马卢尔县 23MW 温泉地热电站，项目所产生的电力将根据一项 25 年电力供应协议出售给艾奥瓦州电力公司。

具体实施方案如下：（1）支持美国能源部（DOE）/ 联邦能源管理委员（FERC）出台的有关入网建设和许可政策，满足地热能发电入网。（2）降低地热能发展所面临的由许可、租赁等带来的延误。（3）建立行业—政府合作机制，在地热井的选定和开发方面，不断采取和发展新技术，以减少风险（如减少进入市场的时间，增加成功的可能性），并与地热项目的发展相结合。

二、德国

德国政府颁布了《可再生能源法》，旨在增加地热等可再生能源在能源消费结构中的比例，目标是地热等可再生能源在能源消费中所占的比例由目前的 6% 提高到 2020 的 14%，并于 2050 年达到 50%。该法自 2009 年 1 月生效，并宣布到 2020 年，预计将二氧化碳排放量减少到现今的 20%，电力生产中可再生能源的比例提高到 35%，到 2030 年提升到 50%，到 2050 年，提升到 80%。具体措施如下：

（一）使用义务

新建建筑物的业主须从 2009 年 1 月起使用地热等可再生能源供热。对于使用地热等可再生能源供热的新建建筑物的业主，政府给予其优先连接和使用供热热网的权利。

（二）财政补贴

推出针对地热能发电的补贴政策，每千瓦时补贴电价达到了 0.15 欧元，并为地热能利用提供税收及技术上的优惠，促进了地区与民间地热能开发的发展；对于开发利用地热等可再生能源的，联邦政府通过"联邦市场激烈计划"筹集资金予以资助。2007 年，该计划资助的热泵系统共 16.4 万个，总额达到 17 亿欧元。

（三）优先原则

德国《可再生能源法案》第三条规定，电网经营商要优先购买、连接和使用地热等可再生能源生产的电能，并有义务对电能供应商进行补偿。

三、日本

日本位于环太平洋地热带上，具有丰富的中高温地热资源。为推动地热电站的建设，日本政府积极推出了一系列扶持政策。

（一）制订地热发电目标

具体地热发电目标为：2020 年达到 $120 \times 10^4 kW$，2030 年增加到 $190 \times 10^4 kW$。

（二）修订法律

解除《新能源特别措施法（RPS 法）》中地热等新能源开发量的约束，放宽在国立公园等区域地热电力开发相关限制，要求电力公司要配合政府开发目标去合理选择。这项政策已经下发到日本的 47 个地方政府，目前政府与企业正密切合作，以制订一套切实可行的地热能发电方案。

（三）技术及资金援助

为了在技术上及资金上援助地热发电，经产省牵头日本成立了由电力公司负责人和相关学者组成的研究会。2009 年 4 月，对地热电站的前期投资给予资金援助。

（四）电价补贴

2012 年 7 月，日本地热能开发项目实行固定价格回售体制（feed-in tariff），这一体制规定电力公司必须以法定的价格收买可再生能源产生的电能。对地热发电不拘工厂大小设定高于市价的电价，对地热发电的上网电价补贴政策：发电容量达到或者超过 $1.5 \times 10^4 kW$ 的工厂为 27.3 日元 /（kW·h），小于这一规模的为 42 日元 /（kW·h），期限均为 15 年。

（五）补贴开发费用

日本经产省强化援助扶持政策，增加开发地热资源建设发电设备的相关补助。为加快地热电站的建设速度，日本政府敦促各电力公司购买"地热发电"的电量，使之义务化、商业化，将新建地热电站的财政补贴率由 20% 提高到 30%。

四、印度尼西亚

2014 年 8 月底通过的《地热法》中，印度尼西亚政府旨在为地热资源开发铺平道路，不再将地热开发活动归于矿业开发范畴，对地热电站电价机制做出详细规定，将地热开发项目招投标权限收归中央政府。印度尼西亚矿物与能源部制定的地热能源开发利用规划中明确规定：至 2020 年，地热发电的最终指标为 6000MW，其中 2008 年须达到 2000MW，2012 年达到 3442MW，2016 年和 2020 年分别达到 4600MW 和 6000MW。印度尼西亚能源部长发言称，到 2025 年，地热发电可达 9500MW，将地热发电量在全国电量中的比例提高到 12%，成为全球最大的地热利用国。未来地热电站项目将成为印度尼西亚最具吸引力的能源项目之一，并将掀起该国投资开发地热资源的新高潮。

（一）电价制定

政府制定了一套较为完善的电价计价计划鼓励私人投资。

（二）财政补贴

财政部已拨款 2 万亿盾（约 2.1 亿美元），支持地热项目勘探以及研究论证。能源部门也为市场打开通行绿灯，提供了很多支持地热开发商和建设企业的鼓励扶植政策。银行也为地热项目开发商提供便利，增加地热等再生能源项目的补贴。

（三）减免税收

减免地热项目所需的进口机械、工具和材料的进口税。减免地热项目净利所得税的 30% 和外资支付红利所得税的 10%。

五、冰岛

冰岛为加强对地热资源开发利用的统一管理，由国家能源局、国家地质调查局以及能源公司三方分工协作共同进行管理，而不允许私有公司参与其中。国家对地热资源的开发和利用十分重视，由国家统一管理地热资源的开发利用和管理活动等，并且成立了专门的机构进行地热资源的管理，例如，能源公司、国家地质调查局和国家能源局。其中地热能源的勘查开发、生产与经营活动由能源公司负责；国家地质调查局主要服务于本国政府、本国电力产业以及外国公司等，旨在促进地热资源的科学和合理利用；国家能源局主要负责地热资源开发和利用相关政策的制定，以及为社团、公司和个体充分合理的利用地热资源提供建议。《环境影响评估法》《自然保护法》《能源法》以及《地下资源研究和使用法》是冰岛为保护地热资源的可持续发展制定的相关法律。这些法律对地热资源勘探、开发及利用等各个环节做出了明确规定。例如，规定地热开采量超过 25MW 的项目必须提交详细的环境影响评估报告（EIA）。

六、菲律宾

菲律宾的地热资源资源储量预计约为 $600 \times 10^4 kW$，相当于 $20.9 \times 10^8 bbl$ 原油标准能源。菲律宾正在运转的地热发电站最大发电量约有 $188.4 \times 10^4 kW$，仅次于美国，超越印度尼西亚，位列世界第二、亚洲第一。菲律宾政府展开了 19 项地热资源开发合作项目，鼓励相关企业进行地热资源开发利用，政府还对参加企业制定了地热开发的优惠政策，促进相关业务顺利扩大。此外，菲律宾企业还在境外投资地热开发项目。

七、意大利

意大利在 2008 年的相关法律法规中规定，对使用热泵进行房屋采暖的，如果现有房屋的取暖设备用 COP3.8 或更高地热泵取代，国家将会给予相关设备费用的 55% 作为补贴，最高补贴额可达 30000 欧元。

八、瑞典

瑞典鼓励地热资源开发和利用的政策主要有：以户为单位使用热泵取暖，根据热泵使用的数量和设备费用给予现金补贴和税收减少的政策；对于热泵项目，国家给予贷款优惠；对于采用热泵技术的单户住宅居民减少税收。

九、瑞士

瑞士也是地热资源利用较充分的国家之一，瑞士政府为了促进本国热泵技术的应用和发展，曾与相关单位合作，系统地研究了本国地热资源的岩土导热率，为地热资源相关技术的发展和研究提供了较为精确的数据资料。

十、加拿大

加拿大政府为清洁能源开发项目提供资本补贴和税收减免的政策，建立清洁能源开发奖励机制。2014 年加拿大政府竭力推进可再生能源的发展，为清洁能源发电提供 50% 的资金加速折旧政策，并提供 14.8 亿加元的投资，其中就包括地热能源发电投资，并且鼓励地热能开发技术的发展。

十一、土耳其

20 世纪 60 年代，土耳其就已经在地热温泉资源丰富的代尼兹利开始进行地热发电，而迄今为止，在土耳其高温地热资源丰富的西部，已经建起了6座地热发电设备。土耳其政府鼓励新能源开发，对地热发电在电价和设备上给予补贴。

十二、英国

2005年，英国政府实施了百万"绿色住宅"建筑计划，鼓励10年内建设节能减排的绿色住宅。在2006年，英国在新建筑中强制安装节能节水设施，降低建筑能源消耗，扩大地热能等清洁能源在建筑节能设施中的应用。英国不仅开发本国的地热资源，还借助海底输电线，引入他国地热能源。2012年，英国开始有计划地从冰岛进口地热发电的电能，这也是英国政府立法中减少碳排放量的行动之一，并计划使这些输入的电力满足英国1/3的用电量需求，同时减少对进口石油的依赖。

十三、肯尼亚

肯尼亚的地热开发，基本走的是政府路线，依靠银行的资金和政府的支持逐渐发展起来。依靠银行的支持，肯尼亚在20世纪70年代到90年代开发了5个地热项目，均十分成功。

2011年，肯尼亚已经与中国、日本、韩国和法国等多国签订地热能开发协议，以获得开发地热能的优惠贷款。中国能源企业为肯尼亚的地热开发提供先进的技术和管理经验；日本国际协力机构融资295亿美元，投资肯尼亚，建设地热发电项目；法国也向肯尼亚提供3亿美元贷款，发展地热发电。在博戈里亚地区，肯尼亚地热开发公司预计开发地热发电的总装机容量将达2000MW。

十四、印度

2007年，印度新能源部曾投入50亿卢比进行新能源和可再生能源的研究与开发利用，其中就包括地热资源的开发项目。印度著名的塔塔电力与很多外企建立合资关系，共同开发印度的地热资源，为经济重地孟买提供充足的电力。除此以外，印度还联合其他国家，努力开发海外地热资源，不仅在邻国印度尼西亚大力开启地热发电项目，还计划在菲律宾、新西兰、美国等国家寻找地热资源进行开发。

第三章 油田地热资源评价

基于多年石油勘探开发过程中获取的大量地质、地球物理、钻井、测温和实验测试等资料，作者系统开展了中国主要含油气盆地地热资源评价，为规模化开发油田地热提供了资源基础。

第一节 地热资源评价方法

地热资源评价方法很多，主要包括地表热流量法、热储法、最大允许降深法、平面裂隙法、解析模型法、统计分析法、类比法和数值模型法等（表3-1）。

表3-1 国内外地热资源评价方法

地热资源评价方法	适用地区	适用阶段	适用工作程度
地表热流量法	有地热温泉出露或有地表热显示的地区	预可行性勘查阶段	研究程度低
热储法	适用地区广	适用于地热勘探开发各阶段	钻井资料丰富
平面裂隙法	裂缝较多的地区	开采阶段	地质条件要求特殊，无普适性
类比法	地热地质条件与已知地热田条件相似	预可行性及可行性勘查阶段	研究程度不高
最大允许降深法	普遍适用	开采阶段	有一定勘探开采规模，开采参数按开采计划进行
解析模型法	热储可以概念化为均质、各向同性等条件下的承压含水层	可行性勘查阶段	地热田中有多个地热井
数值模型法	普遍适用	开采阶段	勘查程度较高，具有一定时期的开采历史、比较齐全的监测资料

（1）地表热流量法是依据地表散发的热量估算地热资源的一种方法，主要用在地热勘查研究程度低并有地热温泉出露或有地表热显示的地区。地热田向外散发的热量包括通过岩石传导散发到空气中的热量，以及通过温泉喷气孔等散发的热量。新西兰惠灵顿科学与产业研究中心地球物理部门研究人员曾运用地表热流法对新西兰怀拉基地热田的地热资源

进行初步评价，日本研究人员也曾使用该方法评价日本泷上町地热田的地热资源量。运用地表热流量法计算的结果往往比实际要小很多。

（2）热储法（体积法）是目前地热资源评价广泛使用的一种方法，其计算的是热储储存的总热量、流体量及其赋存热量，并按一定比例估算可开采地热资源量。该方法主要用于有一定数量的深部地热钻井资料的地热资源量计算，且多用于计算层状热储的资源量。

（3）平面裂隙法最早由美国俄勒冈州立大学的地热研究人员提出，并被用于评价冰岛新生界平层状玄武岩中蕴含的热量。该方法的计算结果为能流率，而不是可用地热资源的总量。使用此方法有许多特定条件且只能用于发生褶皱的地层中，有一定的复杂性和局限性。

（4）类比法是当两个地热田具有相同的或相似的构造演化、沉积等地质条件时，利用已知地热田的地热资源量推算地质条件下相似地热田地热资源量的方法。

（5）最大允许降深法或称为动态分析法，适用于开采阶段的地热资源量计算。利用已有的动态观测资料，通过地热水开采量与水位下降的关系，确定水位每下降1m的可采热水量，推测水位达最大降深时的地热水可采资源量及可采年限。该方法的计算结果通常比较接近实际。

（6）解析模型法主要用于地热水可开采量计算，在勘查程度比较低、可用资料比较少时计算地热井或地热田的可开采量。该方法将热储层概念化，使其基本符合地下水非稳定流计算模型的要求，采用泰斯公式计算单井开采量、水位（压力）随开采时间的变化，计算在给定压力所允许的水位下降值下地热水的可开采量。当存在多口井时，可采用叠加原理计算在给定压力所允许的水位下降值下的地热水可开采资源量。

（7）数值模型法用于计算勘查程度比较高、有一定开发历史的地热资源量。由于具有比较齐全的监测资料，该方法可通过建立数值模型，计算并评价地热储量。

上述评价方法各有其优缺点和适用条件，在计算地热资源时，要针对不同的评价对象和地质条件选用不同的评价方法。通常采用两种以上的方法计算地热资源量

第二节　油区地热资源评价方法及关键参数

针对油区地热资源赋存特点，通过国内外地热资源评价方法研究，建立了随机模拟法、单元容积法、类比法等地热资源评价方法。本次地热资源评价的对象是沉积盆地，考虑到盆地内的地热地质条件，地热资源评价方法主要选用热储法和类比法。基于热储法的原理又衍生出单元容积法和随机模拟法。

一、随机模拟法

随机模拟法也称蒙特卡罗法，适用于资料数据相对较少、评价参数不确定的地区，其特点是使用相对较少的参数和资料就可以快速地估算地热资源量。随机模拟法采用热储法的计算式，计算的结果通常以概率的形式来体现：

$$Q_r = C \cdot A \cdot d \cdot (T_r - T_0) \tag{3-1}$$

$$C_r = \rho_r \cdot C_r \cdot (1-\phi) + \rho_w \cdot C_w \cdot \phi \tag{3-2}$$

式中，Q_r 为热储中储存的热量，J；A 为计算区面积，m^2；d 为热储厚度，m；T_r 为热储平均温度，℃；T_0 为当地年平均气温，℃；C 为热储岩石和水的平均比热容，J/（$m^3 \cdot$℃）；ρ_r 为热储岩石密度，kg/m^3；C_r 为热储岩石比热容，J/（$kg \cdot$℃）；ρ_w 为地热水密度，t/m^3；C_w 为水的比热容，J/（$kg \cdot$℃）；ϕ 为热储岩石的孔隙度。

图 3-1 为计算的辽河油田东营组在不同概率下的地热资源量，取 50% 的概率作为地热资源量的期望值。

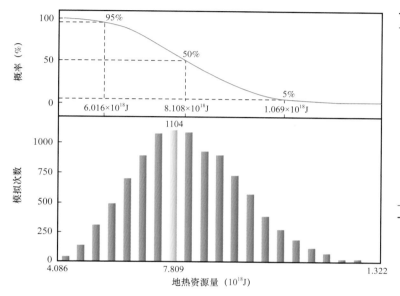

概率（%）	地热资源量（10^{18}J）
100	4.806
95	6.016
90	6.423
85	6.714
80	6.940
75	7.106
70	7.376
65	7.562
60	7.744
55	7.926
50	8.108
45	8.293
40	8.488
35	8.703
30	8.922
25	9.146
20	9.408
15	9.707
10	1.009
5	1.069
0	1.322
期望值	**8.021**

导出模拟结果
分栏数：21
模拟次数：10000
间隔次数：100

图 3-1　随机模拟法计算的地热资源量

二、单元容积法

单元容积法适合计算资料丰富、数据较多情况下的地热资源量。该方法是热储法的改进方法，将评价区划分为若干个评价小单元（图 3-2），采用热储法计算每个小单元内的地热资源量，最后汇总得到整个评价区的资源量。该方法的特点是资源评价结果可以在图形上直观展示（图 3-3），这对优选地热异常区或有利区很有帮助。其计算步骤为：（1）对评价区进行网格划分，其中，网格的划分通常采用矩形网格，也可根据评价区热储参数的数据来源来确定所用网格类型为矩形网格、PEBI 网格、三角网格或变面积网格；（2）求取评价单元内小面元的热储厚度、岩石孔隙度、热储温度和岩石比热容等属性参数，若评价单元内有数据点，属性参数取数据点的平均值，若没有数据点，则使用网格插值求取评价参数；（3）采用热储法计算每个单元内的地热资源量，汇总形成评价区的资源量。

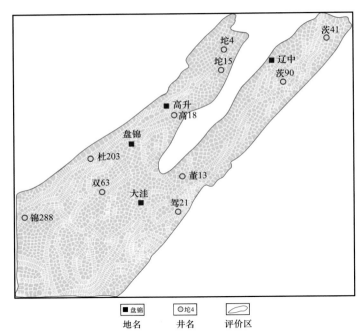

图 3-2　埋深属性参数的二维网格化处理

网格数为 5000

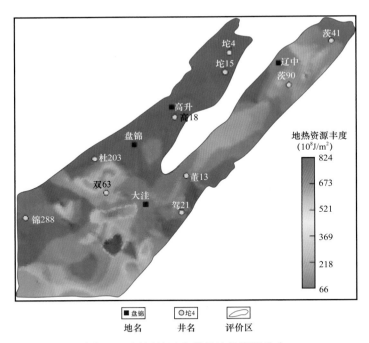

图 3-3　辽河油田东营组地热资源分布

三、类比法

类比法主要采用地热资源丰度进行类比计算。其评价步骤为：（1）建立类比评价标准，其中主要考虑热储特性、地热水性质和保存条件，重点为热储评价参数，包括热储的孔隙类型、厚度、面积、孔隙度、渗透率、埋深和温度等（图3-4）；（2）通过评价区与地质特征相似的已知区（地热地质认识清楚、资源及分布清楚、已进行过热开发的地质单元）进行各参数类比，获取相似系数，计算评价区的地热资源量。

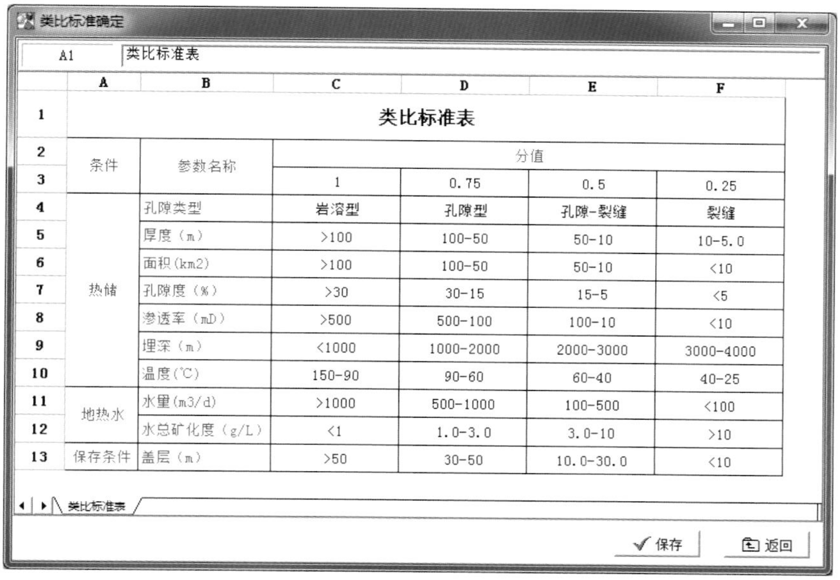

条件	参数名称	分值			
		1	0.75	0.5	0.25
热储	孔隙类型	岩溶型	孔隙型	孔隙-裂缝	裂缝
	厚度（m）	>100	100-50	50-10	10-5.0
	面积(km2)	>100	100-50	50-10	<10
	孔隙度（%）	>30	30-15	15-5	<5
	渗透率（mD）	>500	500-100	100-10	<10
	埋深（m）	<1000	1000-2000	2000-3000	3000-4000
	温度(℃)	150-90	90-60	60-40	40-25
地热水	水量(m3/d)	>1000	500-1000	100-500	<100
	水总矿化度（g/L）	<1	1.0-3.0	3.0-10	>10
保存条件	盖层（m）	>50	30-50	10.0-30.0	<10

图 3-4 类比评价标准

类比评价的重点在于获取热储的评价参数。由于不同盆地、不同地区、不同层系的热储有较大的差异，在采用类比法计算地热资源时，要选择地热地质条件相似的地区进行类比评价，以减少计算误差。类比法的地热资源量计算为

$$Q_e = \sum_{i=1}^{n} (A \cdot Z_i \cdot a_i) / n \qquad (3-3)$$

$$a = R_a / R_k \qquad (3-4)$$

式中，Q_e 为地热资源量，J；A 为评价区面积，km^2；Z_i 为类比区的资源丰度，J/km^2；a_i 为评价区与类比区相似系数；R_a 为评价区地质风险系数；R_k 为类比区的地质风险系数。

目前，油田地热的开发利用程度均较低，地热资源评价中可类比评价的对象少，仅华北油田、辽河油田的部分地热田由于开发时间较长，可采用该方法。地热资源评价主要采用随机模拟法和单元容积法计算地热资源量。

四、地热资源评价参数

地热资源评价参数涉及采用不同评价方法计算资源的各类参数，也包括类比评价涉及的地质评价参数。由于作者的地热资源评价对象为沉积盆地内的水热型地热资源，考虑到盆地内的地热地质条件，地热资源评价中重点涉及的评价参数主要为热储面积、厚度、温度、岩石热导率、比热容、孔隙度、资源丰度和可采系数等。

准确圈定热储面积是计算地热资源量的关键，热储面积的精度对利用容积法计算地热

水资源量的可靠性有决定性作用。热储面积通常以测井解释为基础，以确定的热储最小厚度为边界条件，最终圈定的含水层的面积。

热储厚度是指有效储水层的厚度，通过研究水层的岩性、物性、含水性以及电性之间的关系，并通过测井解释得到。

热储温度指热储的实测温度或预测温度。通常根据单井的连续测温资料获得。当评价区的热储温度无法实际测量时，可以采用该区或邻区的地温梯度来计算热储温度。

地温梯度指地温随深度变化的速率，可以采用连续测温来计算，也可以采用测井或试油时获取的地温数据来测算。

热储孔隙度是评价地热资源的重要参数，通常利用有效孔隙度来计算地热水资源。有效孔隙度指岩石中互相连通的孔隙体积与岩石总体积之比。该参数可以根据样品的实测值或通过测井解释来获取。

岩石热导率是研究岩石热物性的关键参数。该参数是岩石导热能力的度量，即在热传递方向上，当每单位长度上的温度降低 1℃ 时，单位时间内通过单位面积的热量。

比热容是单位质量物质的热容量，即一定质量的某种岩石，其温度升高或降低 1℃ 所吸收或放出的热量。相对于表征岩石传导性的热导率，岩石的比热容则是表征岩石吸收和释放热量的能力。

大地热流是单位面积、单位时间内由地球内部传输到地表，而后散发到大气中的热量，其在数值上等于岩石热导率和垂向地温梯度的乘积，是大地热流法计算地热资源的关键参数。

含水饱和度是容积法计算地热水资源量的关键参数，其值为有效孔隙中所含水的体积（V_w）和岩石有效孔隙体积（V_p）之比：

$$S_w = V_w / V_p \times 100\% \tag{3-5}$$

资源丰度指单位面积内地热资源量的大小，是类比法常用的参数。通过在开发程度较高的地区建立类比评价对象，获取该地区的资源丰度，并通过类比确定评价区的相似系数，计算评价区的地热资源量。

可采系数是指在考虑地热田可持续开发的基础上，允许开发的热量和地热流体量与总地热资源量之比。该参数受热储类型、热储埋深、热储压力、热储岩性，甚至开发技术等多种因素影响，其值变化很大。应依据不同的地热地质条件，不同的开发利用目的、技术水平及开采后可能带来的环境地质和灾害地质问题来确定可采系数。地热水位允许的最大下降幅度和回灌工程实现的最大回灌量是确定可采系数的主要依据。

在进行地热资源评价时，上述参数最好采用实验测试数据以减少计算误差，在缺少实验数据的情况下，可通过类比采用相似条件的参数。

需说明的是，热储厚度的取值主要基于单层厚度大于 5m 的水层的统计结果，仅个别地区（如松辽盆地）的热储厚度较薄，统计的最小厚度为 1m。可采系数受热储温度、渗透性和开发技术等多因素影响，其值变化较大，所用的可采系数是按水热型地热田开发 100 年、取 15% 来计算可采资源。地表基准温度统一取 15℃。

第三节　地热资源评价软件

结合油区地热地质条件，基于单元容积法（cell thermal–reservoir 1.0）、随机模拟法（GTRAND 1.0）和类比法地热资源评价系统（GRAAS 1.0），分别研发了相应的评价软件，以期对地热资源进行快速评价。

一、随机模拟系统

（一）系统概述

随机模拟系统也称快速评价系统，包括地热资源计算和热水资源计算。评价流程如图 3–5 所示。

系统的主要功能：

1. 评价参数输入与编辑

地热资源快速评价所需参数分两种，如图 3–6 所示，中间参数栏上部分为可变参数，用户可以采用确定值、平均值或三角分布等形式进行参数的输入和编辑修改。参数栏下部为常量参数，用户根据实际情况输入后，在评价区不改变的情况下，常量参数则无需改变。

2. 评价参数载入与保存

通过数据文件实现评价参数的加载和保存。

3. 资源量计算及模拟资源分布

资源量计算，以图表形式给出预测资源规模分布及不同概率值下的资源量大小，可将结果输出保存。

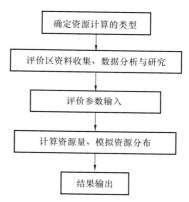

图 3–5　地热资源快速评价流程

（二）资源计算

1. 地热资源计算

图 3–6 列出了地热资源计算可能用到的全部参数。其中可变参数有含水层面积（km²）、含油层面积（km²）、含水层厚度（m）、含油层厚度（m）、热储温度（℃）、含有饱和度和岩石孔隙度 7 项，常量参数有岩石密度（kg/m³）、水密度（kg/m³）、油密度（kg/m³）、岩石比热容［J/（m³·℃）］、油比热容［J/（m³·℃）］、水比热容［J/（m³·℃）］和基准温度（℃）七项。

图 3–7 为地热资源量模拟计算结果，左侧累计概率曲线图和频数直方图显示随机取样模拟结果，右侧上部以表格形式显示不同概率值对应的资源量结果，右侧下部则提供了模拟参数设置和模拟过程控制功能。

2. 热水资源计算

热水资源计算需要的参数有含水层面积（km²）、含水层厚度（m）和岩石孔隙度。

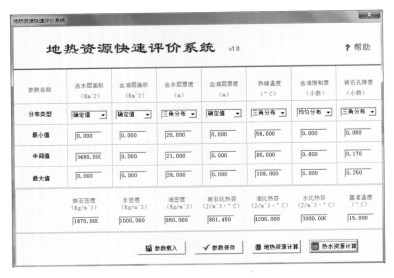

图 3-6 地热资源快速评价系统

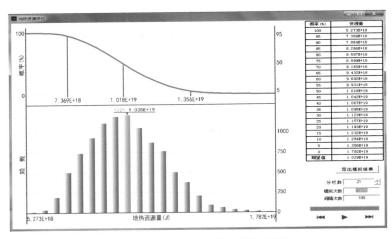

图 3-7 地热资源量模拟计算结果

二、单元容积法评价系统

（一）系统概述

单元容积法地热资源评价系统是专门针对地热资源评价研发的一款资源评价软件。

从方法角度上，它是对地热能快速评价模式的补充和延伸，适合在资料数据较丰富的情况下对地热田进行深入评价。从系统角度上，除提供更多的方法选择外，它还涵盖了工程管理、数据管理、资源综合计算等方面，使每一个待评价地热田的基础资料、评价方法参数、评价结果、数据图形管理等形成一个有机的整体。

（二）软件功能及资源计算

包含"文件""工区""数据输入""查看""退出"五个菜单。"文件"菜单可以完成工区资源评价结果的打开和保存；"工区"菜单可以任意地选择所需的工区；"数据输入"可以完成资源评价数据的输入及保存；"查看"菜单可以进行资源评价软件的计算并得出相应的评价结果；"退出"即可快速地退出软件操作系统。

属性数据包括热储埋深、热储厚度、孔隙度、热储温度、地温梯度、含油饱和度、油层厚度七项，是"单元容积法地热资源评价系统"评价的基础。在输入属性数据后，才能进行网格的划分、属性插值、资源量的计算。

网格生成包括三角网格剖分选项、PEBI 网格选项、三角网后处理三部分，图 3-8 和图 3-9 分别是三维和二维三角剖分结果。对三角网的后处理，用户可以对图形进行局部加密、快速加密、局部平滑和优化网形等操作。

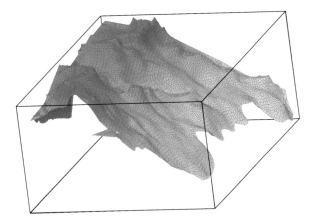

图 3-8 三维显示三角剖分图

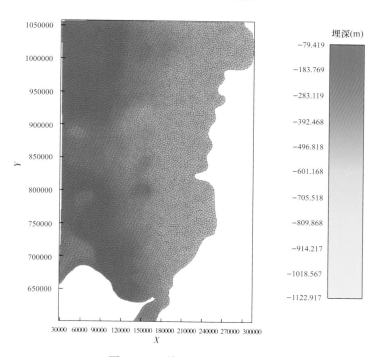

图 3-9 二维显示三角剖分图

对评价区进行网格剖分后，根据输入的已知属性数据，对每个网格进行插值（图3-10），可以获取每个网格单元的地热资源计算的属性参数。点击"资源计算"按钮，得到资源量和资源丰度的网格化数据，并根据网格数据统计得到"总面积""地热资源量""水地热资源量""油地热资源量""热水资源量""热水可采资源量"和"水地热可采资源量"（图3-11，图3-12）。

图3-10　属性插值

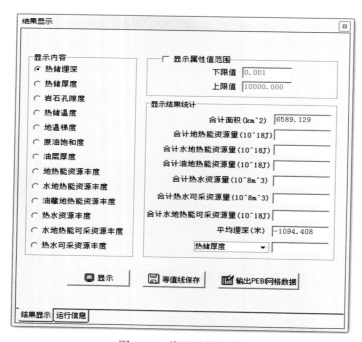

图3-11　资源计算结果

三、类比法评价系统

（一）系统概述

类比法评价系统由"工程管理""数据管理"和"评价计算"三个模块组成。"工程管理"模块用于建立和维护一个评价工程，包括新建一个工程、编辑修改已存在的工程信

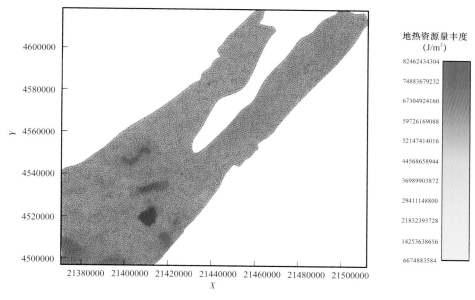

图 3-12　地热资源丰度显示

息、删除一个工程、对一个工程进行更名、选择已存在的工程进行评价工作等；"数据管理"模块用于输入与编辑评价工程中的基础数据、参数数据和基础图件，并对评价结果数据和图形进行输出；"评价计算"模块则用于地热资源的评价计算，并对评价结果数据和图形进行输出等。三个部分通过评价工程联系在一起，通过相应的数据库、数据文件和图件文件实现数据的交互。

需要指出的是，"数据管理"功能中，除"评价区数据"和"刻度区数据"以"数据输入"菜单项的形式出现在主控界面上之外，其他评价数据则在评价计算模块中，而不是以独立功能模块的形式出现在界面上。

（二）资源计算

类比计算时，首先要建立类比评价标准（图 3-13），用户根据需要可以在表中点击右键对分值进行修改（默认分值为 1，2，3，4，其中蓝色字体是系统给定的名称和条件，用户不能进行更改，其余表格内容用户可以根据自己的需求进行设定）。

建立地质类比标准表之后，进行刻度区参数的评估（图 3-14）。类比参数包括热储条件、地热水条件和保存条件。在刻度区表内依次选择刻度区进行参数评估。对每个刻度区的热储条件、地热水条件和保存条件中的各个类比参数，对照地质类比标准表逐个进行评估。

评价区类比参数评估（图 3-15）。类比参数包括热储条件、地热水条件、保存条件和权系数四项。在评价区表里选择要评价的区带，对其热储条件、地热水条件、保存条件和权系数对照参数值进行评估打分。定权系数时，用户可以根据实际情况赋值，但各类的热储条件、地热水条件、保存条件权系数之和须等于 1（图 3-16）。

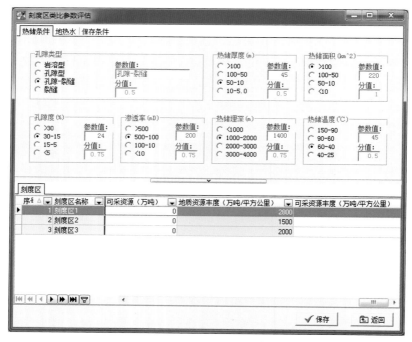

类比标准表

条件	参数名称	分值			
		1	0.75	0.5	0.25
热储	孔隙类型	岩溶型	孔隙型	孔隙-裂缝	裂缝
	厚度（m）	>100	100-50	50-10	10-5.0
	面积（km2）	>100	100-50	50-10	<10
	孔隙度（%）	>30	30-15	15-5	<5
	渗透率（mD）	>500	500-100	100-10	<10
	埋深（m）	<1000	1000-2000	2000-3000	3000-4000
	温度（℃）	150-90	90-60	60-40	40-25
地热水	水量（m3/d）	>1000	500-1000	100-500	<100
	水总矿化度（g/L）	<1	1.0-3.0	3.0-10	>10
保存条件	盖层（m）	>50	30-50	10.0-30.0	<10

图 3-13　地质类比标准表

图 3-14　刻度区参数评估窗口

评价计算：在基础数据表中选择划分的 A、B、C 三类分别进行类比评价计算。

在选择刻度区类比计算时，要选择相似地质条件的刻度区，如果刻度区比较少，可以选择全部刻度区，也可按区带类型匹配或自定义查询进行刻度区选择。

选择完刻度区后，刻度区的相关数据就提取到类比数据表中（图 3-17）。点击"计算"就可以完成 A、B、C 类区的资源计算。点击"全区汇总"就得到全区的资源量和资源丰度的结果（图 3-18）。

图 3-15　评价区参数评估窗口

图 3-16　评价区类比权系数评估

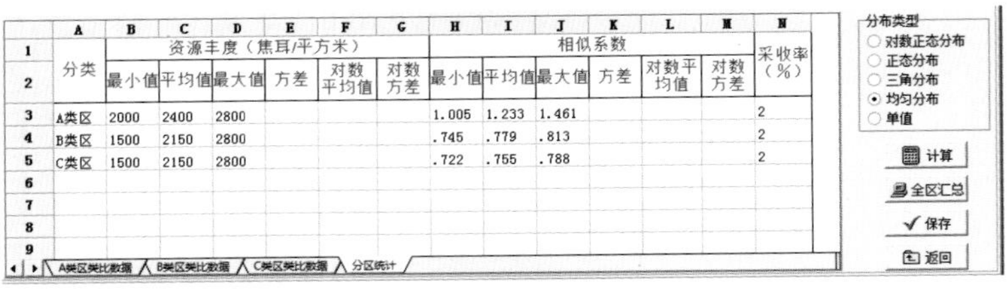

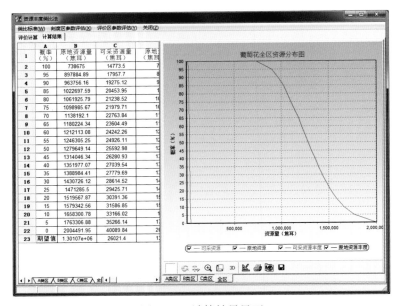

图 3-17　数据提取界面

图 3-18　计算结果界面

第四节　油区地热资源评价

以往的研究中，部分学者对少数盆地或油田，如松辽盆地的大庆油田以及渤海湾盆地的华北油田、大港油田、冀东油田、辽河油田和胜利油田等进行过地热资源评价。从评价结果看，不同学者计算的地热资源量有较大的差异，即使是同一盆地同一层系，评价结果也有较大的差异。究其原因，主要由资料掌握的程度和评价精度不同所致。早期，由于盆地油气勘探的探井少，且主要探井位于构造高部位，对坳陷区的评价比较薄弱，资料少，导致地热资源估算值偏小。后期，随着探井数增加，盆地勘探程度越来越高，对地下储层尤其是深层储层的认识更加清楚，积累的地质、地球物理资料也越来越丰富。此外，随着东部油区含水率越来越高，油田水的利用受到了重视，油田地热能无论是替代燃油、燃气，还是用于节能减排，都能够在油田生产和生活中发挥重要作用。随着这种认识的转变，油田企业在开发油气过程中增加了对热储的采水试验、回灌试验和热储样品的分析测试，由此丰富了热储的各种评价参数，使得地热资源评价的精度更高、评价的结果更客观，评价的资源量更大。

一、地温场

地温场是揭示一个地区的温度空间展布、地热资源形成和赋存条件的综合性评价指标，通常用大地热流或地温梯度来表示。大地热流是综合性参数，比其他参数更能反映一个地区的地温场特点。另外，温度是确定热储范围和圈定地热田的重要指标，地温场特征研究是确定热储范围及圈定地热田的基础。油区已有钻井资料是油区开展地热资源评价的有利条件。充分利用已有资料，研究总结出研究区内地温的平面展布特征及纵向地温变化，并与地质构造相结合，推断地温场的主要控制因素。这是油区地热资源评价中的基础工作，也是资源量计算的一项参数研究。

对于地温场的平面展布特征，可依据井孔测温数据绘制不同埋深的地层温度平面等值线图，从而直观地展示研究区地热资源的温度分布特征。并与区域地质构造特征相结合，分析二者的关联性，推断地温场形成的原因。

纵向地温变化指的是地温梯度。地温梯度值的大小是圈定地热田的重要指标，也是反映地热资源条件优劣的重要参数。根据大庆油田开展的研究工作，松辽盆地的地温梯度值从14℃/km至57℃/km不等。地温梯度超过30℃/km的面积占盆地总面积的2/3以上，说明了松辽盆地具有地热资源良好的热场背景。辽河油田也具有这样的特征，大部分地区地温梯度都大于30℃/km。华北油田地温梯度最高值为52℃/km，地温梯度小于25℃/km的地区分布于太行山东麓北京—保定—石家庄凹陷，其他地区均大于30℃/km。几个大油田的地温梯度值均说明油区具有地热背景值高的特征。

在以往的油田地热资源评价工作中，对设定地热田的地温梯度下限并没有统一标准。阎敦实和于英太（2000）将地热田划分依据如下：

（1）深度小于1000m，可获得温度大于40℃的热水或地温梯度大于30℃/km，才能被作为可利用的热储加以评价，因此地热田的地温梯度需大于30℃/km。

（2）在有可利用的石油钻孔的高温区，热储圈定深度下限可加深至3500m甚至4000m。一般情况下，以3000m圈定地热田边界。个别地区，如沧县隆起，考虑到该隆起不同部位的地热地质特征和利用条件有很大差异，因此该区以2000m埋深等值线圈定其边界。

（3）将圈定的地热田的最小面积定为10km²。

在《中国石油地质志　卷五·华北油田》中，将33℃/km作为正常地温梯度带与异常地温梯度带划分的界限。根据地质条件、勘探程度，将热水资源分为热田、底水热田、热水有利区及预测有利区。其中热田指的是地温梯度大于40℃/km，并有5口以上水井控制的地区；底水热田指的是油藏边部和底部热水区；热水有利区指勘探程度低，热水井不足5口，地温梯度为35～38℃/km的地区。

从单井测温结果看（松辽盆地的吉林油田、渤海湾盆地的辽河油田和华北油田、吐哈盆地、塔里木盆地、柴达木盆地均为单井连续测温，松辽盆地的大庆油田、四川盆地、准噶尔盆地、鄂尔多斯盆地均为多井测温），主要含油气盆地的温度场揭示的是传导性地热特征，即随着埋深增大温度基本呈线性增加的趋势（图3-19）。从计算的各盆地、各油田的地温梯度看，不同盆地或同一盆地不同地区的差异比较大，尤其中国东西部地温场差异

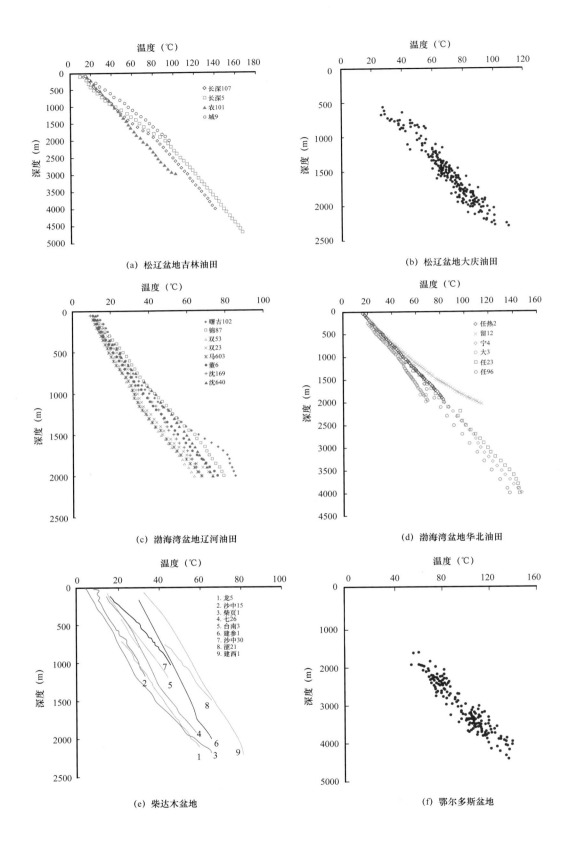

(a) 松辽盆地吉林油田

(b) 松辽盆地大庆油田

(c) 渤海湾盆地辽河油田

(d) 渤海湾盆地华北油田

(e) 柴达木盆地

(f) 鄂尔多斯盆地

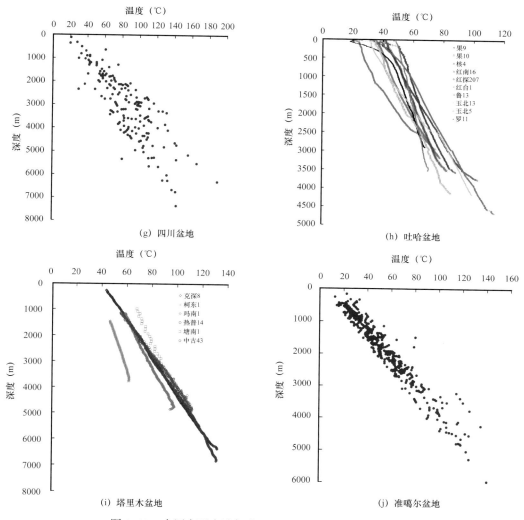

图 3-19　中国主要含油气盆地/油田地层温度与深度关系

比较大（表 3-2），该特征与全国大地热流揭示的地温场相一致，即东部为高地温场、西部为低地温场特征，或东部为"热盆"、西部为"冷盆"、中部为"温盆"。东部的松辽盆地、渤海湾盆地平均地温梯度大于 30℃/km，明显高于西部的塔里木、准噶尔盆地（平均地温梯度为 21～22℃/km）。鄂尔多斯盆地、柴达木盆地、四川盆地介于两者，平均地温梯度为 24～29℃/km。地温场的不同，必然导致地热资源形成和赋存出现较大的差异。

表 3-2　不同含油气盆地的面积和平均地温梯度

盆地	渤海湾	松辽	鄂尔多斯	柴达木	四川	吐哈	塔里木	准噶尔	酒泉	苏北	北部湾
盆地面积（10³km²）	195.8	260	250	104	200	55	560	134	13	34	2.85
平均地温梯度（℃/km）	33	34	28	29	24	25	22	21	26	30	37

二、热储

热储是地下流体赋存的主要场所，只有具备达到一定的有效孔隙和渗透性、富含水的热储才是水热型地热资源的评价对象。中国主要含油气盆地的热储主要发育三种类型：一是砂岩孔隙型热储；二是碳酸盐岩岩溶型热储（多为碳酸盐岩潜山）；三是裂隙型热储（多为碳酸盐岩、火山岩、变质岩）。本次地热资源评价的深度是 4000m，在中国主要含油气盆地的这个深度段多发育陆相碎屑岩沉积，少量为基岩，因此最发育的热储类型是砂岩孔隙型，其次是碳酸盐岩岩溶热储和裂隙型热储。表 3-3 为中国主要含油气盆地及其油田热储特征表，热储面积是各层系热储的叠合面积，热储厚度是各层系热储累加的最大厚度，热储的孔隙度和温度取的是范围。从发育的层系上看，中国主要含油气盆地的热储发育层位多，既有新生界，也有中生界、古生界，以及震旦系，但以新生界和中生界为主。由于各盆地的沉积演化史不同，热储的属性参数无论在厚度、物性、温度还是分布面积上差异性比较大。如位于渤海湾盆地的华北油田，热储厚度最大，累计 2349m。从单层热储统计看，古近—新近系明化镇组、馆陶组、东营组、沙河街组和孔店组的砂岩热储的厚度分别为 321m、151m、213m、701m 和 234m，而震旦系碳酸盐岩热储或潜山热储厚度最大，达到了 729m。

表 3-3　中国主要含油气盆地热储关键参数

盆地	油田公司	地层		岩性	热储分布面积（km²）	厚度（m）	孔隙度（%）	温度（℃）
渤海湾盆地	辽河	古近—新近系	馆陶组	砂岩、砂砾岩	6237	177	23～28	25～60
			东营组	砂砾岩、砂岩	4024	206	21～23	38～55
			沙河街组	含砾粗—细砂岩	2486	202	16～19	43～106
		潜山		花岗岩、玄武岩	2393	867	5～6	135～145
	冀东	古近—新近系	明化镇组	砂岩	4633	56	27～35	25～80
			馆陶组	岩性	4623	126.5	24～34	41～85
			东营组	砂岩	2870	240	16～21	95～105
		古生界	奥陶系、寒武系	碳酸盐岩	870	300	5～6	60～100
	大港	古近—新近系	明化镇组	砂岩	14420	139	26～32	36～55
			馆陶组	砂岩	14420	53	17～28	47～62
			东营组	砂岩	2500	34	15～21	55～78
			沙河街组	砂岩	8540	81	10～12	107～140
			孔店组	砂岩	1591	52	5～16	70～110
	华北	古近—新近系	明化镇组	砂岩	21295	321	31～35	45～69
			馆陶组	砂岩	18367	151	29～31	58～71
			东营组	砂岩	7000	213	17.6	41～95
			沙河街组	砂岩	9440	701	12～26	53～182
			孔店组	砂岩	6310	234	11.8	108～155
		古生界	奥陶系／雾迷山组	碳酸盐岩	12569	729	6	93～161

盆地	油田公司	地层		岩性	热储分布面积（km²）	厚度（m）	孔隙度（%）	温度（℃）
松辽盆地	大庆	白垩系	姚二段、姚三段	砂岩	102284	19	23.12	47.7
			姚一段	砂岩	56073	10	20.39	49.64
			青二段、青三段	砂岩	101710	42	22.35	52.5
			泉四段	砂岩	87197	14	19.9	61.6
	吉林	白垩系	姚二段、姚三段	砂岩	17223	20	25.00	48.00
			姚一段	砂岩	17380	23	16.00	52
			青二段、青三段	砂岩	62520	24	20.00	49.00
			青一段	砂岩	26765	23	16.00	52.00
			泉四段	砂岩	50031	33	16.00	55.00
			泉三段	砂岩	54375	97	16.00	60.00
			泉二段	砂岩	45045	82	16.00	70.00
			泉一段	砂岩	32938	100	13.00	88.00
鄂尔多斯盆地	长庆	白垩系		砂岩	72494	200	23.1	34.3
		侏罗系	直罗组	砂岩	92467	101	19.1	39.8
			延安组	砂岩	111442	82	16.2	45.4
		三叠系	延长组	砂岩	99500	230	13.2	46.5
苏北盆地	浙江	新近系	盐城组	砂岩	2222	350	27~29	48~62
		古近系（始新统）	三垛组	砂岩	2561	148	19~21	52~75
			戴南组	砂岩	1281	258	17~19	55~75
柴达木盆地	青海	新近系		砂岩	31008	200	20.00	74.00
		古近系		砂岩	12966	95	15	87.00
		侏罗系		砂岩	9706	150	18	95.00
		潜山		火山岩	22669	120	7	110.00
北部湾盆地福山凹陷	南方	古近系	涠洲组	砂岩	1300	686	16~25	80~106
			流沙港组	砂岩	1200	273	14~18	103~150
四川盆地	西南	侏罗系		砂岩	100000	185	8.40	56.42
		三叠系		砂岩、石灰岩	95000	155	7.00	73.00
		二叠系		石灰岩	92000	53	6.50	105.00
		石炭系		石灰岩	5000	20	5.21	102.00

盆地	油田公司	地层		岩性	热储分布面积（km²）	厚度（m）	孔隙度（%）	温度（℃）
吐哈盆地	吐哈	古近—新近系	鄯善群	砂岩	38100	46	14～20	25～54
		白垩系	吐谷鲁群	砂岩	16650	64	13～20	28～65
		侏罗系		砂岩	21000	150	6～20	37～91
		三叠系	克拉玛依组	砂岩	650	200	15	81
准噶尔盆地	新疆	新近系		砂岩	34000	100	20.00	51.00
		古近系		砂岩	67000	80	18.00	59.00
		白垩系		砂岩	50000	120	16.00	70.00
		侏罗系		砂岩	39000	150	12.00	78.80
		三叠系		砂岩	24000	30	10.00	84.30
		二叠系		砂岩	6500	40	9.00	85.40
		石炭系		火山岩	22000	50	7.00	63.40
塔里木盆地	塔里木	新近系		砂岩	390000	30	9.48	51.00
		古近系		砂岩	320000	49	9.78	55.00
		白垩系		砂岩	270000	50	10.23	65.00
		侏罗系		砂岩	150000	7	12.22	69.00
		三叠系		砂岩	130000	5	14.84	79.00
酒泉盆地	玉门	古近系（酒西坳陷）	白杨河组	砂岩	338	23	1.71～33.62	13.2～118
		白垩系（营尔凹陷）	下沟组	砂岩	308	35	4.2～16.6	118～143

三、评价流程

为确保地热资源评价参数取值更加规范、评价结果更客观可对比，十分必要建立地热资源评价流程、地热资源评价标准和规范。考虑到油田地热资源评价的特殊性，油田有大量的钻井资料与开发数据可以利用，因此，油田地热资源评价是基于单井为基本单元的数据采集、处理、方法建立和资源计算的过程。图 3-20 为建立的地热资源评价的流程。

地热资源评价步骤如下：

（一）第一步：获取单井属性数据

（1）热储厚度。热储最小厚度一般取 5m。有些热储为薄互层，砂地比大于 70%，最小厚度取 1m（图 3-21）。

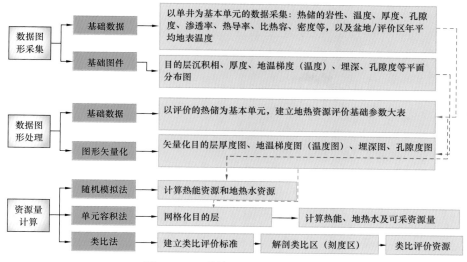

图 3-20　地热资源评价技术流程图

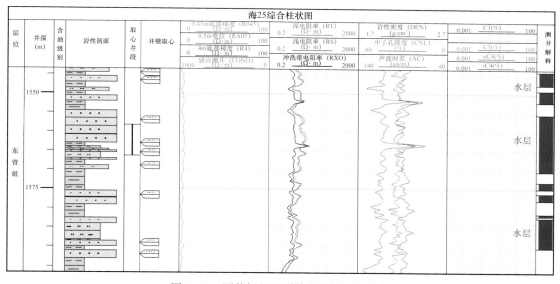

图 3-21　测井解释识别单井热储厚度确定

（2）热储温度。取热储中间位置的温度。如果单井有连续测温数据，直接取热储层中间点的温度即可（图 3-22）。如果没有连续测温数据，只有测井温度或试油温度，可以计算该井的地温梯度，利用地温梯度再计算热储中部的温度：$T=T_0$（恒温带温度或地表年平均温度）$+G$（地温梯度）$\times H$（埋深）。如果缺少该井的地温梯度，可以采用相似地质条件的邻区地温梯度来计算。

（3）热储热物性。单井热储热物性参数主要包括热储的孔隙度、比热容、密度等，热储热物性参数主要来自岩心样品的分析测试（示例见表 3-4），表 3-4 中展示的是辽河油田不同地层不同热储的岩石热物性分析测试结果。如果单井缺少分析测试数据，可依据地热地质评价结果，选择相似地质条件的参数作为地热资源评价的依据。

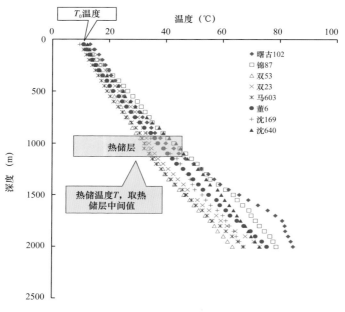

图 3-22 辽河油田单井热储温度确定（连续测温）

（二）第二步：编制地热资源评价基础图件

依据获取的单井热储参数，编制热储厚度的等值线图、温度等值线图（如缺少温度数据，可编制评价区的地温梯度等值线图）、孔隙度等值线图、构造图（或埋深图）（图 3-23 至图 3-26）。

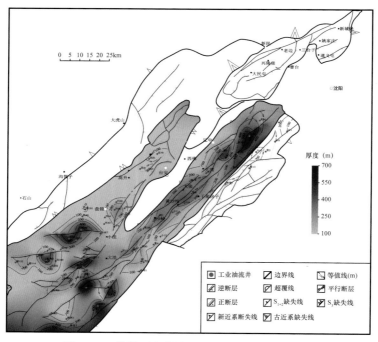

图 3-23　热储厚度等值线图（辽河盆地东营组）

表 3-4　单井岩石热物性表（辽河油田）

序号	井号	深度（m）	层位	岩性	热导率 [W/（m·K）]	密度（g/m³）	比热容（J/（kg·K））	孔隙度（%）	渗透率（mD）
1	海 25	1558.32~1566.32	东营组	灰色砂岩	0.788	2.6712	904.62	31.5	6.28
2	牛 76	2169.01~2171.47	东营组	砂岩	1.682	2.6315	886.89	28.2	163
3	海 45	2628.2~2633.43	东营组	灰色中砂岩	1.608	2.6317	1004.87	19.6	12.3
4	陀 25	2310.23~2320.23	沙四段	灰色砾岩	2.455	2.6079	798.55	5.2	0.2112
5	法 21	2635.25~2635.61	沙四段	灰黑色火山岩	2.054	2.6612	872.65	2.2	0.0972
6	锦 260	3077.51~3080.91	沙四段	灰绿色细砂岩	2.646	2.6288	803.14	5	0.0237
8	静 42	1595.6	沙三段	灰色中砂岩	1.355	2.661	862.17	37.7	1100
9	静 42	1592.98	沙二段	灰色砾岩	1.365	2.6174	904.56	35.2	1250
10	静 19	2210.82~2218.89	沙二段	灰色中砂岩	2.07	2.6505	978.32	10.7	0.2147
11	法 22	2322.27~2325.73	沙三段	粉砂岩	1.802	2.6403	1014.43	8.8	0.0276
12	沈 230	2338~2341.55	沙三段	灰色细砂岩	1.75	2.6514	979.91	17.5	1.7
13	安 89	2359.46~2364.24	沙三段	灰色中砂岩	1.847	2.6018	963.31	14.7	0.2974
14	沈 166	2484.89~2492.41	沙三段	灰色细砂岩	2.659	2.6624	871.16	4.8	41.4
15	冷 148	2813~2814.5	沙三段	灰色砾岩	1.926	2.6251	899.73	13.8	0.4517
16	欢 95	3251~3254	沙三段	灰色砾岩	1.893	2.6549	900.32	17.8	128
17	哈 12	2352~2354.7	沙三段	灰色砾岩	1.862	2.6065	798.13	17	43.9
18	杜 146	2786.6~2788.5	沙二段	灰白色中砂岩	1.502	2.6518	874.63	19.8	26
19	洼 24	3288.97~3294.03	沙二段	灰色粉砂岩	1.774	2.6591	875.71	14.8	0.1432
21	茨 48	2194.75~2198.21	沙一段	浅灰色砾岩	1.317	2.6427	881.39	33.3	2760
22	海 34	2835.6~2843.3	沙一段	灰色细砂岩	1.648	2.6217	1003.42	20.9	2.41
23	曙古 130	1636.65~1637.4	元古宇	火山岩	4.842	2.6487	689.89	7.2	0.0511
24	曙古 14	1929.32~1937.84	元古宇	黑色玄武岩	1.516	2.673	969.39	3.8	0.0248
25	牛 76	2964.5~2966.05	元古宇	花岗岩	2.535	2.6598	1066.74	2.6	0.1777

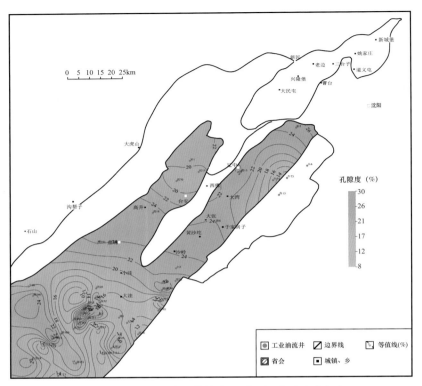

图 3-24　热储孔隙度等值线图（辽河盆地东营组）

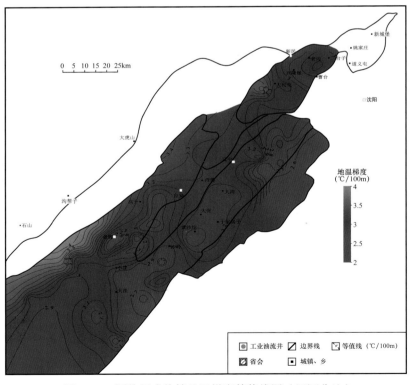

图 3-25　评价区或热储地温梯度等值线图（辽河盆地）

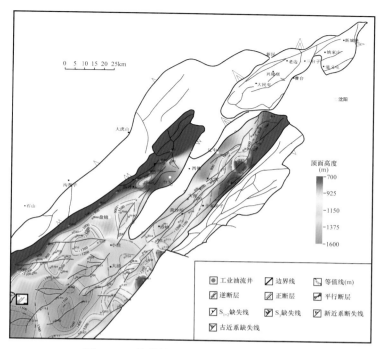

图 3-26　热储构造图（辽河盆地东营组）

（三）第三步：计算地热资源量

依据获取的岩石热储的评价参数，选取适用的评价方法计算地热资源量。

（1）随机模拟法。采用随机模拟法可以计算热储的总热能资源和地热水资源量（图 3-27）。

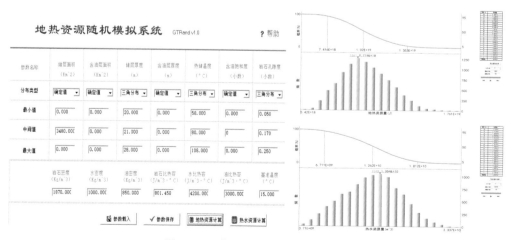

图 3-27　随机模拟法计算地热资源

（2）单元容积法。采用单元容积法可以计算的结果很多，除能计算热储的总热能资源量、地热水资源量外，还可以计算可采资源量、地热资源的丰度，以及不同深度、不同温度或不同物性条件下的地热资源量。此外，采用该计算方法计算的结算可以在平面上直观展示，这对优选地热开发有利目标区十分有利（图3-28）。

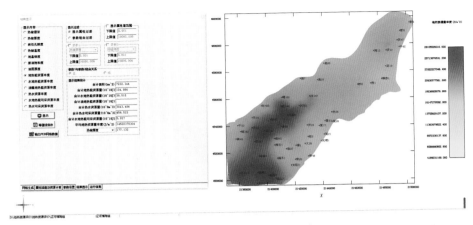

图3-28　单元容积法计算地热资源

（3）类比法。采用类比法计算地热资源首先需要建立类比评价标准，解剖并建立类比评价对象（或称为刻度区，是指地质条件清楚、地热开发时间长、地热地质、地热开发等参数比较齐全的地热田）。通过评价区与刻度区类比相似系数，从而评价地热资源、地热水资源和可采资源（图3-29）。

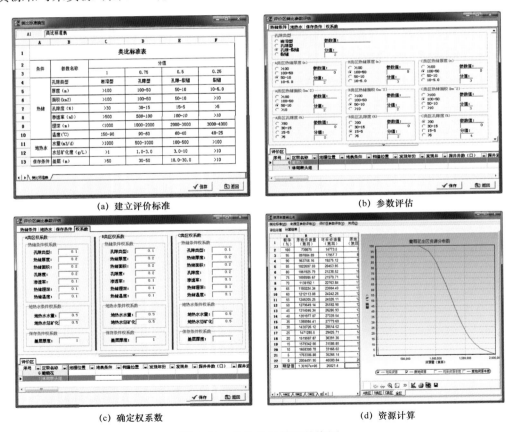

(a) 建立评价标准　　　　　　　　　　　　　(b) 参数评估

(c) 确定权系数　　　　　　　　　　　　　　(d) 资源计算

图3-29　类比法计算地热资源

基于中国石油首次系统开展油区地热资源评价，除东部地区的华北油田、大港油田、冀东油田、辽河油田和大庆油田开展过地热资源评价和实施一些地热工程项目外，大多数油田从未开展过地热方面的研究，缺少有关地热资源评价的基础数据和图件，因此，在评价方法的选择上，考虑到上述研究程度的差异，主要采用随机模拟法和单元容积法评价地热资源。

四、评价标准建立

为确保参数取值规范，评价结果客观、可对比，建立地热资源评价标准。明确热储取值、评价深度、图件编制、评价方法和评价的重点等内容。其核心内容主要包括：

（1）热储类型。孔隙型和裂缝型热储，热储内必须赋存地热水。干的热储层不予评价。

（1）单井热储厚度统计。采用10km²一口井或一个评价单元内选几口井进行厚度统计。单层厚度大于5m的纳入统计范围。有些热储与其他岩性为薄互层，若热储占比大于70%，最小厚度可取1m。

（2）基础图件。要编制热储的等厚图、孔隙度等值线图、埋深图（或构造图）和盆地的地温梯度等值线图（或热储的温度等值线图）等基础图件。

（3）评价深度。评价深度为4000m以浅。无论是孔隙型热储还是裂缝型储层暂不设定物性下限。

（4）资源分类分级。重点评价东部，一般评价中部，粗略评价西部。根据资源富集程度、资源埋深、温度场、市场需求和开发经济性等指标，建立分级评价标准，分级分类评价油田地热资源，并优选出几个有利的开发目标。

（5）评价方法。采用建立的随机模拟法和单元容积法评价油田地热资源。

五、资源计算

油田地热资源评价结果见表3-5。评价结果表明，主要含油气盆地地热资源量很大，热能资源折合标准煤 $10845 \times 10^8 t$，可采资源 $16.27 \times 10^8 tce/a$（1tce 即 1t 标准煤）。地热水资源 $375085 \times 10^8 m^3$，地热水的热能资源为 $2504 \times 10^8 tce$。

表 3-5　油田地热资源评价结果

盆地	油田公司	热储分布面积（km²）	厚度（m）	热能资源（10⁸tce）	地热水资源（10⁸m³）	地热水热能（10⁸tce）	热能可采资源（10⁸tce /a）
渤海湾	辽河	6500	1451	354.77	8485.3	63.30	0.5321
	冀东	5000	722.5	115.63	5298.03	47.56	0.1734
	大港	15000	359	184.90	6651.01	48.62	0.2774
	华北	22000	2349	2318.28	53071.54	525.53	3.4774

盆地	油田公司	热储分布面积（km²）	厚度（m）	热能资源（10⁸tce）	地热水资源（10⁸m³）	地热水热能（10⁸tce）	热能可采资源（10⁸tce/a）
松辽	大庆	110000	82	494.34	32007.48	200.07	0.7415
	吉林	63000	402	683.95	30557.10	221.66	1.0259
鄂尔多斯	长庆	120000	613	1265.91	96342.19	356.88	1.8989
苏北	浙江	2600	757	54.46	4424.44	22.89	0.0817
柴达木	青海	31000	141	723.05	18775.67	179.90	1.0846
北部湾	南方	2500	959	73.43	2176.73	27.15	0.1101
四川	西南	100000	413	1525.01	25113.77	180.70	2.2875
吐哈	吐哈	38100	460	507.67	14800.74	115.38	0.7615
准噶尔	新疆	70000	570	1094.97	34792.00	250.61	1.6425
塔里木	塔里木	390000	141	1446.93	42563.96	263.33	2.1704
酒泉	玉门	646	57.6	1.56	25.22	0.31	0.0023
总计		978346		10845	375085	2504	16.27

单从计算结果看，资源量最大的为华北油田探区，地热资源总量达到 2318.28tce，其次为西南油气田探区，排在第三位的是塔里木油田。该结果似乎颠覆了传统的认识，即塔里木盆地地热资源应该很小，长期的油气勘探以及盆地研究取得的认识为，塔里木盆地地温梯度很低，属于"冷"盆，不具备富集地热资源的有利条件，为何计算的地热资源量那么大？从评价的参数可以看出，塔里木盆地热储不仅层系多，面积特别大，而且本次地热资源评价没有限定地温梯度下限，导致上述结果。如果考虑地热资源丰度、地热开发的经济性，并进行分类分级评价地热资源，塔里木油田探区的地热资源就不会排在前列了，后文中将会阐述如何对地热资源进行分类分级评价。

地热水资源及其赋存的热能资源结果显示，鄂尔多斯盆地的地热水资源量最大，为 $96342.19 \times 10^8 m^3$，其次是渤海湾盆地的华北油田和塔里木盆地。从地热水赋存的热能来看，尽管华北油田地热水资源比鄂尔多斯盆地小，但是其地热水热能却远高于鄂尔多斯盆地，说明华北油田地热水温度高、热值高。

六、资源分布特征

明确地热资源的平面和空间展布特征，确定不同深度、不同地温场的地热资源富集特点，是优选地热田和有效开发利用地热资源的保障。

（一）不同地温场地热资源的分布

图 3-30 是不同油田探区的平均地温梯度。地温梯度的大小能够反映一个地区的地温场特征，地温梯度越大，表明该区有好的地温场条件，利于形成优质地热资源。按照地温

梯度大小，可以分为高、中、低三类，高地温梯度盆地通常称为"热"盆，地温梯度高于3.0℃/100m；低地温梯度盆地为"冷"盆，地温梯度通常低于2.5℃/100m；介于两者的为"温"盆。从图3-30中可以看出，"热"盆主要分布在我国东部，如华北油田、大港油田、冀东油田、辽河油田探区所在的渤海湾盆地，大庆油田、吉林油田探区所在的松辽盆地，浙江油田所在的苏北盆地，南方油田探区所在的北部湾盆地，地温梯度均高于3.0℃/100m。"冷"盆主要分布在西部，如塔里木盆地（塔里木油田探区）、准噶尔盆地（新疆油田探区）、吐哈盆地（吐哈油田探区）、四川盆地（西南油气田探区），地温梯度小于2.5℃/100m；中部含油气盆地为"温"盆，如鄂尔多斯盆地（长庆油田探区）、柴达木盆地（青海油田探区）、酒泉盆地（玉门油田探区），地温梯度介于3.0～2.5℃/100m。

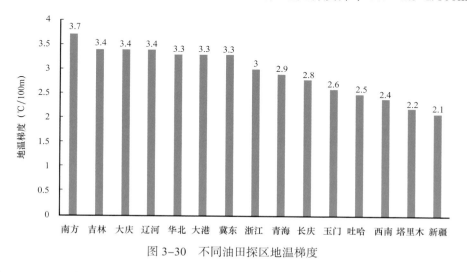

图3-30　不同油田探区地温梯度

图3-31是不同地温梯度下各油田探区的地热资源及地热资源丰度分布图，气泡大小代表的是地热资源的丰度大小，气泡越大表示丰度越大。可以看出，位于低地温场的塔里木、新疆、西南等油田探区，尽管资源量很大，但资源丰度并不高，尤其是塔里木油田探区，地热资源总量排在第三位，但资源丰度却最小。位于高地温场的辽河、大港、冀东、南方、浙江等油田探区的地热资源量尽管相对不大，但资源丰度却很高，表明高地温背景易于富集优质地热资源。位于高地温场背景的华北油田探区，不仅地热资源量最大，而且地热资源丰度也最高，说明该地区地热资源富集条件最好。

（二）不同深度地热资源的分布

图3-32是不同深度不同地温梯度地热资源的分布情况。本次评价的油田地热资源总体分布在200～4000m深度范围内。按照《地热资源地质勘查规范（GB/T 11615—2010）》，经济地热资源勘查开发的深度浅于3000m，3000～4000m为亚经济开发的深度，除西部的塔里木、新疆、吐哈、四川油田外，大部分地热资源分布在3000m以浅（辽河油田探区基岩、华北油田探区部分潜山地热资源埋深达到了4000m），表明中东部油田的地热资源埋深浅、开发经济性好。从地热开发利用的角度，通常地热水温度大于60℃可

以直接利用，低于60℃通常需要借助热泵技术提升温度后再利用，如采用热泵，将会明显增加地热开发利用的成本（如需要购置热泵费、热泵运行耗电费等），因此，地热资源温度越高越好。图3-32揭示了三种不同地温梯度地热资源的分布情况，地热资源埋深越浅、温度越高，即地热资源分在图中最右侧，地热开发利用的经济性越好。从这个角度分析，南方、华北、冀东、大港等油田探区的地热开发经济性好，西部的新疆、塔里木、吐哈等油田探区地热资源埋深大、温度低，开发的经济性较差。

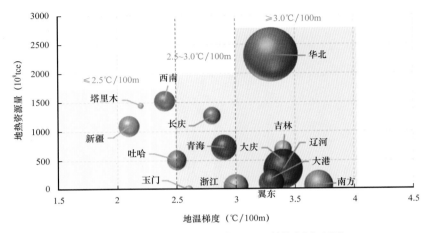

图 3-31　不同地温场地热资源及地热资源丰度图
气泡大小表示地热资源丰度大小，气泡越大，丰度越大

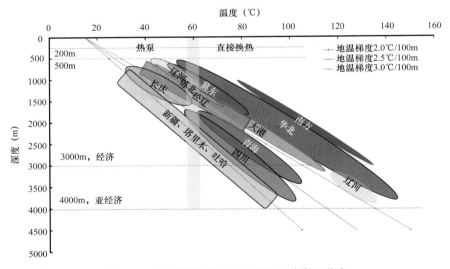

图 3-32　不同深度不同地温梯度地热资源分布

图3-33是部分油田探区在不同深度的地热资源量的分布。总体上，中东部地热资源埋深浅、西部埋深大。中东部多数油田探区的地热资源分布在2000m以浅，而西部的新疆、吐哈等油田探区，主体埋深为3000～4000m。

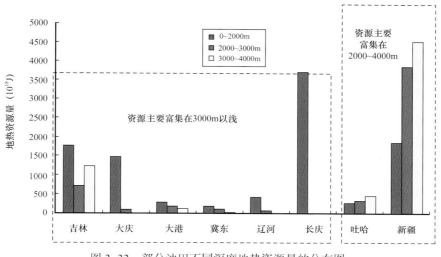

图 3-33 部分油田不同深度地热资源量的分布图

众所周知，不同温度下的地热资源开发利用方式不同，高温（大于150℃）通常用来发电，中低温（小于150℃）通常用于采暖、地热养殖、地热农业。长期的油气勘探结果表明，含油气盆地内浅于4000m的水热型地热资源的温度通常介于40～110℃，属中低温地热资源。表3-6是按照不同地温梯度（或地温场）划分的地热开发利用方式、利用方法和利用方向。油田地热开发利用的方式主要有三种形式：一是老井改造，包括改造废弃井和油井；二是钻地热井；三是采出水余热利用。在利用方法上：一是直接利用，高地温场下的地热资源，温度高，可以直接换热利用；二是采用热泵技术，低地温场的地热资源需采用热泵技术提高用热的温度。在利用方向上，除工业应用，如油田的油水分离、输油伴热、热洗油管外，还有民用的地热采暖、地热养殖、地热农业和地热养生等。各油田地热开发利用的方式详见表3-6。

表 3-6　油田地热资源开发利用方式

类别	地温梯度（℃/100m）	开发利用方式	利用方法	利用方向	油田
Ⅰ	≥3.0	（1）老井改造；（2）采出水余热利用；（3）钻地热井	直接换热、热泵换热	（1）输油伴热；（2）采暖；（3）热洗油管；（4）地热养殖，地热农业、地热养生；（5）发电	华北、冀东、大港、辽河、大庆、吉林、浙江、南方
Ⅱ	2.5～3.0	（1）老井改造；（2）采出水余热利用；（3）钻地热井	热泵换热	（1）输油伴热；（2）采暖；（3）地热养殖、地热农业、地热养生	长庆、青海、玉门
Ⅲ	≤2.0	（1）老井改造；（2）采出水余热利用；（3）钻地热井	热泵换热	（1）采暖；（2）输油伴热；（3）地热养殖、地热农业、地热养生	西南、新疆、吐哈、塔里木

七、资源分级及地热田优选

研究结果表明，对水热型地热资源而言，不同地温场形成的地热资源有较大的差异，同一深度下高地温场形成的地热资源将会优于低地温场形成的地热资源，其开发利用的经济性也会明显高于低地温场。因此，十分必要对不同地温场的含油气盆地热资源进行分级分类评价。

为了分级分类评价油田地热资源，首先建立油田地热综合开发利用评价指标和评价标准（表 3-7）。资源综合评价主要考虑了地热资源量、资源丰度、埋深、地温梯度、市场需求、政策支持、发展规划和发展基础等指标要素。从地热开发的角度，首先必须要有地热资源，这是地热开发利用的基础。但是除资源外，首先要考虑资源的富集程度，资源越富集、资源丰度越高，开发利用的周期越长、经济性越好；其次要考虑地热资源的埋深和地温梯度（或热储的温度），埋深越浅、地温梯度越高，热储的温度越高，地热开发的经济性越好；再次要考虑市场的需求，无论是油田企业，还是地方居民，用热需求市场越大，油田地热开发利用的市场前景越好；同时要考虑是否有地热开发利用的政策支持，有地方政策支持的地区，利于油田地热资源的开发利用，利于地热产业的发展；还要考虑油田或当地是否有地热发展规划，有地热开发利用规划，便于加快推进地热产业的发展；最后还要考虑是否有发展基础，有发展基础的地区，起步快，利于规模化开发利用油田地热资源。从权重系数看，考虑到资源是基础、经济是保证，地热资源（资源量和资源丰度）的综合权重为 0.25，温度（埋深和地温梯度）的综合权重为 0.3，其他为 0.1 或 0.15。

表 3-7　油田地热开发利用综合评分表

取值	0.75~1	0.5~0.75	0.25~0.5	0~0.25	权重
地热资源量（10^8tce）	>1000	500~1000	300~500	<300	0.1
地热资源丰度（10^4t/km^2）	>200	100~200	50~100	<50	0.15
埋深（m）	<1500	1500~2000	2000~3000	3000~4000	0.2
地温梯度（℃/100m）	>3.0	2.5~3.0	2.0~2.5	<2.0	0.1
市场需求	很大	大	一般	小	0.15
政策支持	有	少	无	无	0.1
发展规划	已制定	正在制定	无	无	0.1
发展基础	好	一般	无	无	0.1

表 3-8 是根据油田地热开发利用综合评分标准对各油田的综合打分结果。同时，依据油田地热资源条件、市场需求和开发利用政策等，把油田地热资源分为四类：一类是资源条件最好，市场需求大，有地方政策支持，有开发基础；二类是资源条件较好，有市场

需求，政策不明朗；三类是资源条件一般，有一定的市场需求，政策不明朗；四类是资源条件不好，有一定的市场需求，无相关政策。从评价结果看，一类资源主要分布在华北油田、辽河油田、冀东油田、大港油田；二类资源主要分布在吉林油田、大庆油田、浙江油田；三类资源主要分布在长庆油田、青海油田、南方油田、西南油田；四类资源分布在新疆油田、吐哈油田、塔里木油田、玉门油田。

表 3-8　油田地热资源分类评价结果

排序	油田	分值	分类特征	分类
1	华北	0.92	资源条件最好，市场需求大，有地方政策支持，有开发基础	一类
2	辽河	0.91		
3	冀东	0.90		
4	大港	0.83		
5	吉林	0.78	资源条件较好，有市场需求，政策不明朗	二类
6	大庆	0.77		
7	浙江	0.71		
8	长庆	0.67	资源条件一般，有一定的市场需求，政策不明朗	三类
9	青海	0.52		
10	南方	0.45		
11	西南	0.38		
12	新疆	0.36	资源条件不好，有一定的市场需求，无相关政策	四类
13	吐哈	0.30		
14	塔里木	0.29		
15	玉门	0.26		

在优选地热开发有利目标时，除考虑地热资源条件，更重要的是考虑市场需求，考虑用热单位距离地热资源的远近，也就是地热资源开发利用的经济性，用热单位距地热资源越近，地热开发的经济性越好。考虑到当前环京津冀是地热开发利用的热点地区，地热开发有利目标的优选也围绕该地区。通过对比与筛选，优选出华北油田霸州市南部及文安斜坡地热田、高阳无极地热田、献县地热田、大港油田的北塘地热田、冀东油田的西南庄—柏各庄地热田、辽河油田的大民屯地热田，共六个地热田作为近期可优先开发利用的目标区（表 3-9），热储层系包括古近—新近系的明化镇组、馆陶组、东营组、沙河街组和华北油田的古潜山奥陶系 / 雾迷山组。地热资源总量为 $511.21 \times 10^8 t$，年可采地热约为 $7700 \times 10^4 tce$，地热水资源为 $18678.91 \times 10^8 m^3$。

表 3-9　优选评价结果

油田	地热田	热储层	热储面积（km²）	厚度（m）	热能资源（10⁸tce）	地热水资源（10⁸m³）	可采资源（10⁸tce/a）	地理位置
华北	霸州市南部及文安斜坡	明化镇组	4696.73	356.70	63.34	5193.50	0.0950	霸州市
		馆陶组	4413.78	177.40	36.39	2270.71	0.0546	
		小计		534.10	99.73	7464.21	0.1496	
	高阳—无极	明化镇组	3786.65	378.60	48.06	4730.96	0.0721	高阳（邻雄安新区）
		馆陶组	3749.72	177.20	28.78	1993.35	0.0432	
		奥陶系/雾迷山组	666.86	423.50	30.88	169.45	0.0463	
		小计		979.30	107.72	6893.76	0.1616	
	献县	奥陶系/雾迷山组	2714.14	830.00	227.62	1351.64	0.3414	献县
大港	北塘	明化镇组	2112.00	312.00	24.05	1791.00	0.0361	天津滨海新区
		馆陶组	2112.00	65.00	7.56	375.80	0.0113	
		东营组	966.00	32.00	2.14	69.40	0.0032	
		沙河街组	1276.00	82.00	10.61	144.10	0.0159	
		小计		491.00	44.36	2380.30	0.0665	
冀东	西南庄—柏各庄	明化镇组	150	55.00	0.42	26.40	0.0006	唐山曹妃甸
		馆陶组	150	90.00	0.55	42.80	0.0008	
		小计		145.00	0.97	69.20	0.0014	
辽河	大民屯	沙河街组	562	280.00	5.71	273.40	0.0086	沈阳市
		潜山	339	800.00	25.10	246.40	0.0376	
		小计		1080.00	30.81	519.80	0.0462	
合计					511.21	18678.91	0.7667	

第五节　重点地区地热资源评价

一、辽河沈采矿区地热资源评价

辽河沈采矿区位于沈阳市管辖的新民市境内，地处沈阳市西部 35km 左右，为辽河冲积平原的一部分。地理坐标：北纬 41°45′ 至 41°59′，东经 122°52′ 至 123°14′。矿区面积为 400km²。境内交通便利，公路、乡路四通八达。

（一）地层特征

沈采矿区地形平坦，主要分布在大民屯凹陷中部静安堡油田和法哈牛油田一带，面积约400km²。该区东、北面为断层围限。区内地貌类型单一，除局部地块由于受到辽河和蒲河常年流水及间歇性洪水沉积环境的影响，形成多个坡降较小地表低洼湿地，整体地貌形态属于辽河冲积—洪积平原的一部分。

评价区分为法哈牛区块和静安堡区块。

1.法哈牛区块

法哈牛区块位于大民屯凹陷东南角，行政区划为新民市法哈牛乡。构造位置在大民屯凹陷东部的法哈牛—边台断阶带中段的法哈牛背斜构造上，面积为65.7km²。基底由太古宇的古老变质岩系构成，其上依次接受新生界的古近系沙河街组、东营组，新近系馆陶组和第四系的平原组沉积，地层总厚度为3600m。

1）太古宇（Ar）

太古宇为基底潜山的主要组成部分。岩性复杂，变质程度深，多为混合岩、变粒岩、混合花岗岩等。

2）古近系（E）

该层分布广泛，厚度较大，与下伏太古宇呈不整合接触，由老至新为：沙河街组、东营组。

（1）沙河街组（Es）自下而上可分为三段。

沙四段：主要为厚层状褐灰、深灰色泥岩，局部夹灰白色砂砾岩，浅灰色泥质粉砂岩、粉砂岩。分布广，厚度为200～480m。砂层单层厚度为4～5m，最大累计厚度为200m。

沙三下部岩性为深灰、灰、紫红、绿灰色泥岩与灰白色砂砾岩、浅灰色砂岩、粉砂岩呈不等厚互层。疏松砂砾岩，砾径为2～3mm，次圆状，主要成分为石英、长石，部分已风化为高岭土。

沙一段：岩性为紫红、灰绿色泥岩夹浅灰色砂岩、粉砂岩和灰白色砂砾岩、砾状砂岩。厚500～700m，超覆在沙三段之上。

（2）东营组（E₃d）。岩性为灰绿、绿灰、褐灰、棕红色泥岩、砂质泥岩与浅灰、灰白色砂岩，长石砂岩，砂砾岩和含砾砂岩互层。东部埋深浅，西部埋藏深。与沙河街组为连续整合关系。

3）新近系（N）

（1）馆陶组（Ng）。馆陶组是一套冲积—洪积相，分布广。自北东向南西沉积厚度由薄变厚，埋深由浅变深，沉积厚度最大达370m。岩性为灰白色厚层砂砾岩，主要以含砾砂岩、砾岩为主，夹少量灰绿、黄绿色砂质泥岩。

（2）明化镇组（Nm）。地层分布从南至北逐渐变薄，厚度为150～260m。岩性为杂色泥岩、灰白色中粗粒—中细粒砂岩、泥质粉砂岩薄层。

4）第四系（Q）

第四系广泛分布于区内，厚度为60～268m。岩性主要为灰白色、灰色含砾粗砂岩、中细砂岩、粉细砂岩、碎石土，夹灰黑色、灰色、灰绿色粉质黏土或粉质黏土与细砂互层。

2. 静安堡区块

静安堡区块位于兴隆堡镇一带。构造位置在辽河坳陷大民屯凹陷东北部，面积为49km²。地层发育为前古近系为太古宇（Ar）和中—新元古界大红峪组（Chd）、高于庄组（Chg），古近系为房身泡组（Ef）、沙河街组（Es）、东营组（Ed）；新近系、第四系的馆陶组（Ng）、平原组（Qp）。

1）前古近系

（1）太古宇（Ar）。太古宇是东胜堡潜山和静安堡潜山的主要组成部分。主要岩石类型有黑云母斜长变粒岩、绿帘钠长变粒岩、浅粒石、斜长角闪岩和混合花岗岩等。

（2）中—上元古界（Pt）。中—上元古界是静北石灰岩潜山的主要组成部分，层位属于长城系大红峪组和高于庄组，不整合于太古宇之上。

① 大红峪组（Chd）。该组主要分布于静安堡北潜山，揭露厚度为250～375m。岩性主要为灰色、灰白色，偶见紫色、深灰色石英岩、变余石英岩，夹少量深灰色板岩、灰绿褐灰色泥岩，厚度为250～375m。

② 高于庄组（Chg）。该组主要分布在大荒地东北局部地块，沈208、安92钻孔揭露。上部以灰黑色泥岩为主，碳质泥岩发育；下部以砂砾岩为主，夹煤层。

2）新生界

超覆于前古近系之上，与前古近系呈不整合接触。该层分布广，厚度为1500～3000m。

（1）古近系（E）自下而上为房身泡组（Ef）、沙河街组（Es）、东营组（Ed）。

① 房身泡组（Ef）：主要分布于静安堡地区，揭露厚度为413m。该层按岩性特征可划分为上、下两段。

玄武岩段（Ef₁）：岩性主要以黑色玄武岩、辉石玄武岩、橄榄玄武岩、蚀变玄武岩为主。泥岩段（Ef₂）：岩性主要以暗紫红色泥岩为主，局部为玄武质和凝灰质泥岩。

② 沙河街组（Es）。

沙四段（Es₄）：不整合覆盖于在基底之上，纵向上以泥岩为主。下部为灰绿色玄武岩、杂色砂砾岩、砂岩与泥岩互层。上部以深灰色泥岩为主，夹深灰色泥质粉砂岩、粉砂质泥岩，厚度为500～750m。

沙三段（Es₃）：超覆于沙四段之上，顶部受剥蚀不全，纵向上以砂砾岩为主，厚度为600～1800m。下部为深灰色泥岩、灰白色砂岩、厚层砂砾岩不等厚互层。砂砾岩：砾石占40%～60%，成分以石英为主，长石白云岩块次之，粒径一般为1～2mm，次棱角状—次圆状；砂岩占20%～35%，多为粗砂岩，成分以石英为主，长石次之，泥质胶结，疏松。

沙一段（Es₁）：超覆于沙三段之上，纵向上以砂砾岩为主。岩性以浅灰色砂砾岩，粗—细砂岩与浅灰色泥岩不等厚互层，单层最大厚度为9.0m，最小厚度为1.5m，一般为3～6m。厚度为450～500m。

③ 东营组（Ed）。该组主要为厚状砂砾岩、含砾砂岩与灰绿色、紫红色粉砂质泥岩互

层，顶部见少量玄武岩，厚度为150～450m。

（2）新近系（N）。

① 馆陶组（Ng）。馆陶组不整合于东营组之上，全区厚度都较薄。岩性主要为一套灰色块状砂砾岩，夹薄层灰绿色泥岩、黄绿色砂质泥岩，层厚为50～300m。

② 明化镇组（Nm）。该组分布从南至北逐渐变薄，厚度为110～220m。岩性以砂岩为主，夹砂质泥岩。

③ 第四系平原组（Qp）。该组分布广泛，厚度差异较大，南部地块厚度相对大于北部，厚度为80～210m。岩性为浅灰色粉细砂、碎石土、灰绿色粉质黏土和黏土层。

（二）构造特征

沈采矿区位于大民屯凹陷中部，属辽河坳陷次一级构造单元，是一个陆相古近—新近系沉积凹陷，最大沉积厚度约为5000m，在东胜堡潜山一带。凹陷地质结构复杂，断裂十分发育。

1. 基地构造

（1）基岩结构：基岩大部分为太古宇混合花岗岩，凹陷西侧和北部为中生界，在静安堡地区及曹台东有中—新元古界分布。

（2）基底形态：受古地形控制呈波状起伏，南部靠近荣胜堡洼陷，上覆古近—新近系厚达5000m左右，东、北侧以断层为界。基底面呈西高东低、北高南低、波状起伏，潜山高部位为相对凸起区域。

（3）基底有六大潜山：单断型——东胜堡潜山、大民屯潜山，边台潜山，断鼻型——静安堡潜山，断阶型——法哈牛潜山，以及静北石灰岩潜山的一部分（图3-34）。

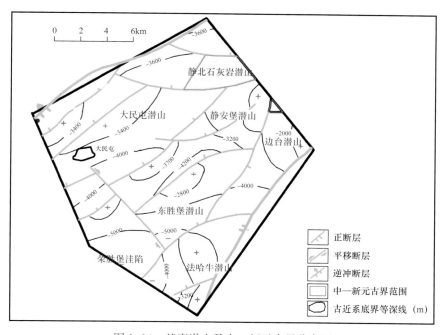

图3-34 基底潜山及中—新元古界分布图

2. 断裂特征

研究区内断裂发育，共发育大小断层 50 余条，主要断层 16 条。沙四段发育 23 条断层；沙三段发育 19 条断层；沙一段发育 28 条断层。断层多呈北东向、北北东向、近东西向展布，除东部、西部边界断层为逆断层和东胜堡南等有少数平移断层外，其他均为正断层。

3. 盖层构造特征

1）区域构造

盖层严格受基底断层和基底起伏控制，潜山发育为正向构造，洼陷继承性发育为负向构造。大民屯凹陷具有东西分带、南北分块的特点，西带为斜坡背景上的断裂鼻状构造带，南北为洼，中间为隆，南部荣胜堡洼陷从沙四段沉积期以来一直在下沉，洼陷不断扩大，到沙三段沉积期沉降幅度最大达 3400m，洼陷中心从北向南转移。北部三台子洼陷古近纪以来正在不断缩小变浅，沙三段厚度为 2000m，沙一段以上厚度仅为 600～700m，中块静安堡断鼻构造也在扩大，东抬西降，地层西倾，使南北洼陷在沙三段沉积期以后可能连通，打破南北分割局面，沙三段沉积末期普遍抬升遭受剥蚀，沙二段沉积期以后凹陷经历了多次抬升运动，以隆升为主，沉积厚度较薄。

2）二级构造带的划分

区域盖层构造（以沙三段为主）划分为：静安堡断裂背斜鼻状构造带、法哈牛断阶带、荣胜堡洼陷北段一部分、安福屯洼陷东段一部分。

4. 主要区块构造特征

1）静安堡区块

静安堡区块位于凹陷中—北部，呈北东向。它主要是在潜山基础上发育起来的，形成多期断裂切割、复杂化的构造格局。北部基底为安福屯洼陷与静北石灰岩潜山的一部分；其他主要在静安堡断裂构造带上。从钻孔揭露看，基底具有西侧低、东侧高的特征。如东侧安 113 沙四段底界埋深为 2747m；西侧沈 136 沙四段底界埋深为 3423.5m。断层主要为北东向，倾向东南，倾角为 60°～80°（图 3-35）。

2）法哈牛区块

法哈牛区块位于凹陷东部，主要在法哈牛断阶带一带。以东界沈 614 断层为界，西临深洼陷，新沈 81 附近为工区内最低点。它是在基底古斜坡背景上发育起来的构造带，基底具有东侧中部高、四周低的特征，F_{101} 和 F_{106} 为控制性断层，大部分断层在区内发育较短，倾角多为 65°～70°（图 3-36）。

（三）沈采矿区地热地质条件

1. 地温特征

1）恒温带参数确定

选取水源井进行浅层水温观测。水温在井深 0～35m 范围呈下降走势，到 40m 深度后水温又呈上升走势，选用部分井用作图法分析可得恒温带参数，T_o=9.7℃，H_o=38.3m，如图 3-37 所示。

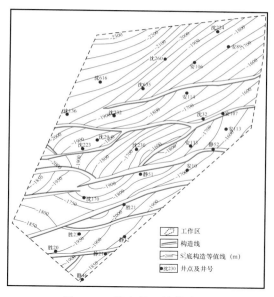

图 3-35　静安堡区块构造图

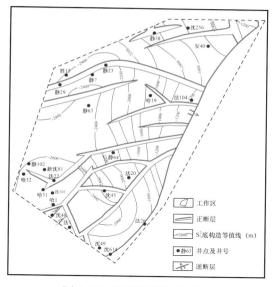

图 3-36　法哈牛区块构造图

2）地温梯度及变化特征

按式（3-6）计算地温梯度，即地层埋深每增加 100m 所增加的地温值：

$$R=（T-T_o）\times 100/（H-H_o）\qquad（3-6）$$

式中，R 为地温梯度，℃/100m；T 为增温带中某一深度（H）的实测地温，℃；T_o 为常温带的温度，取值为 9.7℃；H 为测温点的深度，m；H_o 为常温带的深度，取值为 38.3m。

从收集的 175 口井 174 个层段的试油井温/深度值分析，试油层位主要在沙三段，并用式（3-6）计算了地温梯度。计算结果为地温梯度值在 2.02～3.93℃/100m 之间，平均值为 3.14℃/100m，大于 3.0℃/100m 的地温梯度数量占总数的 73%，

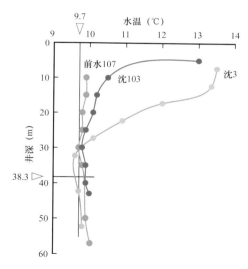

图 3-37　沈 3、沈 103、前水 107 水温曲线图

略高于正常值（3.0℃/100m）。地温梯度特征呈带状沿北东向展布，受古基底形态控制，高值区主要在西部大民屯油田沈 111 井一带，低值区在东南部沈 157 井和哈 3 井一带。总体上区域地温梯度属正常值，具有西高东低、北高南低的特点。

地温场的纵向变化与地层岩性关系密切，随深度的增加，新生界的地温梯度变化不大，地温基本呈直线增长，不同地层有一定的差别。

2. 静安堡地温场特征

1）地温场平面分布

依据试油温度及深度数据，编制了静安堡地热田新生界地温梯度等值线图（图 3-38），1500m、2000m、2500m 深度地温等值线图（图 3-39 至图 3-41），地温场平

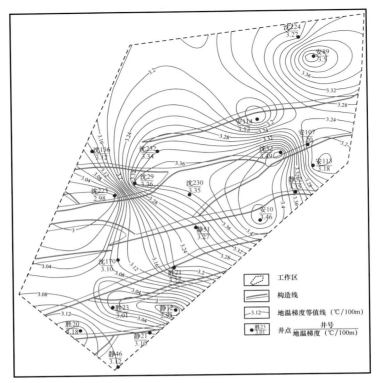

图 3-38　静安堡地热田地温梯度等值线图

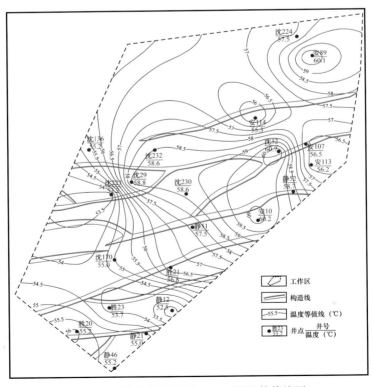

图 3-39　静安堡地热田 1500m 温度等值线图

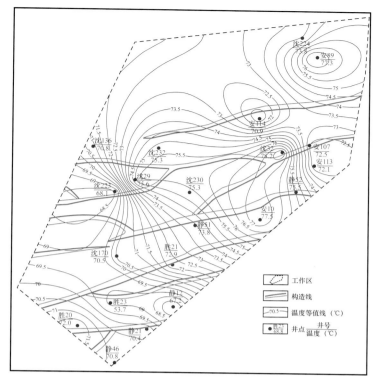

图 3-40 静安堡地热田 2000m 温度等值线图

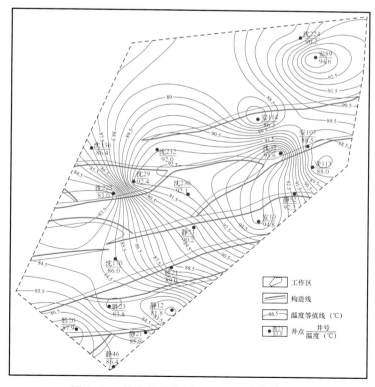

图 3-41 静安堡地热田 2500m 温度等值线图

面分布特征：东北部高，向西、南部逐渐降低，似一平缓山尖形状，但四周降低的幅度有一定差异，西部较东部平缓，高温区与古潜山山顶（沈32井附近）基本一致，新生界地温梯度为2.93～3.49℃/100m，其1500m、2000m、2500m深度地温分别为52.5～60.7℃、67.2～78.2℃、81.8～95.6℃。

2）地温场纵向变化

地温场的纵向变化与地层岩性、盖层厚度关系密切，在一定深度内地温纵向变化率逐渐增加。浅部受新近系—第四系松散地层的影响，地温增加相对缓慢，深部到1000～2500m以后地温变化率有一定的增加。靠近古潜山顶面部位温度较高，其他部位相对低些。静安堡区块地温数据大部分在地表2600m以下，计算地温梯度为2.93～3.49℃/100m。

3）地温场影响因素

（1）地质构造的影响。

从地温梯度等值线图上可看出，静安堡地热田地温场与基底潜山形态有关。

在西南侧潜山山脚，沈223井和胜12井的潜山顶面埋深分别为3271.5m和3367.5m，新生界地温梯度分别为2.98℃/100m和2.93℃/100m，属相对低值；东侧静51井到安89井一带是区内潜山的凸起部分，地温梯度为3.27～3.49℃/100m，是地温相对高异常区。整体变化趋势与潜山坡面变化相一致。

（2）盖层厚度对地温场的影响。

新生界的地温梯度与基岩的埋深关系密切，新生界相对热导率低，可以作为相对热导率高的基岩热储盖层。但盖层太厚，不利于形成高温异常区；盖层太薄，又不利于热能的保存。适宜的盖层厚度是形成传导性为主地热异常区的必要条件。由于古近系沙河街组沉积层较厚，来自基岩或潜山顶部的热能在向浅层传导的同时，不断地向周围散热，从而使目的层的热能在一定范围内已经被平均分配了，因此目的层地温梯度的变化范围较小。在静51井到安89井一带盖层相对较薄，地温略显高异常。

（3）水文地质条件对地温场的影响。

水文地质条件对地温的影响主要是指靠近地下冷水径流补给好的区域，因冷水流动进行热交换，对围岩起到了冷却作用，降低了地温。工作区水文地质条件对地温场的影响较小，在浅部有一定的影响，地温梯度偏小。静安堡西侧沈262井2500m以浅地温梯度明显偏低，仅为2.0℃/100m；沈629井3300m以浅地温梯度平均值也仅为2.3℃/100m。

3. 水文地质特征

沈采地区古近系地热水属新生界沉积层间的孔隙水，埋深为900～2800m，根据地层、富水岩层可将静安堡区块分为沙三段下亚段、上亚段及沙一段孔隙热储层；法哈牛区块分为沙三段和沙一段孔隙热储层。由于沉积环境的差异，两区块的水文地质特征略有不同。

1）静安堡区块热储层

（1）沙三段下部孔隙热储层。

该热储层分布广泛，为扇三角洲相，沉积砂体以含砾砂岩和砂砾岩为主，砂岩大小悬殊，颗粒成分复杂，非均质性明显，砂层单层厚度小，富水层段多，但累计厚度较小。地层储厚比一般为30%～48%（沈260井为42.4%）。顶板深度为1900～2500m，储层厚度为50～160m，详见图3-42和图3-43。渗透率从1.99mD（沈616井）到173.43mD（静21井），孔隙度从6.58%（安113井）到18.55%（静46井）。

（2）沙三段上部孔隙热储。

该热储层广泛分布，东部仍为扇三角洲相，北部为冲积扇相，西部则为湖相。由于盆地明显处于回升阶段，沉积速度减缓，水流能量不大，形成的扇三角洲砂体与沙三段下部有些不同，岩性以含砾砂岩和粉—细砂岩为主，含少量粗砂和细砾，颗粒粒径小且分选好，砂层单层厚度小。地层储厚比一般为30%～45%（沈260井为42.4%）。顶板深度为950～1850m，储层厚度为20～120m，详见图3-44和图3-45。该层孔隙度为7.7%～20.51%，渗透率从2.4mD到192.2mD。上部沉积岩储性较下部差，但由于埋深较浅，孔隙度和渗透率还是略高。

（3）沙一段孔隙热储。

沙一段以扇三角洲相为主，北部和南部分别为冲积扇相和浅湖相。直接覆盖在沙三段之上，为灰、紫红色泥岩与浅灰色砂砾岩、砂岩不等厚互层；砂层单层厚度一般为3～6m。地层储厚比一般为30%～45%（沈260井为42.2%）。顶板深度为900～1300m。储层厚度为10～115m，详见图3-46和图3-47。该层孔隙度为10.8%～24.8%，渗透率为11.2～132.1mD。

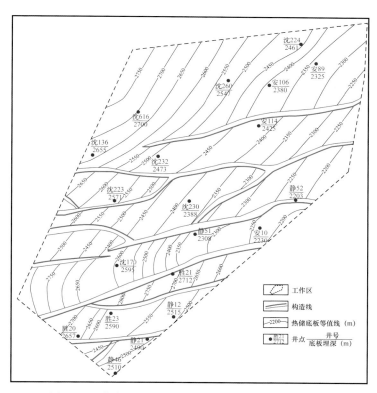

图3-42 静安堡区块沙三段下部热储层底板等值线图

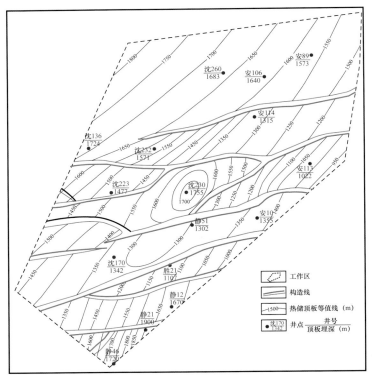

图 3-43　静安堡区块沙三段下部热储层顶板等值线图

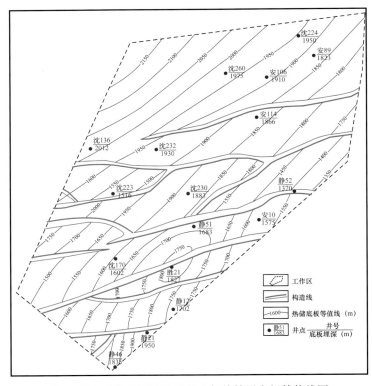

图 3-44　静安堡区块沙三段上部热储层底板等值线图

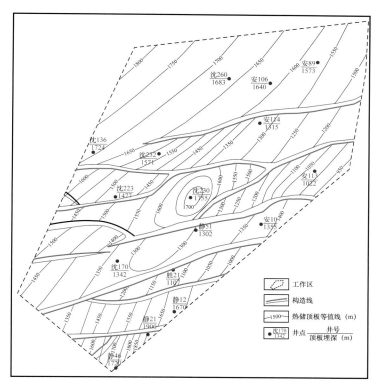

图 3-45 静安堡区块沙三段上部热储层顶板等值线图

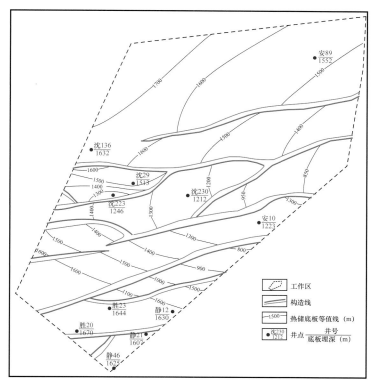

图 3-46 静安堡区块沙一段热储层底板等值线图

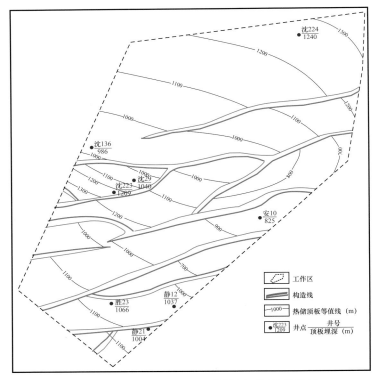

图 3-47　静安堡区块沙一段热储层顶板等值线图

2）法哈牛区块热储层

沙三段孔隙热储广泛分布，厚度大，埋深也较大。沙三段为扇三角洲相，平面上由三个扇三角洲沉积体系构成，多属扇三角洲前缘和扇三角洲平原亚相，发育以网状河道砂为骨架的复合砂体，岩性和厚度在平面上变化大，纵向上沉积旋回明显。下部多为扇三角洲前缘亚相，主要岩性为灰色泥岩与灰白色、浅灰色砂砾岩、含砾中砂岩互层；上部则为三角洲平原亚相，岩性为灰绿色、紫红色泥岩，粉砂质泥岩与灰白色含砾砂岩、长石砂岩不等厚互层，地层储厚比一般为30%～45%。顶底板深度分别为1000～2700m、2000～2900m，储层厚度为36～227m。该层孔隙度为6.01%～23.51%，渗透率为4.74～162.49mD。

（四）资源计算

（1）静安堡区块沙一段热储总体积为1893.84×10⁶m³，地热水量为363.635×10⁶m³，可采体积为27.27×10⁶m³；地热资源量为194.947×10¹⁵J，相当于标准煤655.175×10⁴t，可采量为38.989×10¹⁵J，相当于标准煤133.035×10⁴t；地热水热能资源量为59.634×10¹⁵J，相当于标准煤203.478×10⁴t，可采资源量为4.473×10¹⁵J，相当于标准煤15.261×10⁴t。

（2）静安堡区块沙三段上部热储体积为2407.20×10⁶m³，地热水量为353.863×10⁶m³，可采体积为26.54×10⁶m³；地热资源量为321.570×10¹⁵J，相当于标准煤

1097.222×10^4t，可采量为 $48.235 \times 10^{15}J$，相当于标准煤 164.583×10^4t；地热水热能资源量为 $77.827 \times 10^{15}J$，相当于标准煤 265.553×10^4t，可采资源量为 $5.837 \times 10^{15}J$，相当于标准煤 19.916×10^4t。

（3）静安堡区块沙三段下部热储总体积为 $5078.75 \times 10^6m^3$，地热水量为 $607.06 \times 10^6m^3$，可采体积为 $45.53 \times 10^6m^3$；地热资源量为 $944.508 \times 10^{15}J$，相当于标准煤 3222.739×10^4t，可采量为 $141.676 \times 10^{15}J$，相当于标准煤 483.411×10^4t；地热水热能资源量为 $189.471 \times 10^{15}J$，相当于标准煤 646.492×10^4t；可采资源量为 $14.210 \times 10^{15}J$，相当于标准煤 48.487×10^4t。

（4）法哈牛区块沙一段热储总体积为 $3259.072 \times 10^6m^3$，地热水量为 $612.494 \times 10^6m^3$，可采体积为 $45.924 \times 10^6m^3$；地热资源量为 $338.961 \times 10^{15}J$，相当于标准煤 1156.563×10^4t，可采量为 $67.792 \times 10^{15}J$，相当于标准煤 231.313×10^4t；地热水热能资源量为 $101.323 \times 10^{15}J$，相当于标准煤 345.724×10^4t，可采资源量为 $7.599 \times 10^{15}J$，相当于标准煤 25.929×10^4t。

（5）法哈牛区块沙三段热储体积为 $7609.271 \times 10^6m^3$，地热水量为 $1000.212 \times 10^6m^3$，可采体积为 $74.995 \times 10^6m^3$；地热资源量为 $1349.851 \times 10^{15}J$，相当于标准煤 4605.804×10^4t，可采量为 $202.478 \times 10^{15}J$，相当于标准煤 690.871×10^4t；地热水热能资源为 $294.337 \times 10^{15}J$，相当于标准煤 1004.337×10^4t，可采资源量为 $22.075 \times 10^{15}J$，相当于标准煤 75.323×10^4t。

（五）地热水质量评价

1. 地热田流体地球化学特征

该区储层属层间孔隙热储，热储间水力联系差、交替缓慢，为封闭的水文地质环境，矿化度较高，且随地质年代的增加而增高。在同一深度范畴，地层年代老的地层内的热流体矿化度高于年代新的地层，Cl^- 浓度也有相同的规律。

沙三段的水质类型多为 $HCO_3 \cdot Cl-Na$、HCO_3-Na 型，矿化度为 $3000 \sim 5000mg/L$，pH 值为 $6.5 \sim 9.0$。

沙一段水质类型为 HCO_3-Na 型，矿化度为 $4000mg/L$ 左右，pH 值为 $7.0 \sim 8.5$。总体上，古近系热流体矿化度较高，Na^+ 与 HCO_3^- 占的比例一般都高达 90% 以上（表3–10）。

表3–10 工作区不同层位典型水化学特征

井号	层位	主要离子含量（mg/L）							矿化度（mg/L）	pH	水化学类型
		Na^+	Ca^{2+}	Mg^{2+}	Cl^-	SO_4^{2-}	HCO_3^-	CO_3^{2-}			
沈136	Es_3	1495	20	5	77	24	3889		5510	7.0	HCO_3-Na
沈130		439	41	12	363	49	663		1567	7.8	$HCO_3 \cdot Cl-Na$
沈230		879	26	15	479	82	1526	15	3020	8.0	$HCO_3 \cdot Cl-Na$
静45	Es_1	1116	2	8	181	30	2648		3985	8.0	HCO_3-Na

2. 地热水成因与补径排条件

1）古近系地热水成因

根据水质分析结果，按苏林分类（表3-11），工作区深部太古宇、古近系地热水具有相同的成因，均属大陆水。该水型反映了工区内热流体为陆上地质环境形成，即为早期大气降雨的直接或间接补给在地层中不断聚集而成，并且经不同程度的蒸发浓缩而形成各离子含量差别较大的地热水。

表3-11 不同层间地热水成因分析

井号	层位	舒卡列夫分类	苏林分类（水成因分析）		
		水化学类型	$r(Na/Cl)>1$	$r[(Na-Cl)/SO_4]>1$	$r[(Cl-Na)/Mg]<0$
沈170	Es_3	HCO_3-Na	29.9	125.6	−155.1
沈260	Es_3	HCO_3-Na	1.9	8.7	−8.6
沈230	Es_3	$HCO_3 \cdot Cl-Na$	2.8	14.5	−20.3
静45	Es_1	HCO_3-Na	9.5	70.0	−214.4

2）补径排条件

沙一段和沙三段热储层属于典型的层间孔隙热储。热储中的地热水由古老的大气降雨和地表水渗入长期集聚而成，长期处于一个相对封闭状态的地质环境，由于泥岩互层的隔水作用，垂向无明显的水力联系。侧向受断层的控制，径流微弱，补给缓慢，开发时应考虑人工补给。

二、大庆林甸地热资源评价

林甸县位于黑龙江省西部，松嫩平原北部，隶属于黑龙江省大庆市，辖4镇4乡2场。20世纪70年代，大庆油田在油气勘探过程中，发现了该区有地热资源显示。1998年，大庆市政府责成大庆市国土资源局、东北石油大学（原大庆石油学院）对林甸地热资源进行勘查评价，经过1年多的努力，在林甸找到了储量丰富的地热资源，并通过钻井得到了验证，林甸地热田因而得名。

林甸地热田位于松辽盆地北部倾没区，大庆油田的北部，面积为4000~5000km²，西起齐齐哈尔东界，东到安达西界，南起大庆喇嘛甸油田北缘，北到依安县，东北到明水县。目前探明的地热产水层主要为萨、葡、高三套砂岩，单井日产水量为2000~3000m³，水温为50~60℃，根据储层分布，预计地热田热水总量可达1800多亿立方米。

（一）地温场特征

林甸地区的主要热储层是下白垩统的泉三段、泉四段和青二段、青三段。

林甸地温梯度比较高，在3.4~4.5℃/100m之间，越往南地温梯度越高（图3-48）。

从埋深2000m和3000m的温度等值线看（图3-49，图3-50），南部地层温度高于北部，埋深2000m的地层温度为72~92℃，3000m处的地层温度为105~130℃。

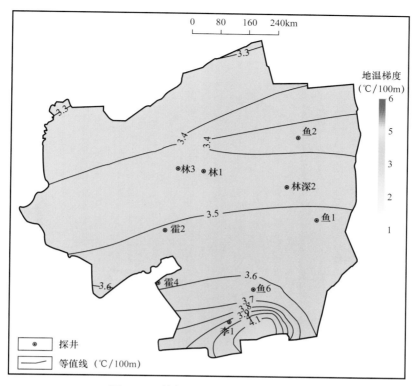

图 3-48　林甸地区地温梯度等值线图

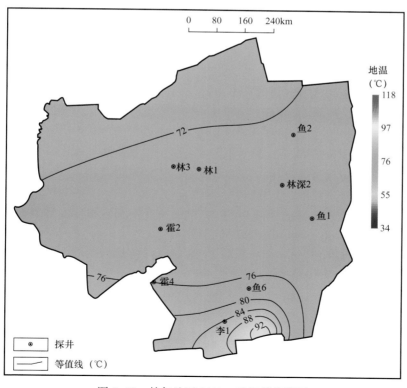

图 3-49　林甸地区 2000m 地温等值线图

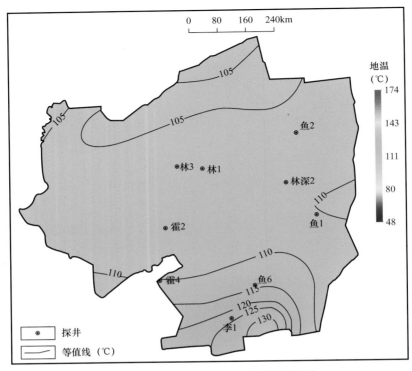

图 3-50　林甸地区 3000m 地温等值线图

（二）热储特征

1. 热储埋深

据泉头组顶面埋深图（图 3-51），林甸地区泉头组在东南部埋深大，在西北部比较浅，埋深为 1200～2100m。

据林甸地区姚家组顶面埋深图（图 3-52），林甸地区姚家组在西北部、东北部埋深比较浅，东南部比较深，埋深为 1000～1600m。

2. 沉积特征

林甸地区热储沉积特征如图 3-53 至图 3-58 所示，泉头组、青山口组、姚家组发育不同的沉积相，主要沉积相有河流相、三角洲平原、三角洲前缘。

3. 物性特征

泉三段砂体厚度为 40～90m（图 3-59），林甸地区南部砂体厚度最大，为 90m，孔隙度为 10%～20%（图 3-60），南部砂体厚度最小。

泉四段砂体厚度为 10～20m（图 3-61），林甸地区边部砂体厚度最大，为 20m，孔隙度 10%～25%（图 3-62），中部砂体厚度最小。

青二＋三段砂体厚度为 80～170m（图 3-63），林甸地区东北部砂体厚度最大，达170m，孔隙度为 20%～30%（图 3-64），南部砂体厚度最小。

姚一段砂体厚度为 15～35m（图 3-65），林甸地区的中部砂体最厚，达 35m，孔隙度为 20%～40%（图 3-66），中部最高。

姚二＋三段砂体厚度为 15～40m（图 3-67），林甸地区的南部砂体厚度最大，达到40m，孔隙度为 20%～30%，东部和西部最高（图 3-68）。

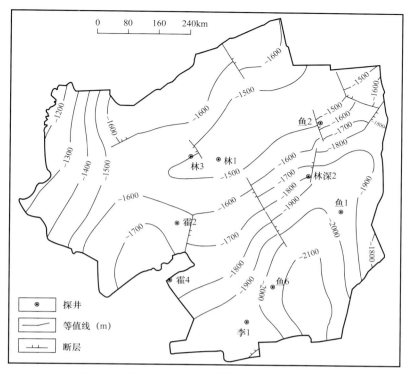

图 3-51　林甸地区泉头组热储顶面埋深等值线图

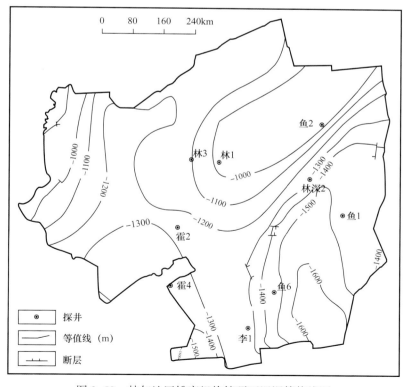

图 3-52　林甸地区姚家组热储顶面埋深等值线图

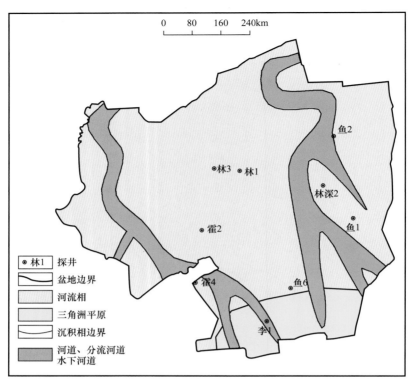

图 3-53 林甸地区泉三段沉积相图

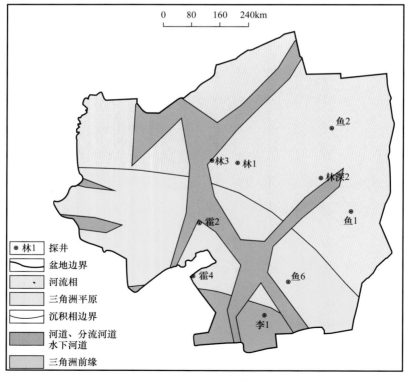

图 3-54 林甸地区泉四段沉积相图

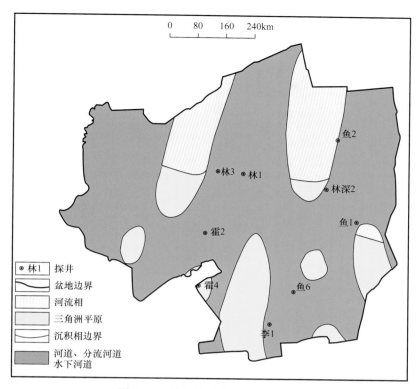

图 3-55　林甸地区青二段沉积相图

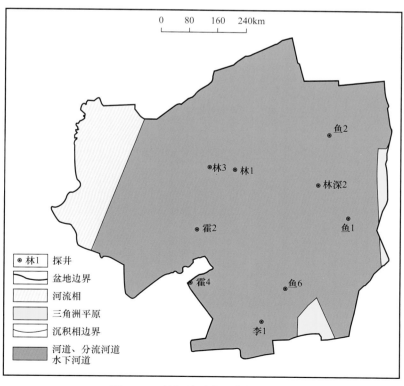

图 3-56　林甸地区青三段沉积相图

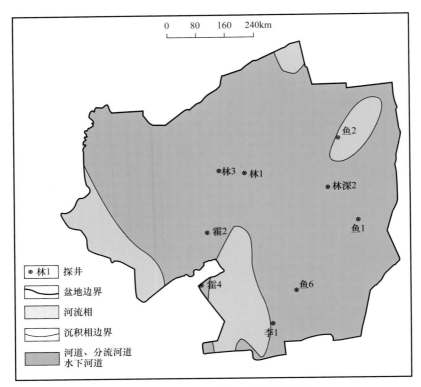

图 3-57 林甸地区姚一段沉积相图

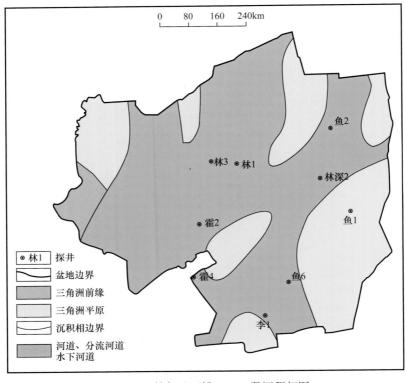

图 3-58 林甸地区姚二+三段沉积相图

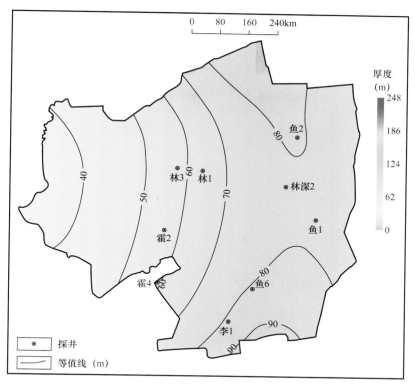

图 3-59 林甸地区泉三段砂体厚度分布图

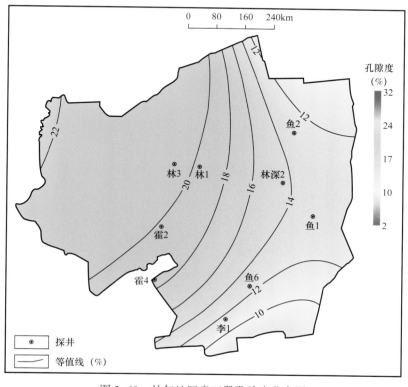

图 3-60 林甸地区泉三段孔隙度分布图

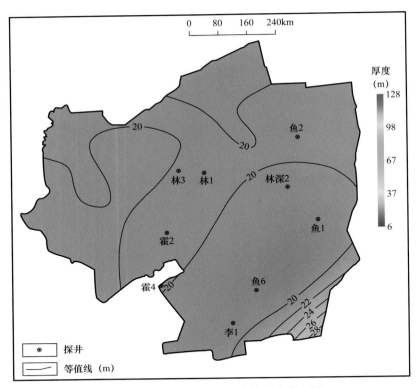

图 3-61　林甸地区泉四段砂体厚度分布图

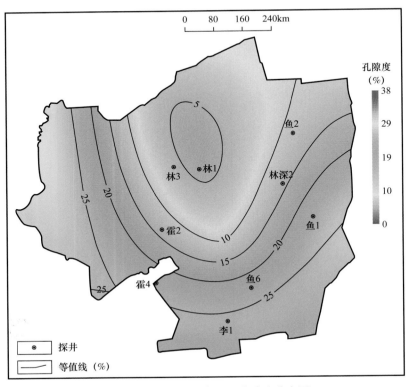

图 3-62　林甸地区泉四段孔隙度分布图

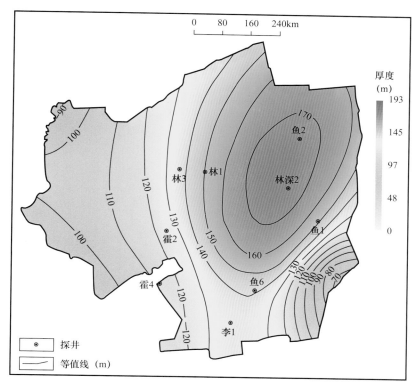

图 3-63　林甸地区青二＋三段砂体厚度分布图

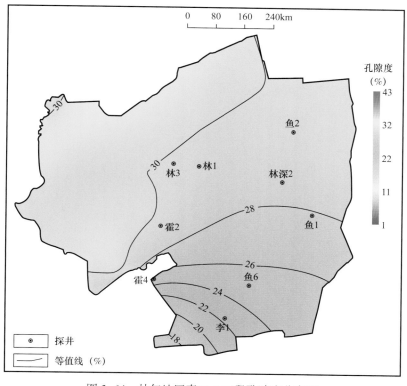

图 3-64　林甸地区青二＋三段孔隙度分布图

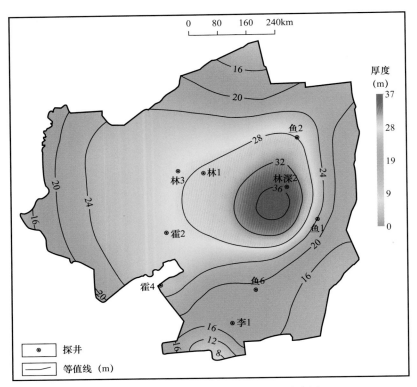

图 3-65 林甸地区姚一段砂体厚度分布图

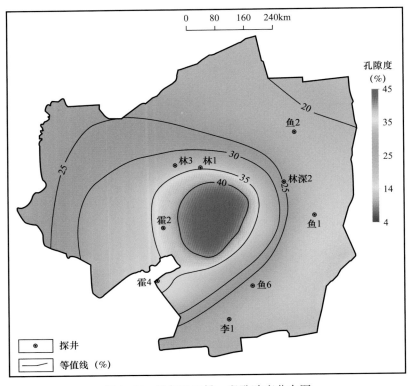

图 3-66 林甸地区姚一段孔隙度分布图

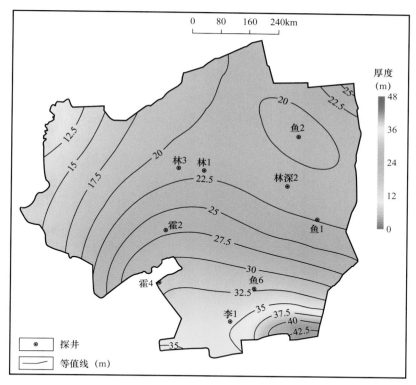

图 3-67　林甸地区姚二 + 三段砂体厚度分布图

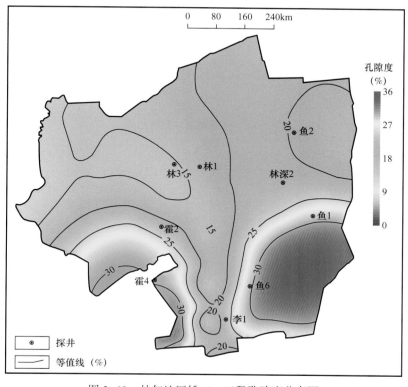

图 3-68　林甸地区姚二 + 三段孔隙度分布图

（三）地热水水质特征

通过对热田内部分地热井取样分析，热田内混合水阳离子以 Na^+ 为主，占阳离子组分的 97.2 %。K^+、Ca^{2+} 含量较低，具体离子组分含量为：K^+ 含量为 3.0～6.96mg/L，平均值为 4.75mg/L；Na^+ 含量为 704～788.6mg/L，平均值为 740mg/L；Ca^{2+} 含量为 3.01～6.09mg/L，平均值为 4.31mg/L；Mg^{2+} 含量一般为 0.12～3.68mg/L，平均值为 1.84mg/L；NH_4^+ 含量一般为 0.6～1.40mg/L，平均值为 1.025mg/L。阴离子中 HCO_3^-、Cl^- 含量较高，平均值分别为 64.18 % 及 29.46 %，SO_4^{2-}、CO_3^{2-} 含量较低。Cl^- 含量一般为 375～474.1mg/L，平均值为 433.42mg/L；SO_4^{2-} 含量一般为 9.7～14.6mg/L，平均值为 12.68mg/L；HCO_3^- 含量一般为 994.63～1280.44mg/L，平均值为 1084.56mg/L；CO_3^{2-} 含量一般为 8.79～78mg/L，平均值为 44.274mg/L。北部主要受盆地边部地表水向热储层渗入影响，对地热田有缓慢补给作用，南部主要受盆地沉积压实排除的原生水影响，矿物质含量较高。地热水矿化度由北向南逐步升高，北部总矿化度为 1700～2300mg/L，到南部接近油田总矿化度的 8000～11000mg/L，水化学类型多为 $NaHCO_3$，pH 值为 7.5～8.5，可定名为重碳酸盐泉。

地热水中微量元素含量较高，其中 Sr 含量一般为 0.382～4.4mg/L，Br 含量一般为 1.20～1.95mg/L，I 含量一般为 0.25～1.01mg/L，H_2SiO_3 含量一般为 31.20～39.46mg/L，Zn 含量一般为 0.007～0.239mg/L。

地热水总的特征为低温、重碳酸盐型、弱碱性、高矿化度、低放射性的特征。部分地热水中 Sr、Br、I、H_2SiO_3 溶解性总固体均达到饮用天然矿泉水国家标准，可命名为 Sr、Br、I、Si 质氯化—重碳酸盐类天然矿泉水。

（四）地热资源储量计算

林甸地区泉四段、泉三段、青二段和青三段、姚一段、姚二段和姚三段的地热资源量见表 3-12。

表 3-12　林甸地区地热资源量

参数层位	平均孔隙度（%）	平均厚度（m）	砂体面积（km²）	地热地质资源量（10¹⁸J）	地热水资源量（10⁸m³）	地热能可采资源量（10¹⁸J）
姚二＋三段	25.22	34.59	3746	16.02	196.70	0.62
姚一段	26.08	20	3746	15.86	241.25	0.89
青二＋三段	24.59	118.92	3746	110.04	1467.69	6.16
泉四段	21.52	30.5	3746	20.02	121.36	0.57
泉三段	19.65	42.9	3746	77.55	396.53	2.08
合计				239.49	2423.53	10.32

泉三段地热资源量为 77.55×10^{18}J，折合标准煤 26.38×10^8t。地热水资源量为 396.53×10^8m^3。地热能可采资源量为 2.08×10^{18}J，折合标准煤 0.71×10^8t。

泉四段地热资源量为 20.02×10^{18}J，折合标准煤 6.81×10^8t。地热水资源量为 121.36×10^8m^3。地热能可采资源量为 0.57×10^{18}J，折合标准煤 0.20×10^8t。

青二+三段地热资源量为 110.04×10^{18}J，折合标准煤 37.43×10^8t。地热水资源量为 1467.69×10^8m^3。地热能可采资源量为 6.16×10^{18}J，折合标准煤 2.10×10^8t。

姚一段地热资源量为 15.86×10^{18}J，折合标准煤 5.39×10^8t。地热水资源量为 241.25×10^8m^3。地热能可采资源量为 0.89×10^{18}J，折合标准煤 0.30×10^8t。

姚二+三段地热资源量为 16.02×10^{18}J，折合标准煤 5.45×10^8t。地热水资源量为 196.70×10^8m^3。地热能可采资源量为 0.62×10^{18}J，折合标准煤 0.21×10^8t。

总地热资源量为 239.49×10^{18}J，折合标准煤 81.46×10^8t。总地热水资源量为 2423.53×10^8m^3。总地热能可采资源量为 10.32×10^{18}J，折合标准煤 3.51×10^8t

第四章　地热资源经济性评价

随着国家新能源战略实施和地热开发利用进程的加快，评价地热资源开发利用的经济效益和环保效果日益重要。地热资源经济性评价能较好地分析资源开发利用后的预期效益，有效地规避资源风险，保持良好的生态平衡。地热资源经济评价与地热资源开发利用方式紧密关联，不同的地热开发方式采用的经济评价方法和选取的关键参数有所不同，本章着重分析地热资源在发电、供暖等方面开发利用的经济性。

第一节　地热资源经济评价关键参数

一、影响地热资源开发利用的经济评价因素

影响地热资源开发利用的经济因素很多，未来的政治、经济、文化、社会、资源、市场等都可能会对项目的投资、成本、产量、价格等带来影响。通常，评价地热田资源开发利用的经济性，与地热田的资源规模、深度和温度等相关，与年产地热水量、回灌量和地热井数等相关，与地热资源开发区域的地面建设和终端需求方式等相关，也与地热资源开发区当地的政策、环境和法律等诸多因素相关。可以说，任何一个因素，都可以大幅度影响地热资源开发利用的经济性。因此，影响地热资源开发利用经济性的因素是多方面、多维度的，需要地下、地面、环境、需求全方位、多角度地评价和预测（图4-1）。

地热资源经济评价的关键是要回答"地热田资源规模能满足多大的需求？""地热田开发利用是否有经济价值？"。资源经济评价的任务是对预测的地热资源规模，评价在开发利用过程中，是否有先进适用的技术，开发能否带来经济效益。按照这个思路，确定了地热资源经济评价关键参数。

（一）地质因素

地热资源开发利用的地质因素主要包括地热资源量、热储类型、埋深和温度等因素。其中，地热资源量决定了地热资源开发利用的程度，埋深和温度等与开发利用的成本相关联。

（二）技术因素

技术因素主要包括钻井深度、地热回灌、供暖管网、热泵技术和终端散热系统。其中，钻井深度成本相关，成井深度小于1000m的地热资源开采最经济；成井深度1000～3000m的经济；成井深度大于3000m的存在经济风险；地热回灌提高了地热资源利用率，减少废弃热水对环境的污染，维持地热资源可持续利用，同时也增加了成本；热泵

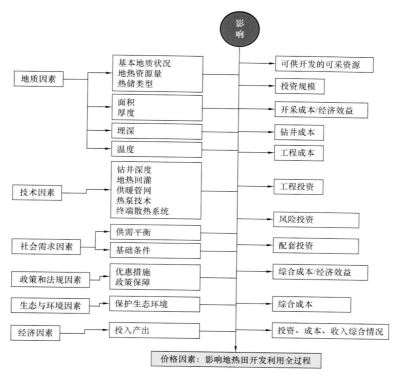

图 4-1　经济评价相关因素图

技术的快速发展提升了地热田的开发利用效率，如何平衡成本是经济评价关注的因素；供暖管网按照终端用户的需求，要力求达到最短管线路和最低经济造价；终端散热系统受地热尾水排放温度影响，地热井地热尾水温度越低，地热井提供的热量越多。地热尾水温度又影响供暖系统的回灌温度，影响供暖系统末端散热设备的散热面积，进而影响室内终端系统的造价。

（三）社会需求因素

市场需求是地热资源开发利用的动力，也是产生经济效益和社会效益的基础。我国地热资源丰富，但资源分布与供暖需求市场分布不均。市场需求旺盛、经济发达的地区，地热资源大多不丰富；而地热资源丰富地区则相对需求不旺。这个因素直接对地热田规模开发、多层次利用、规模效益产生影响。

（四）政策和法规因素

政策和法规因素直接影响到地热田开发利用的导向，国家出台地热相关政策的快慢，影响到地热开发利用的产业结构、市场的占有率，以及地热产业的发展。相关的优惠措施和政策保障直接影响经济效益。

（五）生态与环境因素

地下热水的开采，对地下热水位下降有影响，会引起地表植被和整个生态系统的变化。因此，地热资源开发过程中，保护资源本身和周围环境，必然会产生投资，对经济效益有影响。

（六）经济因素

经济因素直接反映了地热开发利用的投入和产出情况，主要包括投资、成本和费用、收入、利润和税金等。其中，投资是指进行地热资源开发的投入，主要包括开发井、回灌井、热泵、管线和土建等建设投资；成本和费用包括运营成本和管理费用；收入包括营业收入、贴费收入和清洁发展机制（clean development mechanism，CDM）收入。

（七）价格因素

价格的高低直接影响地热田开发利用投资的经济性。与地区的经济环境、社会环境息息相关。如合理的供暖价格会促进地热田的开发利用，加快地热行业的发展；反之，地热业务就会萎缩。因此，在评价地热田投资的经济效果时，必须对该资源投入开发时的价格予以考虑。常见的影响价格的因素有地区经济发展状况、地热资源开发利用的资源规模、国家和地区出台的相关优惠政策和措施等。

二、地热资源经济评价效益指标参数

地热资源经济评价关键指标参数与选取的评价方法相关，通常主要采用不考虑资金时间价值的静态评价法和考虑资金时间价值的动态评价法。其中，静态评价指标包括总投资收益率、资本金净利润率、投资回收期等；动态评价评价指标主要包括财务内部收益率、财务净现值、投资回收期等。

（一）静态评价

（1）总投资收益率的表达式为

$$ROI = \frac{EBIT}{TI} \times 100\% \qquad （4-1）$$

式中，ROI 为投资收益率，%；TI 为投资总额，万元；EBIT 为年利润总额，万元。

ROI 反映了整个投资的收益水平，该值越大说明从地热项目中得到的息税前利润就越高，反之则说明收益效果不佳。评价标准为 ROI≥行业收益率参考值。

（2）资本金净利润率的表达式为

$$REO = \frac{NP}{EC} \times 100\% \qquad （4-2）$$

式中，REO 为资本金净利润率，%；NP 为年净利润，万元；EC 为项目资本金，万元。

REO 反映的是地热项目中关于资本金的盈利水平，评价标准 REO≥行业收益率参考值。

（3）投资回收期的表达式为

$$Pt = \frac{TI}{EBIT} \qquad （4-3）$$

式中，Pt 为静态投资回收期，年。

Pt 是地热开发项目利用的净收益回收总投资所需要的时间，一般是从项目的起始年开始算起。评价标准是投资人可接受的年份。

（二）动态评价

（1）财务内部收益率。

财务内部收益率（IRR）是指能使地热项目计算期内净现金流量现值累计等于零时的折现率，即 IRR 作为折现率使下式成立：

$$\sum_{t=1}^{n}(CI-CO)_t (1+IRR)^{-t} = 0 \qquad (4-4)$$

式中，CI 为现金流入量；CO 为现金流出量；$(CI-CO)_t$ 为第 t 期的净现金流量；n 为项目计算期。

当财务内部收益率大于或等于基准收益率（i_c）时，项目方案在财务上可考虑接受。

（2）财务净现值。

财务净现值（NPV）是指按设定的折现率（一般采用基准收益率 i_c）计算的地热项目计算期内净现金流量的现值之和，计算公式为

$$NPV = \sum_{t=1}^{n}(CI-CO)_t (1+i_c)^{-t} \qquad (4-5)$$

式中，i_c 为设定的折现率（同基准收益率）。

在设定的折现率下计算的财务净现值等于或大于零（NPV≥0），项目方案在财务上可考虑接受。

（3）投资回收期。

项目投资回收期（Pt）是指以地热项目的净收益回收项目投资所需要的时间，一般以年为单位，宜从项目建设开始年算起。若从项目投产开始年算起的，应予以特别注明。项目投资回收期，计算公式为

$$\sum_{t=1}^{Pt}(CI-CO)_t = 0 \qquad (4-6)$$

项目投资回收期可利用项目投资财务现金流量表计算，项目投资财务现金流量表中累计净现金流量由负值变为零时的时间点，即为项目的投资回收期。投资回收期可按下式计算：

$$Pt = T-1+\frac{第 T-1 年的累计净现金流量的绝对值}{第 T 年的净现金流量} \qquad (4-7)$$

式中，T 为各年累计净现金流量首次为正值或零的年数。

投资回收期短，表明项目投资回收快，抗风险能力强。

第二节　地热资源经济评价模型

一般根据地热项目特点选择评价方法，有条件的通常可采用动态评价方法，而建设周期短的地热项目，评价地热资源经济性可采用静态评价方法。本节以动态评价方法为主线介绍地热资源经济评价全过程。

一、地热资源经济评价模型

开展地热经济评价，重点是夯实基础资料，确定评价方法，规范评价流程，有效对比评价结果（图 4-2）。

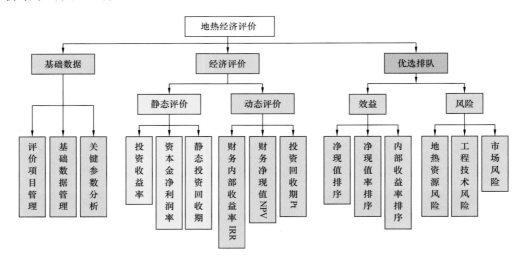

图 4-2　地热经济评价模型

（一）基础数据

选用不同的方法，数据准备亦不同。其中，关键参数分析是经济评价的基础。如地热开发井井数的确定，就需要分析热能资源量，热储类型和面积，研究大型、中型、小型的地热田规模，确定井控面积等。动态评价主要是进行折现现金流评价，就需要准备与现金流入相关的热能资源量，与现金流出相关的投资、成本等实际资料和类比预测资料。

（二）经济评价

选用静态评价或动态评价方法预测经济评价结果。其中，现金流评价是预测未来地热开发利用后可能的净现值、内部收益率和投资回收期，分析可能出现的经济风险。

（三）优选排队

优选排队可以是一维模式，也可以是二维模式优选。对已经开展经济评价的地热项目主要考虑经济效益和风险两大主要因素优选。

二、地热资源经济评价方法

（一）投资估算

对地热资源开发利用项目而言，投资估算主要包括建设投资、建设期利息和流动资金。其中，建设投资主要是指地热开发井、回灌井工程投资和管线、土建、热泵、换热器、水处理器和工艺系统等地面工程投资。流动资金是指在项目投产前预先垫付，在投产后生产经营过程中使用的资金等。对地热资源经济评价的重点是分析建设投资。

1. 地热井工程投资估算

地热井工程投资包括开发井和回灌井投资估算。其中，地热开发井主要分为钻完井、废弃井改造和修井等类型。

开发井投资估算是井数、井深和单位井成本的积。关键是钻开发井井数确定，目前针对地热资源，打多少井还在不断探索阶段。本书依据资源评价的热能资源量及相关的面积、厚度、温度资源参数，采用估算的热储面积和井控面积确定开发井井数。

开发井投资 ＝ 钻开发井井数 × 平均井深 × 单位钻井成本

依据环保要求，地热产水量、回灌量要保持平衡，通常回灌井数由开发井井数的比例确定。

2. 地面工程投资估算

地面工程投资估算主要包括管线、土建、热泵、换热器、水处理器、工艺系统等内容，可采用设备费用推算法或造价指数估算法进行估算。

（二）营运成本和费用估算

地热资源开发利用的运营成本和费用包括运行成本、管理费用、财务费用和销售费用。其中，运行成本主要包括油、气、电、水等动力费用，人工费用，生产运行维护费用、折旧与摊销费用等；管理费用包括安全生产费和其他管理费等。

在实际估算中，运行成本依据地热开发利用期各年度的利用量估算；管理费用、销售费用一般按营业收入的一定比例计算；财务费用指项目筹集资金在运营期间所发生的各项费用，如果地热开发项目中存在一般借款，则根据借款数目、借款年限和借款利率进行计算。

（三）营业收入及税金估算

地热项目收入一般包括营业收入、贴费收入和 CDM 收入三方面。其中，营业收入包括利用供暖收入和售水收入；贴费收入是当地政府为了鼓励和扶持新能源的利用，对新建成的地热利用供暖项目按一定标准给予的补贴收入；CDM 收入是最终以出售"经核准的减排量"的方式获得的额外资金。

（1）营业收入估算公式为

$$Rs_r = S_r P_w t_y + P_y t_h \qquad (4-8)$$

式中，Rs_t 为第 t 年利用暖费收入，万元；S_t 为地热开发利用第 t 年的供暖面积，km^2；P_w 为暖费价格，元 /（$m^2 \cdot$ 月）；t_y 为供暖时间，月；P_y 为热水价格，元 /h；t_h 为供水时间，h。

（2）贴费收入估算公式为

$$Rb_t = S_t r_b \qquad\qquad (4-9)$$

式中，Rb_t 为第 t 年地热补贴收入，万元；S_t 为地热开发利用第 t 年的新增供暖面积（一次性），km^2；r_b 为地热利用供暖补贴费率。

（3）CDM 收入估算公式为

$$CDM\ 收入_t = CERS_t U_{CERS} e \qquad\qquad (4-10)$$

式中，CDM 收入 $_t$ 为第 t 年 CMD 收入，万元；$CERS_t$ 为地热开发利用第 t 年核准的减排量；U_{CERS} 为单位 CERS 收入，欧元；e 为汇率，元 / 欧元。

（4）营业税金及附加。

营业税金及附加估算包括城市建设维护税、教育费附加和资源税。其中，城市建设维护税和教育费附加的计算基础是增值税，资源税按国家规定的税率计算。

所得税是根据国家有关企业所得税的法律、法规及相关政策，计算应纳税所得额，同时注意正确使用有关的所得税优惠政策。

（四）财务分析

财务分析是在地热项目财务效益与费用估算的基础上，计算评价指标，对地热投资项目的盈利能力进行分析，判断地热项目的财务可行性。计算指标如前述，包括财务内部收益率（IRR）、财务净现值（NPV）、投资回收期（Pt）等。

（五）敏感性分析

敏感性分析是投资项目评价中应用十分广泛的一种技术，用以考查项目涉及的各种不确定因素对项目经济指标的影响，找出敏感因素，估计项目效益对它们的敏感程度，粗略预测项目可能承担的风险，为进一步的风险评价打下基础。敏感性分析包括单因素和多因素分析，地热项目主要进行单因素敏感性分析。

敏感性分析方法是选取投资、成本、热能资源量、价格等不确定性因素作为敏感性因素（变化的百分率为 ±5%、±10%、±15%、±20% 等），选取财务内部收益率或净现值等作为效益指标进行单因素敏感性分析。敏感性分析结果可通过敏感性分析表或敏感性分析图表示。在此基础上，可计算敏感度系数（SAF）、临界点，进而找出最敏感性的因素，分析敏感因素可能造成的风险。

（六）蒙特卡罗风险分析

财务分析可直接在敏感性分析的基础上，亦采用概率树分析法和蒙特卡罗模拟分析法，分析步骤是确定敏感性因素的概率分布，计算项目内部收益率、净现值等指标的概率分布、期望值及标准差，测算经济风险。

1. 概率树分析

概率树分析是将每个风险因素的各种状态取值组合起来，分别计算每种组合状态下、内部收益率或净现值等评价指标及相应概率，进而得到评价指标的概率分布，并统计出高于或低于基准值的累计概率，计算评价指标的期望值和标准差，评价项目的风险。步骤如下：

（1）构造概率树。确定勘探项目的风险因素、每个风险因素的状态（通常取计算值、正负变化值三种状态）和发生的概率。

（2）根据风险因素的取值，计算内部收益率或净现值，并计算期望值和标准差等。

（3）绘制内部收益率或净现值的累计概率图（图4–3）。

（4）由累计概率计算项目经济风险 $P\{IRR<i_c\}$ 或 $P\{NPV<0\}$，i_c 为基准收益率。

2. 蒙特卡罗模拟法

蒙特卡罗模拟技术是用随机抽样的方法抽取一组满足风险变量的概率分布特征的数值，应用这组变量计算项目内部收益率或净现值等评价指标，通过多次抽样计算可获得评价指标的概率分布及累计概率分布、期望值、方差、标准差，计算项目可行或不可行的概率，从而估计项目投资所承担的风险。模拟过程如下：

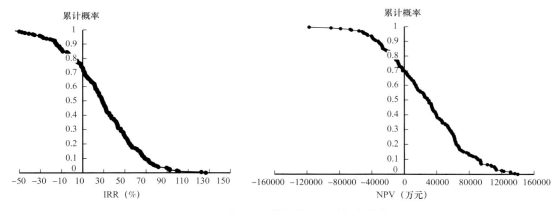

图4–3　IRR 与 NPV 模拟结果累计概率分布图

（1）确定风险变量，由敏感性分析获得。

（2）定义风险变量的概率分布，满足风险变量概率分布特征的模型主要有三角分布、正态分布、对数正态分布和统计分布等。

（3）产生符合风险变量概率分布的随机数。

（4）将抽得的随机数转化为风险变量的抽样值。

（5）根据抽样值计算内部收益率或净现值等评价指标值。

（6）模拟内部收益率或净现值未来可能的分布，进而求取评价指标的期望值、方差和标准差，并绘制累计概率图（图4–3）。

（7）计算项目可行（$1-P\{IRR<i_c\}$ 或 $1-P\{NPV<0\}$）或不可行（$P\{IRR<i_c\}$ 或 $P\{NPV<0\}$）的概率。

三、地热项目的排队与优选

地热项目的排队与优选方法可以是一维模式优选排队，也可以是二维模式综合优选。依据前述开展经济评价的项目，主要考虑经济效益和风险两大主要因素。经济效益因素由净现值、净现值率和内部收益率等组成，风险因素由地热资源风险、工程技术风险、地面环境风险及市场风险等组成。可采用以下方法进行项目排序：

（1）净现值排序法。净现值排序法是在资金一定的条件下，可以首先采用"互斥方案组合法"将各方案合成互斥方案，然后分别计算它们的净现值并按大小排序，组合方案中净现值最大的即为最优方案。

（2）净现值率排序法。净现值率排序法是计算各方案的净现值率，将净现值率大于或等于零的各方案的按净现值率排序，选取净现值率大的方案，直至所有被选取方案的投资总额最大限度地接近或等于投资限额为止的方法。

（3）内部收益率排序法。该方法是计算各方案的内部收益率，将内部收益率大于或等于目标收益率的各方案，按内部收益率大小排序、组合，直至所有被选取方案的投资总额最大限度地接近或等于投资限额的方法。

采用净现值率排序法和内部收益率排序法进行项目优选时，应注意剩余资金的利用，并计算它的投资效益。必要时需分析最后几个方案和剩余资金的综合经济效益，使获得的经济效益最大。

第三节　地热项目经济评价案例

一、地热项目投资效益对比评价案例

本案例根据静态法经济评价法，对辽宁盘锦市的 A、B 项目，山西太原市的 C 项目，华北任丘市的 D、E 项目五个地热项目开展了投资回收期指标的效益评价。A、B 项目的地热供暖为工业用，供暖收费标准为 9～11 元 /（m² · 月），C、D、E 项目的地热供暖为民用，供暖收费标准为 3～5 元 /（m² · 月）。不同地区供热管网配套费政策不同，一般为 50～70 元 /m²。各项目案例数据均经过技术处理。

（一）经济评价流程

依据前述经济评价方法，建立了五个项目经济评价模型（图 4-4）。

（二）经济评价

1. 基础数据

基础数据主要包括项目建设和项目营运的数据，有项目所在地区、建设单位性质、用户性质、供暖面积、采暖面积、采暖时间、采暖收费标准、电费、水费、单位工程费用等（表 4-1）。

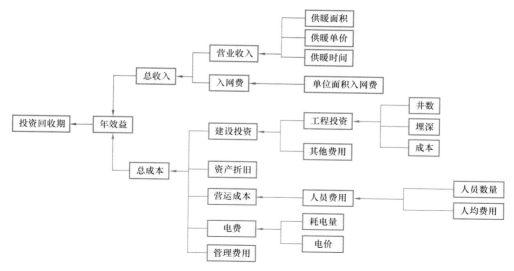

图 4-4 静态评价法：投资回收期评价示意图

表 4-1 地热项目对比分析基础数据表

基础数据	项目 A	项目 B	项目 C	项目 D	项目 E
项目所在地区	盘锦	盘锦	太原	任丘	任丘
建设单位性质	国企	国企	国企	民企	民企
用户性质	工业用	工业用	民用	民用	民用
供暖面积（m²）	25000	8000	100000	90000	105000
采暖面积（m²）	22000	6000	59000	70000	100000
采暖时间（月）	5	5	5	4	4
制冷面积（m²）		700			
供暖收费标准［元/（m²·月）］	11.00	9.50	4.00	3.50	4.50
供热管网配套费（元/m²）	65	65	50	55	55
电价［元/（kW·h）］	0.6	0.6	0.5	0.55	0.55

2. 经济评价

经济评价采用前述的静态投资回收期计算方法，对比分析项目投资回收时间。其中，Pt 为项目静态投资回收期，TI 为项目投资总额，EBIT 为项目年利润总额。评价结果见表 4-2，图 4-5。

3. 评价结论

考虑到同等条件下对比分析，本案例数据处理后，均采用各地热项目的税前利润。项目 D、E 在没有供热管网配套费补贴的情况下，投资回收期都控制在 6 年以内；从用户需求性质看，民用项目要好于工业用项目，民用项目 C、D、E 的投资回收期在 7 年以内，工业用项目在 7 年以上。

表 4-2　地热项目经济评价对比表

序号	经济评价	项目 A	项目 B	项目 C	项目 D	项目 E
	项目所在地区	盘锦	盘锦	太原	任丘	任丘
	用户性质	工业用	工业用	民用	民用	民用
1	总收入（万元/年）	121.00	30.00	128.10	98.00	140.00
1.1	冬季采暖费（万元）	121.00	28.50	128.10	98.00	140.00
1.2	夏季制冷费（万元）		1.50			
1.3	供热管网配套费（万元）	125.00	49.00	500.00		
2	总成本（万元/年）	109.94	19.71	58.24	71.69	72.44
	▲单位成本（元/m²）	49.97	32.85	9.55	10.24	7.24
2.1	电费（万元）	31.29	12.90	7.64	30.69	31.90
2.1.1	年耗电量（10⁴kW·h）	47.41	21.50	15.27	55.80	58.00
（1）	热泵耗电量（10⁴kW·h）	32.66				
（2）	单井耗电量（10⁴kW·h）	14.76				
（3）	冬季供暖（10⁴kW·h）		20.00			
（4）	夏季制冷（10⁴kW·h）		1.50			
	▲单位面积耗电成本（元/m²）	14.22	21.50	1.25	4.38	3.19
2.2	资产折旧（万元/年）	16.30	2.81	46.60	31.00	31.54
2.3	投资总额（万元）	163.00	28.10	466.00	310.00	315.41
2.3.1	工程投资	288.00	77.10	966.00	150.00	155.41
（1）	井数（口）	3		2	1	1
（2）	进尺（m）				1830	1896
（3）	成本（元/m）				819.67	819.67
	▲井控面积（km²/口）	0.01		0.05	0.09	0.11
2.3.2	其他投资（万元）				160	160
2.4	运行费用（万元/年）	62.35	4	4	10	9
2.5	税					
3	年利润总额（万元）	11.06	10.29	69.87	26.31	67.56
4	投资回收期（年）	26.05	7.49	6.67	5.70	2.30

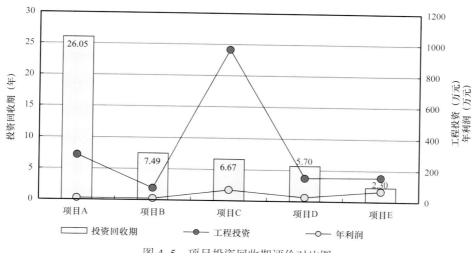

图 4-5 项目投资回收期评价对比图

二、某盆地 F 地热项目折现现金流评价案例

F 地热综合开发利用项目的目的是探索油田公司可再生能源开发利用新模式。据前期地热资源勘查，该项目区所在的新近系馆陶组热储层在兴隆台地区广泛分布，估算热能资源量为 8.74×10^{18} J，面积为 823km²，埋深为 850～1150m，平均厚度为 260m，水温为 32～35℃，单井出水量为 1000～2000m³/d，地下水资源丰富，水资源量为 331.2×10^8 m³，地质条件满足水源热泵所需条件。

F 项目规划建筑面积为 17×10^4 m²，供暖面积为 14.5×10^4 m²。地热田的开发利用采用水源热泵技术，评价该项目开发利用后的经济效益和风险，案例数据经过技术处理。

（一）经济评价流程

依据前述经济评价方法，建立了 F 项目经济评价模型（图 4-6），它是以地热资源为基础，以 F 项目供暖需求为目标，评价项目预期的经济效益。

（二）折现现金流评价

1. 基础数据

1）评价期

项目评价期为 20 年，其中：建设期 1 年，建设起始 2008 年。

2）主要经济参数

（1）供暖收费标准为 28 元 /（m²·供暖季），电费为 0.77 元 /（kW·h），煤价为 850 元 /t。

（2）汇率为 6.8 元 / 美元，汇率为 9.27 元 / 欧元。

（3）折现率为 12%。

（4）所得税率为 15%。

3）工程投资

主要建设工程投资为 2289 万元，详见投资估算表（表 4-3）。

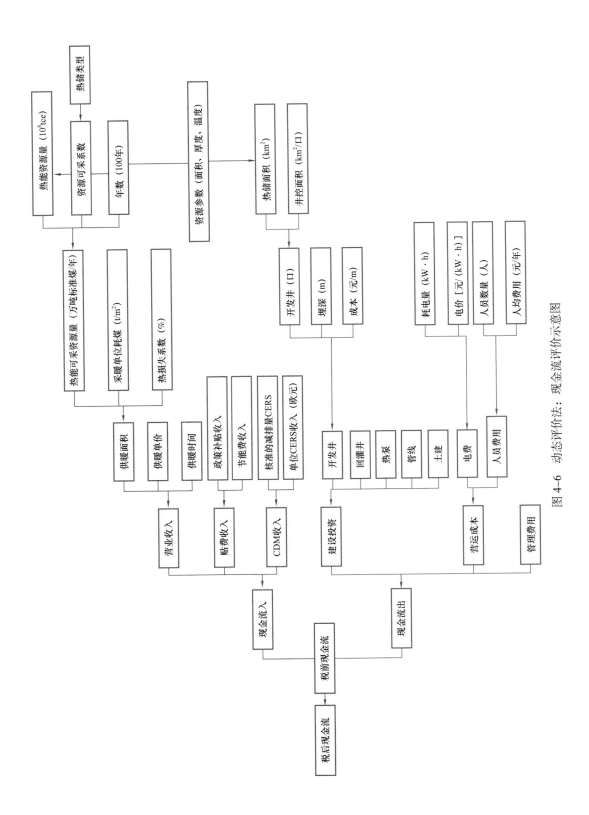

图 4-6 动态评价法：现金流评价示意图

表 4-3　F 地热项目投资估算表

序号	工程或费用名称	工程量单位	工程量	单价（万元）	投资（万元）
1	工程费用				2289
1.1	开发井投资	口			200
1.1.1	钻完井	口	2	100	200
1.1.2	废弃井改造	口			
1.2	回灌井	口	2	100	200
1.2.1	钻完井	口			
1.2.2	废弃井改造				
1.3	管线				479
1.3.1	水井房及场区管线				245
1.3.2	水管线	km	2.6	90	234
1.4	配电工程				390
1.4.1	10kV 以下配电自动化工程				295
1.4.2	10kV 配电线路工程				95
1.5	土建				420
1.6	热泵机组	套	4	150	600
1.7	接热器（万元）				
1.8	水处理器（万元）				
1.9	工艺系统（万元）				
1.1	其他（万元）				
2	其他费用				144.45
2.1	建设单位管理费				45.78
2.2	设计费				68.67
2.3	征地费				
2.4	其他费用				30

2. 经济评价

根据上述基本数据，对该地热项目进行折现现金流评价，评价结果见表 4-4 和图 4-7。

地热项目税前内部收益率（IRR）12.4%，净现值（NPV）40 万元，投资回收期（Pt）6.8 年，按所得税率 15% 计算，税后内部收益率（IRR）12%，净现值（NPV）2 万元，投资回收期（Pt）6.9 年。总体看项目具有一定的盈利能力，在经济上具有可行性。

表 4-4　F 地热项目现金流量表

（单位：万元）

序号	项目名称	合计	1	2	3	4	5	6	7	8	9	10	11	12	13	14	15	16	17	18	19	20
1	现金流入	10865	61	697.35	732.35	872.35	522.35	522.35	522.35	522.35	522.35	522.35	522.35	522.35	522.35	522.35	522.35	522.35	522.35	522.35	522.35	666.8
1.1	营业收入	8650	26	196	336	476	476	476	476	476	476	476	476	476	476	476	476	476	476	476	476	476
1.1.1	暖费收入	8638	14	196	336	476	476	476	476	476	476	476	476	476	476	476	476	476	476	476	476	476
1.1.2	售水收入																						
1.2	贴费收入	1190	35	455	350	350																
1.3	CDM收入	881	0	46.35	46.35	46.35	46.35	46.35	46.35	46.35	46.35	46.35	46.35	46.35	46.35	46.35	46.35	46.35	46.35	46.35	46.35	46.35
1.4	回收固定资产余值	144	0	0	0	0	0	0	0	0	0	0	0	0	0	0	0	0	0	0	0	144
1.5	回收流动资金	0	0	0	0	0	0	0	0	0	0	0	0	0	0	0	0	0	0	0	0	0
2	现金流出	8178	2433.89	274.53	233.38	235.76	235.76	235.76	235.76	235.76	235.76	235.76	358.63	358.63	358.63	358.63	358.63	358.63	358.63	358.63	358.63	358.63
2.1	建设投资	2433	2433.45	0	0	0	0	0	0	0	0	0	0	0	0	0	0	0	0	0	0	0

- 94 -

续表

序号	项目名称	合计	计算期（年）																			
			1	2	3	4	5	6	7	8	9	10	11	12	13	14	15	16	17	18	19	20
2.2	流动资金	79	0	54.24	0	0	0	0	0	0	0	0	24.57	0	0	0	0	0	0	0	0	0
2.3	营运成本	5598	0	271.2	227.67	227.67	227.67	227.67	227.67	227.67	227.67	227.67	350.54	350.54	350.54	350.54	350.54	350.54	350.54	350.54	350.54	350.54
2.3.1	运行费用	5598	0	271.2	227.67	227.67	227.67	227.67	227.67	227.67	227.67	227.67	350.54	350.54	350.54	350.54	350.54	350.54	350.54	350.54	350.54	350.54
2.3.2	管理费用	0	0	0	0	0	0	0	0	0	0	0	0	0	0	0	0	0	0	0	0	0
2.4	折旧	2289	228.9	228.9	228.9	228.9	228.9	228.9	228.9	228.9	228.9	228.9	0	0	0	0	0	0	0	0	0	0
2.5	营业税及附加	147	0.44	3.33	5.71	8.09	8.09	8.09	8.09	8.09	8.09	8.09	8.09	8.09	8.09	8.09	8.09	8.09	8.09	8.09	8.09	8.09
3	所得税前净现金流量（1-2）	2687	-2373	423	499	637	287	287	287	287	287	287	164	164	164	164	164	164	164	164	164	308
4	累计税前净现金流量	2687	-2373	-1950	-1451	-815	-528	-241	45	332	618	905	1069	1232	1396	1560	1724	1887	2051	2215	2379	2687
5	所得税	188	0	0	0	2	2	2	2	2	2	2	18	18	18	18	18	18	18	18	18	18

序号	项目名称	合计	计算期（年）																			
			1	2	3	4	5	6	7	8	9	10	11	12	13	14	15	16	17	18	19	20
6	所得税后净现金流量（1-2-5）	2499	-2373	423	499	635	285	285	285	285	285	285	146	146	146	146	146	146	146	146	146	291
7	累计税后净现金流量		-2373	-1950	-1451	-816	-531	-246	38	323	608	893	1039	1185	1331	1478	1624	1770	1916	2062	2208	2499

计算指标	所得税前	所得税后
项目投资财务内部收益率（%）	12.40	12.02
项目投资财务净现值 i_c（%）	40	2
项目投资回收期（年）	6.84	6.86

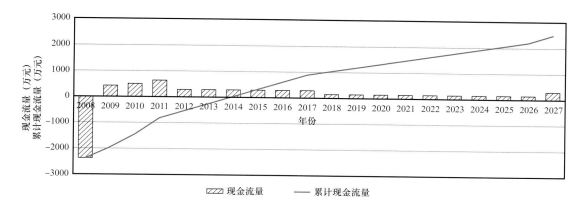

图 4-7　F 项目现金流评价图

3. 敏感性分析

根据 F 地热综合开发利用项目实际情况，选取投资、成本、需求和价格等作为考察的不确定因素。进行敏感性分析，测定这些变化因素对内部收益率（IRR）的影响，见表 4-5 和图 4-8。

表 4-5　F 地热项目敏感性分析表

序号	不确定因素	变化率（%）	内部收益率（%）	敏感度系数
1	建设投资	-20	18.00	-2.26
		-15	16.36	-2.12
		-10	14.90	-2.01
		-5	13.59	-1.90
		0	12.40	0.00
		5	11.33	-1.73
		10	10.35	-1.65
		15	9.46	-1.58
		20	8.63	-1.52
2	营运成本	-20	15.70	-1.33
		-15	14.91	-1.35
		-10	14.11	-1.37
		-5	13.27	-1.40
		0	12.40	0.00
		5	11.50	-1.46
		10	10.56	-1.49
		15	9.56	-1.53
		20	8.50	-1.58

序号	不确定因素	变化率（%）	内部收益率（%）	敏感度系数
3	供暖面积	−20	5.82	2.65
		−15	7.71	2.52
		−10	9.41	2.42
		−5	10.96	2.33
		0	12.40	0.00
		5	13.76	2.19
		10	15.04	2.13
		15	16.27	2.08
		20	17.44	2.03
4	供暖收费标准	−20	5.82	2.65
		−15	7.71	2.52
		−10	9.41	2.42
		−5	10.96	2.33
		0	12.40	0.00
		5	13.76	2.33
		10	15.04	2.19
		15	16.27	2.13
		20	17.44	2.08

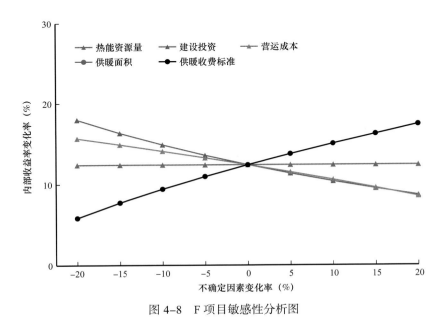

图 4-8　F 项目敏感性分析图

由内部收益率敏感性分析可知，最敏感的因素是供暖收费标准和供暖面积，其次是建设投资和营运成本，对于地热项目而言，用户需求和合理的收费标准是关键，一个地区冬季供暖的收费标准通常较为平稳，可以当成相对确定的因素。因此，敏感因素导致的风险依次是供暖面积、建设投资和营运成本。也就是地热项目需要有一定的规模，同时要控制投资和运营成本。

4. 评价结论

该案例，从经济评价总体看项目具有一定的盈利能力，在经济上具有可行性。当然，对案例分析中也需要十分关注项目风险。第一，分析认为供暖面积对经济效益影响程度大，也就是市场因素很重要。当采暖面积达到供暖面积 $17 \times 10^4 m^2$ 时，项目有效益 IRR 为 12.4%，NPV 为 40 万元，Pt 为 6.84 年；当采暖面积达到供暖面积的 90%，即 $15.3 \times 10^4 m^2$ 时，项目效益变差，IRR 为 8.55%，NPV 为 –324 万元，Pt 为 8.31 年；当采暖面积只为供暖面积的 70%，即 $11.9 \times 10^4 m^2$ 时，项目效益更差，IRR 为 –1.44%，NPV 为 –1052 万元，Pt 为 21.3 年。从另一方面看，该项目区所在的新近系馆陶组热储层估算的热能资源量 $8.74 \times 10^{18} J$，是 F 项目供暖面积要求的最低资源量 $1.4 \times 10^{18} J$ 的 6 倍多，说明增加市场需求，能达到规模效益。第二，建设投资和营运成本对项目效益也有较大的影响。需要指出的是，井控面积、热泵设备等对建设投资影响大，耗电量和电价对营运成本影响大。如 F 项目井数为两口，井控面积约为 $0.09 km^2$，按统计经验井距合理为 $0.03 \sim 0.05 km$，井控面积在 $0.09 \sim 0.25 km^2$ 之间，F 项目在合理区间内。第三，地热优惠政策对经济效益也有一定的影响，本节考虑了供热管网配套补贴费用、节能减排的 CDM 收入，如果不考虑政策优惠，项目效益均会变差，因此，国家及地方政府对地热项目的扶持和支持很有必要。

第五章　地热资源勘探开发利用实践

石油企业很早就注重油田地热资源的开发利用，利用油气开发过程中伴生水地热资源或废弃井改造为地热井开发地下的地热资源，用于满足油水分离、管道集输、建筑物采暖、温室大棚等用热需求，取得了较好的经济效益和社会效益，本章重点介绍油田地热勘查和开发利用的案例。

第一节　非地震地热勘查与解释技术及应用

非地震地热勘查与解释技术是地热资源勘查常用的技术，是地热资源开发和利用的基础。地球物理方法应用于地热探测具有悠久的历史，已形成较为完备的探测技术、数据处理和解释方法。下面重点介绍宽频大地电磁地热勘探技术、重磁电震联合解释技术和大功率人工源电磁技术及应用。

一、宽频大地电磁地热勘探技术及应用

（一）宽频大地电磁技术

大地电磁测深法（magnetotelluric，MT）是一种以天然存在的区域性分布的交变电磁场为场源、用于研究地球电性的一种电磁勘探法。20 世纪 50 年代初期，苏联的吉洪诺夫和法国的卡尼亚尔分别提出，同时测量到电场和磁场的变化就可以得到复阻抗，这可以描述电磁场在地球内部的穿透状况。而电磁场在地球内部的穿透深度取决于观测信号的频率和地球内部电性结构，这正是大地电磁测深法的基本原理。这条基本原理被归纳于描述电磁场传播中指数衰减的趋肤深度关系式中，趋肤深度表明电磁场变化的频率越低，电磁场能量在传播过程中损耗越小，因而其穿透能力越强。大地电磁测深法依据不同频率的电磁波在导体中具有不同趋肤深度的原理，在地表测量由高频至低频的地球电磁响应序列，经过相关的数据处理和分析来获得大地由浅至深的电性结构。

由于大地电磁测深中所观测的天然瞬变电磁场具有很宽的频率范围，可以从 10^{-5}Hz 到 10^3Hz，对于高频率的电磁波，在穿过地下物质时衰减得快，而低频（长周期）电磁信号具有较强的穿透能力；在遇到地下低阻体时，电磁波衰减得比较快（图 5-1）。因此，对于地球深部探测，特别是当遇到岩石圈厚度大、明显存在低阻区域的情形时，要确保大地电磁的深部探测精度，必须获得高质量的低频信号。由于现有常规 MT 系统响应频率的限制，即使延长观测时间，效用也非常有限，并不能记录到足够的有效长周期电磁信号。为满足全尺度地质探测的需要，MT 测深发展了宽频观测的方法和系统。

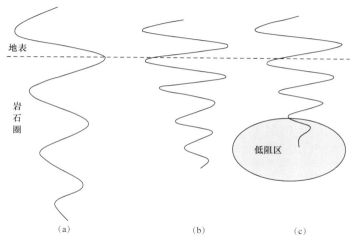

图 5-1　电磁波传播的不同情况

宽频大地电磁法测深是基于大地电磁理论发展起来的高频—超低频宽频段大地电磁探测技术，利用低频电磁信号穿透深度大的特点，可以解决深部地质探测的问题。

1. 宽频大地电磁响应系统

大地电磁测深是把大地电磁场看作平稳各态历经的随机过程，地球作为一个线性系统（滤波器）（图 5-2），这个系统就是大地电磁的响应函数。

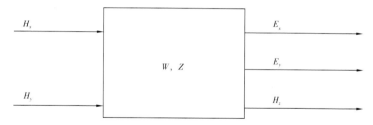

图 5-2　大地电磁响应系统图示

H_x—x 方向磁道；H_y—y 方向磁道；H_z—z 方向（垂直方向）磁道；E_x—x 方向电道；E_y—y 方向电道

宽频大地电磁法与大地电磁法都是通过观测地面的电磁场来求解地球电磁响应函数。由于视电阻率（ρ）与阻抗之间有直接的联系，故求取阻抗张量的各分量及其相位通常是数据处理的目标之一。

地下介质的电性完全可以通过地表电磁场的观测来确定，通过观测地表的电磁场分量，求解电磁波表面阻抗，根据阻抗与视电阻率的关系式进而得到与地下电阻率相关的模型响应。

2. 宽频大地电磁测深的实现

技术上实现宽频大地电磁测深取决于观测系统的主要参数，如工作频率、分辨率、自噪声和漂移等。宽频大地电磁测深通常是结合常规 MT 观测工作开展的，与常规 MT 方法相互补充，使得高频信号频率达到 10^4Hz，而低频信号频率低至 10^{-3}Hz。分辨率和自噪声是影响仪器测量效果的重要参数。根据经验，对于宽频大地电磁测深，磁场信号的分辨率应达到 100pT（0.1nT），电场信号的分辨率应至少精确到 0.1μV/m 工作环境下，理想的仪器自噪声级别应在分辨率以下。宽频大地电磁观测系统需要在同一测点上连续工作较长时间，所以仪器的各项漂移指标也十分重要，如零点漂移、温度漂移等。而超低频期信号具有一定的漂移，这是由于随时间变化，电磁场、温度等变化造成的。因此，观测系统自身的漂移应被确定在一个微小的范围。

由于超低频信号的观测时间往往是中高频信号的几十倍甚至百倍，通常需要考虑观测系统的其他技术参数，如供电与功耗。仪器重量、抗干扰能力、适应温度能力等因素也关系到宽频大地电磁野外工作的效果。

（二）宽频大地电磁野外采集技术

目标深度决定宽频大地电磁的频率段设置和观测时间，研究目的决定着野外工作方法。总体上宽频大地电磁的野外工作方法与常规大地电磁测量有较多相似之处。

1. 宽频大地电磁的观测频率

通常超低频电磁用于壳幔结构和地球动力学的调查研究，野外工作方法始于研究目标的确认和观测系统（仪器装置）的选择。大地电磁观测系统中，磁场的接收主要有两种装置：感应磁棒（induction coil）和磁通门（fluxgate）。感应磁棒具有更高的响应频率（最高达到 10^3Hz 以上），使得采样更快速并能在野外完成实时处理；而磁通门能够采集更低频率（更长周期）的信号（图 5–3）。

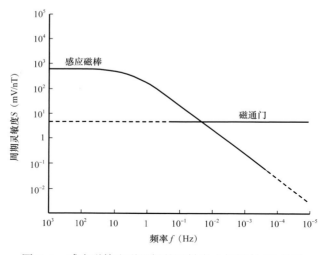

图 5–3 感应磁棒和磁通门的灵敏度 S 与频率 f 的关系

由于大地电磁场信号在时间上是无限连续的，观测记录是在某一有限时间段记录下来的，它是真实大地电磁场信号中截取的一部分。从根本上减小截断效应的办法就是增大记录长度。在野外观测中，在某一观测点上记录时间的长度取决于地质任务所要求了解的目的层深度。

2. 宽频大地电磁数据采集

根据不同的探测深度目标，结合目标区域的地形地貌、地质构造和地球物理特性，制订相应的剖面方案，剖面方案确定后，选择合适的测点间距。一般野外宽频大地电磁测点的选择应参照原设计点，避开人文干扰和不利地形，使用 GPS 精确定位。

宽频大地电磁测深中电极根据不同需要可以选择 2～4 对。如选择 2 对电极，布设方式有："十"字形、平行、"T"形、"L"形和"V"形等，其中最常见"十"字形布极方式。电极距的选择一般根据大地电磁场强度而定，由于天然电磁场信号源强弱与当地的地质构造（如隆起或坳陷）因素有关，应尽量使所有电极高差起伏不大。虽然采用长极距可以得到较大的电位差，地表不均匀性影响也小，但干扰随之增大，不便于野外施工，同时也不符合理论的要求，二电极应保持良好的渗透性，避免电极干燥或过湿。

（三）宽频大地电磁数据处理技术和正反演理论

数据处理的目的是通过对野外观测数据的处理，取得可靠的阻抗张量要素、倾子及相位、误差等大地电磁响应函数，供资料解释使用。在数据处理中需要重点考虑的是截断效应和克服噪声影响问题。数据处理就是大量数据的缩减过程，利用数据处理结果进行定性分析有助于模型建立和反演解释。

1. 宽频大地电磁数据处理

数据处理就是求解电磁响应函数的过程。宽频大地电磁观测频率越低，观测数据越庞大，以采样频率 1Hz 计，某一个测道经 100h 连续观测，其记录数据将达到 36 万个采样点；5 通道数据将有 180 万个原始数据。而每个点最终用于建模和反演解释的数据也不过数千个甚至几百个（有代表性的数十个频率点数据）。因此，宽频大地电磁数据处理就是科学有效地缩减数据，将庞大的时间序列转化为电磁响应函数，并在此过程中行之有效地去除噪声和估计误差。

为了获得尽可能准确的频谱，首先需要对原始时间序列进行预处理，这是整个处理工作的基础。由于宽频大地电磁观测持续时间较长，观测数据可能有轻微的漂移。为防止某些未知原因造成的较大偏差，需要检查野外观测数据，并同邻近的地磁台站同一时间的记录数据进行比较，剔除一些严重失真的数据。

在保证一定记录长度的前提下，可以通过预白和加窗等方法来减小截断效应的影响。预白噪声化：为了使截断信号的傅里叶变换后接近于真实信号的频谱，在进行傅里叶变换之前，根据对工区大地电磁场频谱形状的初步了解，通过一个滤波器改变它们的频谱形状，使其尽量平坦，这是加滤波器平滑去"毛刺"的过程。改变频谱窗口的形状，如在预白后，采用汉宁窗（余弦窗）、多项式拟合等方法。在对时间序列进行预处理后，将时间序列进行傅里叶变换，转换到频率域进行谱分析和堆叠数据、挑选频率（周期）点。二堆叠数据、挑选频率点就是缩减数据的过程。频率（周期）点的挑选，一般遵从两条原则：一是等对数间隔，这是由趋肤深度公式决定的；二是每个量级一般挑选 6～10 个频率点，由于原始数据中邻近的频率点导致相似的结果，没有必要选择过于密集的频率点，但选择频率点过于稀疏可能导致结果失去可靠性。

在上述过程中还须通过仪器标定文件或参数进行道的校准：格值和相移校正。在道的校准之后，可以根据记录数据的傅里叶变换求得电、磁场强度，从而计算测量轴上的阻抗要素和电性主轴方位及主轴方向上的阻抗要素等。为了便于解释，一般把数据处理的结果变换成视电阻率，还可以进一步计算出二维偏离度或椭率。这就是宽频大地电磁数据处理的一般过程。

提高资料处理质量的关键问题是克服噪声的影响，因此各种数据处理方法的不同，主要体现在压制噪声影响、提高信噪比的方法上不同，如互功率谱法、广义最小二乘法、参考道法等，有的甚至是两种方法的结合，如参考道法和互功率谱法。如果噪声十分微小或符合高斯分布，一般使用最小二乘法就足够了。对于 LMT 数据使用最小二乘法通常不能达到理想的效果，而使用 Robust 估计方法，多次重复平均从而削弱噪声的影响。光滑 Robust 用分配权重的方法剔除时间序列的奇异点（outliers），通过不断重复来实现控制奇异点的数量比例和权重。二磁场张量控制—远参考道估计也常用于去除区域噪声干扰。

在实现宽频大地电磁原始数据转化为 TF 估算之后，通常绘出视电阻率和阻抗相位、倾子感应矢量图及一些拟断面，做定性剖面分析，这个过程在数据反演之前非常重要，直观上对该区域电性结构的定性认识有助于正演模型的建立和反演解释。

2. 宽频大地电磁正反演理论

宽频大地电磁的正反演理论和方法基本与 MT 相同，正演模拟的实质就是求解麦克斯韦方程组，由于地下介质中电磁参数复杂，需要将地电体模型适当简化后再求解。主要的正演模拟方法有：层状结构解析法、有限元法、有限差分法、积分方程法等。

反演就是求解适当的地电模型，该模型的理论响应最接近于实测结果。目标函数用来描述模型的响应与数据的吻合程度，进而可以根据反演的要求，选择不同的目标函数（调整或修改目标函数）来对模型进行校正。

二维反演通过张量分解确定地下地质体的构造走向，进而确定剖面的投影方向，然后选择横电波模式（TE）或横磁波模式（TM）单极化模式或 TM+TE 联合反演模式。反演是对多参数的多次拟合过程，因而达到最佳效果之前需要经过对比观测数据和模型响应反复修改模型，使观测数据与模型响应最为接近。目前二维反演算法比较成熟，使用较多的是 Occam 法、快速松弛法和非线性共轭梯度法。

（四）宽频大地电磁地热勘探技术应用

选择在辽河油田兴隆台—曙光油田地区部署了宽频大地电磁剖面勘探工作，此次所布设的宽频大地电磁勘探工作是为了了解该区域地层分布、构造特征、断裂展布、火成岩发育等基础地质信息，在此基础上对该区域的地热地质特征进行重点研究，建立地热地质模型，为后期温度场数字模拟奠定基础。

1. 地理、地质及地球物理概况

1）地理位置

兴隆台、曙光地区位于辽宁省盘锦市境内，地理位置为盘锦市西南侧。

工区位置如图 5-4 所示，工区角点坐标见表 5-1。

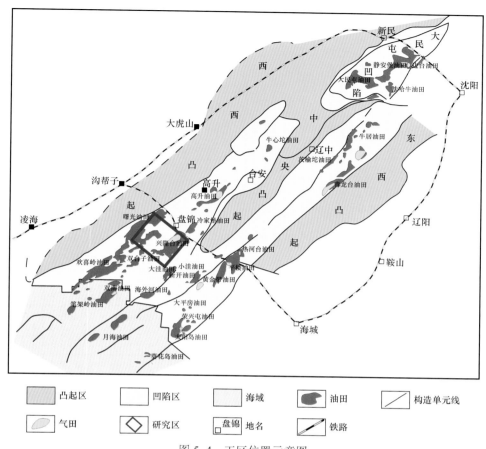

图 5-4　工区位置示意图

表 5-1　工区角点坐标表

角点	X 坐标	Y 坐标	角点	X 坐标	Y 坐标
A	20902609.12	4570923.23	C	20928645.17	4566556.25
B	20912614.48	4579214.97	D	20920132.32	4557324.78

2）地形地貌

该区地形主要为平原，相对高差较小，区内大部分为农田。双台子河、柳河流经本区，给施工造成一定困难。该区人烟稠密，盘锦市及辽河油田部分采油区位于勘探区域内，对电法工作造成严重干扰。

3）交通条件

该区交通发达，区内有鞍山至沟帮子的铁路，而且还有京—沈和盘—海—营高速公路，另外还有许多县级公路，交通便利。

4）气候条件

该区属温带大陆性气候，年平均气温为 10～15℃，夏季较短，冬季多雪，春秋两季风沙较大，年降雨量为 600～1000mm。

2.地质任务与勘探部署

1）地质任务

（1）明确工区地层分布、构造特征、断裂展布、火成岩发育等基础地质信息。

（2）研究工区主要地热储层、盖层及热源发育等地热地质特征，建立地热地质模型。

2）测线部署

共布设 5 条宽频大地电磁法剖面，测点点距为 200m，共设计坐标点 530 个，检查点率大于 3%。

3.宽频大地电磁野外现场采集

1）设备配备

宽频大地电磁主要设备及性能见表 5-2。

表 5-2　主要装备及性能表

序号	设备名称	型号	产地	精度	数量	使用年限
一、电法采集仪器						
1	电法仪	V5-2000	加拿大	0.005mV	18	5
二、测量仪器						
1	GPS 定位仪	Trimble4600LS	美国	5 +1ppm'D	4	
2	智能全站仪	Tc1103	日本		2	
3	GPS 导航仪	Garmin-12	美国	＜10m	5	3
4	森林罗盘		中国		4	
三、软件						
1	MTWORK		中国			
2	MTU-SW		加拿大			
3	CSEDIT		加拿大			
4	DSK1		中国			
5	MTIS		中国			

2）仪器准备

进入工区前对仪器进行检测、鉴定，确认合格并签发合格鉴定证书。进入探区后，按照设计要求进行一系列仪器性能测试。

（1）V5-2000 电法仪器标定。

为确保 V5-2000 仪器性能稳定，对投入使用的 V5-2000 仪器及磁棒分别于开工前及收工后进行两次标定。仪器、磁棒标定误差统计数据见表 5-3。

从表 5-3 可以看出仪器及磁棒的标定结果均符合设计要求，均方误差小于 2%，说明仪器的硬件性能稳定，工作状态正常。

表 5-3　V5-2000 型电法仪标定均方误差统计表

仪器号	Ch1-Amp（%）	Ch1-Pha（%）	Ch2-Amp（%）	Ch2-Pha（%）
E-1080	0.06	0.30	0.07	0.33
E-1088	0.08	0.07	0.05	0.19
E-1091	0.06	0.19	0.04	0.06
E-1195	0.07	0.12	0.10	0.22
E-1198	0.07	0.22	0.06	0.20
E-1199	0.10	0.29	0.10	0.29
E-1211	0.05	0.12	0.04	0.21
E-1212	0.19	0.43	0.17	0.51
E-1214	0.07	0.13	0.06	0.21
E-1242	0.09	0.16	0.07	0.26
E-1250	0.11	0.26	0.10	0.35
E-1251	0.06	0.24	0.06	0.25
E-1281	0.08	0.24	0.06	0.25
E-1290	0.09	0.33	0.10	0.31
H-1011	0.26	0.78	0.28	0.80
H-1054	0.08	0.25	0.09	0.24

MTU5	Ch1-Amp（%）	Ch1-Pha（%）	Ch2-Amp（%）	Ch2-Pha（%）	Ch3-Amp（%）	Ch3-Pha（%）	Ch4-Amp（%）	Ch4-Pha（%）
U-1183	0.12	0.49	0.11	0.49	0.10	0.29	0.10	0.31
U-1233	0.08	0.31	0.09	0.30	0.09	0.35	0.07	0.30

磁棒号	Amp（%）	Pha（%）
C-1037	0.88	1.36
C-1038	1.87	1.69
C-1039	1.48	0.81
C-1209	1.38	0.97
C-1218	1.42	0.98
C-1227	1.67	0.66
C-9550	1.42	1.28
C-9956	0.47	0.16

注：Chi-Amp—第 i 道振幅百分比误差；Chi-Pha—第 i 道相位百分比误差；Amp—磁棒振幅百分比误差；Pha—磁棒相位百分比误差。

（2）V5-2000电法仪器一致性对比。

为了确定各台V5-2000仪器工作状态，分别于开工前和收工后对仪器作了一致性对比性能测试，每台仪器所获得的视电阻率、相位曲线形态一致，从开工前及收工后一致性误差统计表（表5-4、表5-5）中可以看出，投入使用的V5-2000仪器一致性对比的平均均方误差最大值为3.13%，小于设计要求的5%，说明本次施工投入使用的仪器具有良好的一致性，野外采集到的资料可以进行统一处理解释使用。

表5-4　V5-2000型电法仪开工前仪器一致性误差统计表

仪器序列号	ρ_{xy}误差（%）	Φ_{xy}误差（%）	ρ_{yx}误差（%）	Φ_{yx}误差（%）	误差平均值（%）
E1080	1.16	0.89	1.40	1.03	1.12
E1088	3.88	1.07	1.62	1.48	2.01
E1091	2.24	0.86	2.35	2.55	2.00
E1195	1.71	0.98	2.29	1.35	1.58
E1198	1.56	1.05	1.57	1.01	1.30
E1199	1.65	0.70	1.37	1.89	1.40
E1211	1.27	0.69	1.55	1.12	1.16
E1212	1.75	0.82	1.80	0.97	1.34
E1214	1.93	1.03	1.93	1.48	1.59
E1242	1.46	1.26	1.82	1.19	1.43
E1250	1.98	1.47	2.91	1.33	1.92
E1281	1.48	0.97	1.55	0.80	1.20
E1290	1.92	0.71	1.88	1.96	1.62
U1183	1.47	0.79	1.63	1.55	1.36
U1233	1.32	1.10	2.15	1.39	1.49
U1234	3.56	2.61	3.99	2.36	3.13

注：ρ_{xy}误差、Φ_{xy}误差、ρ_{yx}误差、Φ_{yx}误差分别代表xy方向视电阻率误差、xy方向相位误差、yx方向视电阻率误差、yx方向相位误差。

表5-5　V5-2000型电法仪收工后仪器一致性误差统计表

仪器序列号	ρ_{xy}误差（%）	Φ_{xy}误差（%）	ρ_{yx}误差（%）	Φ_{yx}误差（%）	误差平均值（%）
E1080	2.01	1.10	1.41	0.97	1.37
E1088	1.71	0.68	1.74	0.64	1.19
E1091	2.02	1.55	1.36	0.69	1.41
E1195	1.87	1.18	1.92	1.05	1.51
E1198	2.01	0.58	1.72	0.52	1.21
E1199	1.93	0.79	1.53	0.48	1.18

仪器序列号	ρ_{xy} 误差（%）	Φ_{xy} 误差（%）	ρ_{yx} 误差（%）	Φ_{yx} 误差（%）	误差平均值（%）
E1211	1.17	0.79	1.41	0.56	0.98
E1212	2.11	1.22	1.87	0.90	1.53
E1214	2.27	1.29	2.26	1.07	1.72
E1242	2.85	1.49	2.96	0.91	2.05
E1250	2.74	1.02	1.84	0.82	1.61
E1251	2.23	1.14	1.61	0.89	1.47
E1281	1.20	1.31	1.67	0.91	1.27
E1290	2.31	1.05	1.90	0.76	1.51
U1183	3.11	0.81	1.65	0.81	1.60
U1233	2.13	0.77	1.91	0.53	1.34

（3）测量仪器。

所有在该区投入使用的测量仪器，均在国家认可的仪器检测中心通过了检测，并持有施工期内有效的仪器检测证书。

3）野外采集工作方法

宽频大地电磁所使用的仪器是加拿大凤凰公司生产的 V5-2000 系统，电站、磁站为相对独立的采集单元，通过 GPS 卫星进行同步采集。野外施工采用张量观测方式，一个排列至少同时布设一组 H_X、H_Y 两个分量，每个测点保证布设一组 E_X、E_Y 两个分量，E_X、H_X 方向与测线延伸方向一致，E_Y、H_Y 方向与测线延伸方向垂直（图 5-5）。

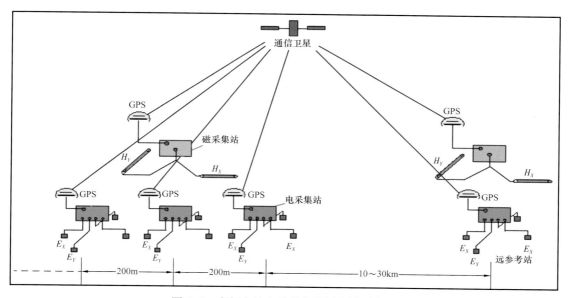

图 5-5　宽频大地电磁采集装置布设示意图

H_X 和 H_Y 分别为 X 方向和 Y 方向磁道；E_X 和 E_Y 分别为 X 方向和 Y 方向电道

观测装置布设部分采用标准的"十"形布极，在地形复杂或无法采用"十"形布极方式的地区采用"T"形或"L"形布极。每个测点采集数据的最高频率为 320Hz，最低频率为 0.001Hz 或 0.0005Hz。

4）野外资料采集

（1）测点点位在允许范围内通常都选择在开阔、平坦、土质均匀的地方。

（2）布极方位误差不超过 1°，布极正交误差小于 10′，极距误差小于 1%，同一测线保持 E_x 方向一致为测线方向。

（3）电极线布设时进行分段压实。各测点中心点位置用小旗和木桩做明显的标志。

（4）水平磁棒方位经仪器实测，方位误差小于 1°，水平磁棒埋入地下深度大于 0.3m，埋设前都用水平尺测量水平角，保持水平倾斜角度小于 1.5°。

（5）为了增强信号强度并减小静态效应，在 Y 方向使用较大的电极距。

（6）由于工区内地势平坦，同一方向的两个电极间的相对高差控制在极距长度的 10% 以内。

（7）野外采集记录时间大于 8h，干扰较强地区及信号较弱时需延长观测时间，增加数据的有效叠加次数，以确保资料质量。

（8）为提高资料采集质量，压制不相关干扰，在距工区 80km 的北镇市罗罗堡地区选择了一个电磁干扰很小的测点设置了 4 分量的远参考站，参考站采集单元与排列内各道采集单元通过 GPS 同步控制采集数据。

5）野外资料现场处理

（1）野外资料现场处理程序全部采用仪器配套的程序和上级技术主管部门指定的、统一的、标准的处理程序。

（2）全部采用远参考技术处理，以消除和压制不相关干扰，部分测点使用了近参考处理技术。

（3）全部采用 Robust 技术处理，提高抗干扰能力，保证资料质量。

（4）精确设置电磁信号的开始和结束处理时间，以获得最多的、在时间上分配均匀的互功率谱，保证数据结果包含各个时间段上的信息。

（5）通过信号分析，确定干扰严重的时间段，通过截取数据处理技术将存在干扰的时间段数据剔除，不参与运算，避免干扰信号对资料的影响。

（6）对可控源音频大地电磁测深法（CSMT）资料进行了近场校正，使得出的视电阻率和相位更加接近于真实的视电阻率和相位。

6）测地工作方法

（1）参考站与转换参数。

工区内已有控制点不能满足工作需要，自建参考站（PJ）。GPS 参考站（PJ）与三角点吴家圈、裴家台、小丁家、郑家店进行联合测量。解算得 GPS 参考站（PJ）坐标取平均数。中误差 $M_x=\pm0.023\mathrm{m}$，$M_y=\pm0.031\mathrm{m}$，$M_h=\pm0.056\mathrm{m}$。坐标转换参数数据见表 5-6 至表 5-8。

表 5-6　GPS 参考站（PJ）WGS-84 坐标

点名	纬度	经度	大地高
PJ	41°06′44.90726″N	122°03′30.57589″E	11.331m

表 5-7　转换参数表（WGS-84 到 BJ-54）

D_X	D_Y	D_Z
−19.414	161.397	77.758

表 5-8　三角点成果表

三角点名称	X	Y	H
吴家圈	4572124.83	21424486.85	3.4
裴家台	4556451.50	21415874.53	3.5
小丁家	4568039.65	21435238.80	4.1
郑家店	4550205.58	21443594.30	4.07

（2）物理点坐标的测定。

① 本次施工测点的坐标和高程采用了 GPS 快速静态测量、事后差分处理的方法测定。

② 施工人员按设计 WGS-84 坐标，确保无误后开始导航，确定行走路线及物理点的概略位置。测点布置按设计点、线距布设，遇不利地形，测点点位在设计点位沿测线方向40m、垂直测线方向 200m 范围内偏移。将大部分测点选择在了开阔、平坦、土质均匀、相对平坦的低洼区。

③ 使用 Trimble 4600SL 型 GPS 定位仪在标志处采集数据，采用事后差分求得物理点的 WGS-84 坐标和高程。流动站与参考站同步观测时间超过了 8min。

（3）测量处理。

① 根据测线端点和拐点坐标，设计理论坐标点，将设计理论坐标结果展图校对，确保理论坐标准确无误分发野外施工小组。

② 提前对 GPS 卫星分布图进行分析，及时掌握每一天不利观测的时间段，不符合观测条件的时间段需延长观测时间或不进行观测。妥善保存参考站流动站数据。

③ 使用 GPSurvey 2.35 软件，将参考站与流动站采集的同步数据进行单基线解处理，解得测点的 WGS-84 坐标。

④ 每条测线野外采集完成后，及时计算出测量成果及复测点质量，打印物理点点位图，及时掌握测线完成剖面长度、物理点数、测线偏移、测线到位等情况。

⑤ 高程异常的求取。采用二次曲面拟合法拟合高程异常；高程异常值从 1：250 万全国高程异常图上量取；对整个工区内的测点进行高程拟合，最后得到测点在 1956 年黄海高程系的高程。

7）野外针对性采集

（1）电法资料采集的难点。

① 由于天然场源信号的周期性变化，每天的信号强度大小不一，再因信号的强度相对噪声的强度较弱，使得部分测点难以取得较好的资料。

② 工区人口稠密，特别是盘锦市及辽河油田部分采油区位于该工区内，工业及人文干扰严重，对野外资料采集造成较强的干扰，资料质量不佳。

③ 在乡镇、城区、道路等有建筑物或其他人文设施的地方无法按设计点位布测点。

（2）针对难点采取的相应技术对策。

针对上述难点，采取了如下措施：

① 延长记录时间。

将采集时间从 8～10h 延长至 15h 以上，增加数据的叠加次数，并且使采集到的数据尽可能包含各个时间段的信息，特别是包含夜晚干扰较小的时间段信息。从采集时间分别为 8h 的资料和 15h 的资料对比情况（图 5-6）可以看出：随着采集时间延长，高、中、低三个频段的资料都有改善，去除了部分跳点，误差变小，曲线更加光滑连续，资料品质得到了提高。

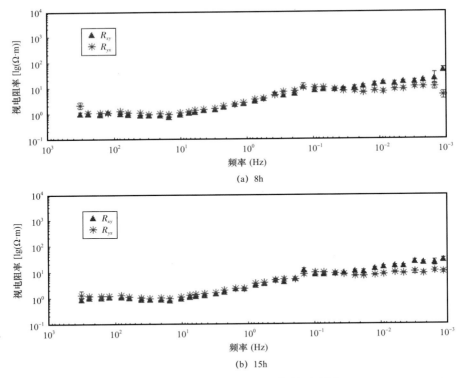

(a) 8h

(b) 15h

图 5-6　采集时间 8h 和 15h 资料对比图

R_{xy} 和 R_{yx} 分别为 xy 方向和 yx 方向视电阻率

② 远参考处理。

根据大地电磁场理论，天然的大地磁场是同源的，在几千米至上千千米内是相关的，远参考技术是在本地电、磁信号处理时参考远地的磁信号进行资料处理，如果本地的磁信号有干扰，那么本地的磁信号和远地的磁信号就不是同源的，通过远参考技术处理可以去掉或减小这些不相关噪声造成的影响。

野外小队在距工区 80km 处的北镇市罗罗堡一处电磁干扰较小的地方建立了远参考站，该参考站每天工作 24h，对所有野外采集资料都采用了远参考技术处理。从远参考处理前后资料对比图（图 5-7）上可以看出：通过远参考技术处理以后，资料的高、中频段的不相关干扰得到了明显压制，曲线变得连续、光滑，并且校正了 0.1～1Hz 的"漏斗"形畸变和 10Hz 附近的"凸起"形畸变，资料品质明显提高，且低频最低可达 0.0003Hz。

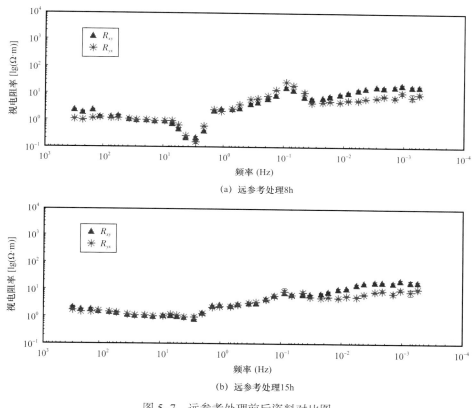

(a) 远参考处理8h

(b) 远参考处理15h

图 5-7　远参考处理前后资料对比图

③ 近参考处理和 Robust 处理技术。

为了控制不相关干扰，采用了近参考处理技术，近参考原理与远参考相似，近参考距离一般在 10km 范围内，近参考信号与本地信号的干扰有可能是同源的，但是也能起到控制部分不相关干扰的效果。因为工区小，各生产小组相距较近，从而各小组所采集的资料相互间可以作近参考处理。

将时间域信号转换成频率域信号的处理过程中运用了 Robust 处理技术，Robust 处理技术主要是在处理过程中运用统计方法统计信号的规律性，然后做加权处理将正常的信号"放大"，从而达到提高资料品质的效果。该工区全部野外采集资料都采用了 Robust 处理技术。

8）完成工作量及质量

（1）宽频大地电磁野外采集完成工作量。

历时 57 天完成电法资料的野外采集，共完成坐标点数共 534 个，检查点 16 个，共计物理点 550 个，测点位置见图 5-8，剖面长度 105.8km。

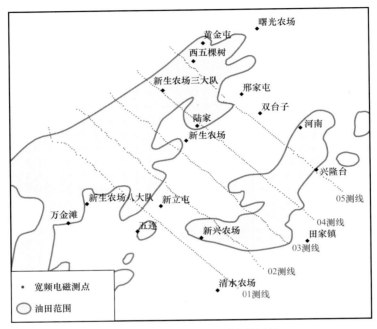

图 5-8　宽频大地电磁测点位置图

（2）宽频大地电磁数据质量情况。

① 曲线形态的变化在剖面上具有连续性。

② 大多数测点的曲线光滑连续。

③ 通过对物理点曲线品质的评价，自评结果是：Ⅰ级品率 439 个，占总数的 82.21%；Ⅱ级品率 95 个，占总数的 17.79%。

④ 全区共做检查点 16 个，占坐标点数的 3.0%，其均方根误差最大值为 4.75%，满足设计小于 5% 的要求（表 5-9）。

表 5-9　V5-2000 型仪器检查点相对均方根误差统计表

线点号	ρ_{xy}（%）	Φ_{xy}（%）	ρ_{yx}（%）	Φ_{yx}（%）	平均（%）
L01-073	2.62	4.25	2.49	4.12	3.37
L01-152	3.43	2.32	4.39	2.66	3.20
L11-104	2.74	3.97	2.11	2.66	2.87
L17-051	2.83	0.80	3.84	4.75	3.06
L17-075	2.58	3.07	4.08	2.37	3.02
L23-014	3.55	3.69	2.83	4.33	3.60

线点号	ρ_{xy}（%）	Φ_{xy}（%）	ρ_{yx}（%）	Φ_{yx}（%）	平均（%）
L23-067	3.10	3.18	2.63	2.62	2.88
L30-048	2.65	2.59	2.54	2.31	2.52
L30-064	4.39	2.40	2.95	2.15	2.97

该工区测量完成坐标点534个，检查点总数27个，复测率3.3%，超过设计3%的要求，复测点总的测量精度见表5-10。以上精度说明，测点点位及高程精度均满足设计要求。

表5-10 复测点测量精度表

项目	实测	允许
纵坐标中误差	±0.149m	$M_x \leqslant \pm 1m$
横坐标中误差	±0.210m	$M_y \leqslant \pm 1m$
点位中误差	±0.257m	
高程中误差	±0.136m	$M_h \leqslant \pm 0.75m$

（3）测量完成工作量和质量。

（4）点位偏移情况。

由于该工区地处辽宁省盘锦市，盘锦市位于工区中部，双台子区和兴隆台区人口比较集中，商业街及住宅区高层楼房很多；周边村镇人口也比较密集、建筑物和厂区密布；工区内河流、水沟、水田较多，大的河流主要有：双台子河、太平河、绕阳河、双绕河、螃蟹沟、清水河、柳河等，均匀地分布在工区内；测线穿过了盘锦监狱的劳改农场、新生农场、新兴农场、曙光农场，农场基本以种植水稻为主，农场内所挖的水沟纵横交错，开工时已经开始放水育苗；工区西部有东郭苇厂的大面积苇田，苇田内积水很深；在通过劳改监区时，不允许进入，还有许多化工厂、油库也都严禁入内，这些不利因素给野外资料的采集带来了一定的困难。

野外小组尽可能地按设计坐标进行点位布设，把点位偏移控制在设计允许的范围之内，但是当设计点位落在池塘、水库、河流、水田、楼房、高层建筑等这些区域时，点位就不可避免地发生了偏移，尤其在测线穿越水田、苇地时，部分点位只能沿着田埂和田间的简易道路进行布设，为了保证采集质量，也必须避开高大的建筑物，因而部分测点发生了较大偏移。

4. 宽频大地电磁资料处理

宽频大地电磁野外观测数据反映的是地下介质电阻率与频率之间的关系，这个关系无法直观反映地下介质电阻率随深度的变化规律。资料处理的目的就是通过对野外数据的一系列的处理以及反演计算，得到地下介质电阻率随深度的变化关系，进而分析沿剖面地层及构造变化。资料处理分两个阶段进行：第一阶段为资料预处理，包括去噪、模式识别及静态位移校正；第二阶段为剖面反演处理，包括一维反演、二维反演及约束反演。

1）资料预处理

（1）去除噪声。

工作区部分测点位于城区，而且还存在化工厂、高压线、水稻田、沼泽地等各种噪声的影响，致使部分测点的视电阻率和相位曲线的光滑性差，呈锯齿状，个别频点值还会发生非正常跳跃，俗称"飞点"。这样的资料直接用于反演解释误差很大，因此，必须对原始的视电阻率和相位曲线进行去噪处理。

去噪处理可以采用二维滤波和人机联作两种方式。二维滤波不但可以压制随机噪声干扰，而且对有用的、相关性好的信号能得到加强，另外，二维滤波可以通过相同的滤波参数对视电阻率和相位进行处理，避免了手工编辑对相关信号难以一视同仁的弊病，而且根据资料品质的好坏，滤波窗口和参数可以进行相应的调整。因此，在野外实测资料品质很高的情况下，采用二维滤波就可以达到去除噪声的目的。

由于野外噪声干扰比较大，只采用二维滤波的方式难以完全消除噪声，因此，除二维滤波外，还采用了人机联作方式，它主要采用人工方式，对干扰加以判别，剔除有异常的频点，然后利用样条插值原理，对干扰点进行校正。

由于是人为判别干扰，工作时不能带有随意性，而应根据经验，并且把握一定的原则，这样才能使所得到的结果具有客观性。总的来说，应把握以下原则：

① 根据所掌握的相关资料，了解全区视电阻率和相位曲线的基本形态；

② 进行剖面对比，根据相邻相似的原则，即沿剖面上相邻曲线应具有相似性，因此，编辑时应参考相邻曲线，尽量保留微弱信息；

③ 根据振幅和相位间内在联系，对振幅和相位进行平滑。

（2）模式识别。

宽频大地电磁测深曲线共有两支，即 TE 极化模式和 TM 极化模式。一般认为，在二维地质构造条件下，沿构造走向方向极化的为 TE 极化，而垂直构造走向方向极化的为 TM 极化。从电性上考虑，由于 TM 极化垂直构造，它受到电性横向不均匀性影响较强，畸变也相应很强，其反映电性分界很清楚。TE 极化平行构造走向，它受到电性横向不均匀性影响较弱，畸变小，剖面曲线形态连续性好，可以较好地反映地电纵向特征。

在实际资料处理过程中，张量阻抗主轴方向有 90° 的模糊性，因此，TE、TM 极化模式不确定，这就需要人为判别。在盆地内构造稳定区，选取尾支上升支作为 TE 极化模式，特殊情况还要根据地电情况及其他信息作具体分析。

极化模式识别不清也会给反演结果带来一定影响，因此要正确地识别 TE 和 TM 极化模式。

TE 极化平行构造走向，比 TM 稳定。一般浅层的一维特征明显，具有各向同性，所以，两支曲线的高频差异不是很明显。越往深层，二维特征明显，具有各向异性，所以 TE 和 TM 曲线的低频段差异也越大。根据这种特征，频率越低，沿着同一条剖面同一频点电阻率值变化大、不稳定的是 TM 极化，反之就是 TE 极化。用这种方法，可以较准确地判断 TE 和 TM 极化模式。

（3）静态位移校正。

静态效应是由于当近表存在局部电性不均匀体时，电阻率分界面上极化电荷的堆集引起电场畸变，由此产生一个与外电场成正比的附加电场，且与频率无关。表现在单点曲线上，就是电阻率曲线沿纵轴产生平移，相位曲线仍不受影响。表现在视电阻率断面图上，就是电阻率值出现直立的陡变带，俗称"挂面条"现象。静态效应的强度可达两个数量级，在推断深度时可引起很大误差，并使构造解释复杂化，因此在反演解释之前需进行静态校正。

静态位移校正前，首先要正确识别曲线是否受到静态效应影响。一般可根据以下特征来判断曲线是否受静态效应影响：

① 一般浅层都具有各向同性。TE 和 TM 两支曲线的首支应形态一致，互相重合，如果两支曲线首支分离，则可能存在静态效应影响。

② 根据相位资料进行判断。理论证明相位资料基本不受静态效应影响，如果视电阻率断面图上发生电阻率陡变现象，而相位断面上没有这种变化，则表明有静态效应影响。

③ 根据地表地质条件及构造特征对比相邻测点进行判断。在相同构造单元内，相邻测点的曲线特征和视电阻率值应连续可比。如果曲线特征相似而视电阻率值突变，则表明有静态效应影响。

判断曲线有静态位移，就要做静态位移校正。静态校正的方法很多，有最小二乘法圆滑校正、中值滤波法、相权滤波校正法等，但这些方法的实际应用效果不是很理想，根据实际情况，主要采用以下方法：

① 空间滤波法。浅层不均匀体的影响属高频噪声，且埋藏越浅，高通特征越明显，因此，对其实施低通滤波，可以消除静态位移的影响。

② 大地电磁传输函数向上延拓法。其原理是在原观测面上部加盖一层电性均匀层，这一均匀层顶部为平面，底部与地形相吻合，然后将观测面上的数据上延到水平面上，这样就使得原观测面上的大地电磁传输函数发生了变化，这一变化与原观测点上的传输函数及加盖层的电性和几何参数相关，传输函数上延之后，相当于观测点远离局部不均匀体，局部不均匀体的响应由于频散，同时几何衰减更快而迅速减弱，深部构造的响应则由于上延高度有限而几乎不变。地形影响虽然存在，但已大大削弱，加盖层的层参数已知，在进行二维反演时可将其作为已知参数固定，它是一种新的消除地形影响的方法。

③ 人工智能法。由于附加电场与频率无关，因此，受静态效应影响的曲线表现为整体的移动，而曲线形态不发生变化，因此，可以采用手动平移的方法进行校正，该方法可以作为其他方法的补充，平移的原则是：首支曲线相关分析在表层均匀的情况下，可将曲线首支校正到同一基准面上；参考地面地质并结合测区内电测井信息进行校正；如果一维性比较好，则将两条曲线校正到同一基准面上。

由于该区地表出露的都是第四系，表层电性均匀，首支视电阻率应大致相等。根据这一特点，可将首支视电阻率校正到同一水平上，这样，就可以较好地消除静态效应的影响。

需说明的是，每一种校正方法都不可能一步到位，各种校正方法应互相补充、互相验证，才会使校正的结果更趋于客观。

从图5-9上可以看出，原始视电阻率断面横向上浅层电性不连续，静态校正后的视电阻率横向变化规律性更加明显，而又保证了静态校正前的变化趋势，静态校正后的视电阻率变化规律与不受静态位移影响的相位断面所揭示的规律一致，表明静态位移得到较大程度的控制。

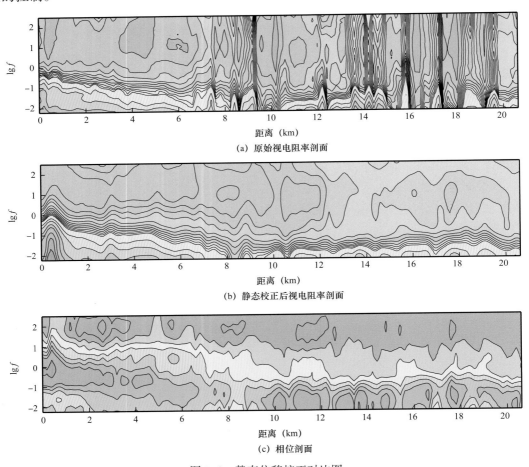

(a) 原始视电阻率剖面

(b) 静态校正后视电阻率剖面

(c) 相位剖面

图5-9 静态位移校正对比图

f 为频率，单位为Hz

2）资料反演

经过预处理后的数据，反映的还是地下介质电阻率与频率的关系，与地下结构不是简单的对应关系，而是一种复杂的非线性关系。反演是通过一系列复杂的计算把频率域数据转化为某一地球物理模型（电阻率与深度的关系），该模型反映地下介质的地电结构特征，为定量解释提供依据。

常规的反演可分为一维反演和二维反演，目前，电法反演程序比较多，一维反演方法有Bostick反演、优化搜索反演、广义逆反演及一维连续介质反演等；二维反演方法有快带松弛反演（RRI）、视模连续介质反演、二维有限元反演及二维连续介质反演等。

各种不同的反演方法都有各自的特点，不同的勘探目的、不同的勘探任务以及不同的地电条件适用不同的反演程序，所以，要根据具体情况对不同的反演方法进行取舍。根据本节的具体情况，主要做了以下几种反演（图5-10）：

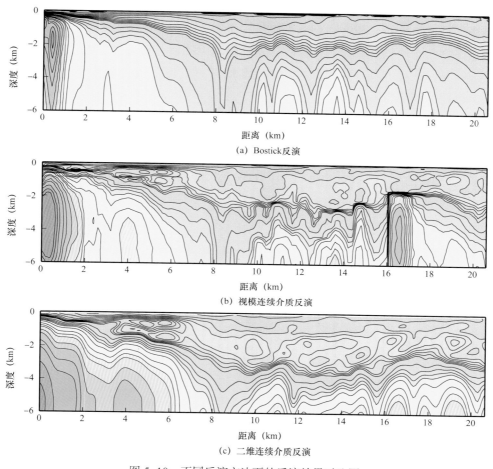

图5-10　不同反演方法下的反演效果对比图

（1）Bostick反演。

Bostick反演是MT最早使用的反演方法。它是在理想模型条件下从理论公式推导出来的单频点直接反演方法，因此算法简单，速度快，但受干扰影响大，一般不能满足使用条件。但它可以用来初步了解地电分布，并为其他一维反演方法提供初始模型。Bostick反演是一种定性半定量反演方法，能揭示剖面宏观电性特征，其反演精度低，仅作为资料进一步处理时的参考。

（2）视模连续介质反演。

（3）二维连续介质反演。

它是一种带地形校正的二维反演方法，以一维连续介质反演的结果为初始模型，反复迭代，直到最终解释断面，它能最大限度地消除或压制地形和静态位移的影响。

从图5-10上可以看出，几种反演方法所反映的大趋势基本相同，但在具体细节上有所差别：Bostick反演深度偏浅，而且纵向上反映的电性结构过于简单；视模连续介质反演与二维连续介质反演结果基本相似，但是二维连续介质反演横向上更连续一些，所以最终选择二维连续介质反演作为本节的反演方法。

采用二维连续介质反演，反演电阻率剖面见图 5-11 至图 5-15。整体上 5 条测线反演剖面电阻率特征一致性良好，浅层为低阻层，电阻率一般小于 $10\Omega \cdot m$，反映新生界碎屑沉积地层分布特征为西北薄、东南厚；深层高阻电阻率值一般大于 $10\Omega \cdot m$，反映前新生界基底起伏情况，西北埋深最浅，向东南逐渐加深，在 03、04、05 测线电阻率剖面上东南段发育深层的局部高阻隆起。

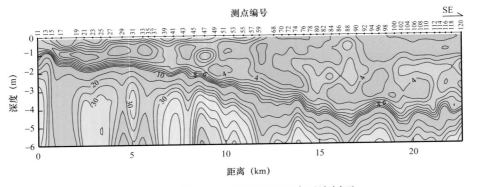

图 5-11　01 测线电阻率反演剖面

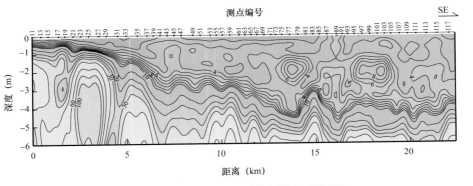

图 5-12　02 测线电阻率反演剖面

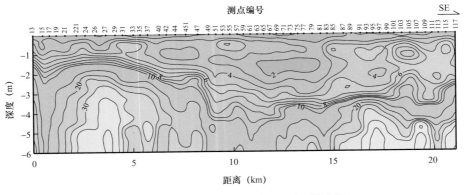

图 5-13　03 测线电阻率反演剖面

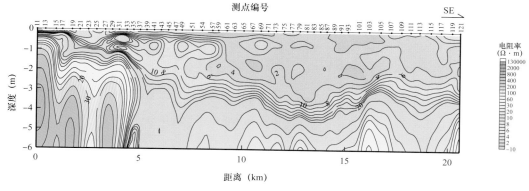

图 5-14 04 测线电阻率反演剖面

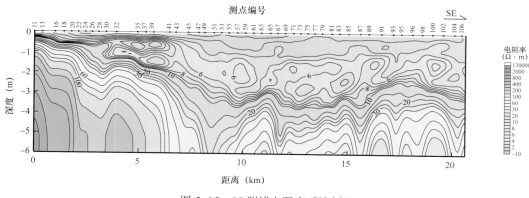

图 5-15 05 测线电阻率反演剖面

二、重磁电震联合解释技术及应用

重磁电震联合解释技术是通过地质条件、物性条件与物探异常综合分析与解译，确定地层分布、断裂展布及地质结构，并进一步明确地热地质特征（包括热储层、热盖层、导热通道等）的一项地质—地球物理综合解释技术，主要包括资料收集，掌握工区地质情况、物性特征及地热地质条件；物探异常特征定性分析；重磁电震联合反演；综合地质解释；地热地质解释。该技术应用于辽河油田。

（一）区域地质特征

辽河中—新生代断陷位于华北板块东北部，属渤海湾裂谷系北延的分支，被辽东、辽西隆起所夹持。根据前古近系基岩起伏特点，可进一步划分为西部凹陷、东部凹陷、大民屯凹陷、沈北凹陷、中央凸起、西部斜坡和东部斜坡七个二级构造单元（图 5-4），各构造单元走向均为北北东向，凹凸相间分布。工区位于西部凹陷中部，横跨西部凹陷西斜坡、盘山（陈家）洼陷与东部陡坡带，分布有曙光、兴隆台等油田。

1.地层特征

根据钻井揭露，该区自下而上依次发育太古宇、中元古界、新元古界、中生界及新生界（表 5-11）。

表 5-11 地层简表

地层		岩性
馆陶组		砾岩、砂砾岩
东营组		灰绿色、深灰色砂、泥岩互层
沙河街组	沙一段	深灰色泥岩、灰褐色砂岩
	沙二段	砂砾岩、砂岩，局部夹泥岩
	沙三段	砂岩与暗色泥岩互层，砂砾岩与泥岩互层
	沙四段	油页岩、泥岩、砂岩
房身泡组		玄武岩、泥化玄武岩、玄武质泥岩
中生界		安山岩夹少量凝灰岩，泥岩、钙质泥岩、砂岩
元古宇		白云岩、白云质灰岩、石英岩、泥灰岩
太古宇		混合花岗岩、花岗片麻岩

1）太古宇

太古宇鞍山群变质岩系是该区的区域性结晶基底，主要岩性是黑云斜长片麻岩、斜长角闪岩、黑云母变粒岩、黑云母角闪变粒花岗岩、石英质混合岩、混合花岗岩，偶夹晚期侵入的煌斑岩及辉绿岩脉，主要分布于该区的东部及西南部。与上覆中元古界、新元古界、中生界、房身泡组、沙四段、沙三段呈角度不整合接触。

2）元古宇

元古宇主要由中元古界长城系、蓟县系，新元古界青白口系组成。

（1）长城系。

大红峪组：岩性以大套厚层状石英岩为主，为灰、灰白色偶见紫色、深灰色石英岩、变余石英岩，夹少量深灰色板岩，灰绿色、褐灰色泥岩，上部夹薄层状黑色板岩。与下伏太古界呈不整合接触，主要分布在工区中西部。

高于庄组：上部为杂色白云质灰岩、灰质白云岩，局部地区成互层状；中部为深褐、灰褐色板岩；下部为灰色、灰白色白云岩、灰质白云岩，夹灰黑色板岩。与下伏大红峪组平行不整合接触。

（2）蓟县系。

杨庄组：上部为灰白、灰色白云岩、白云质灰岩及灰质白云岩；中部为石英砂岩，夹板岩、砂质板岩及海绿石砂岩；下部为厚层灰白色、灰色白云岩、灰质白云岩，夹板岩、白云质板岩。

雾迷山组：上部和下部均为厚层块状大套白云岩，中部为灰色、紫红色泥灰岩夹互层状紫红色及灰绿色板岩，夹部分海绿石石英砂岩。分布于该区曙光地区中低潜山带，厚度约为 700m。

洪水庄组：以深灰、深灰绿色板岩为主，夹薄层含海绿石石英砂岩和白云岩，厚度约为 20m，为该区主要的隔层。

铁岭组：以灰白色、深灰色白云岩为主，中间夹白云质灰岩和石英砂岩，其顶底板均为黑色板岩。厚度约为 862m，为该区曙光高潜山带重要的储集层。

（3）青白口系。

下马岭组：以灰、深灰色及部分灰绿色页岩为主，部分夹薄层石英砂岩，底部为石英岩质砾岩层，厚度约为 318m。

景儿峪组：以薄层状石灰岩为主，夹一层黑色页岩，底部为厚层状石英砂岩。厚度约为 500m，主要分布于曙光高潜山带。

3）中生界

该区中生界岩性复杂，主要由灰色、灰黑色安山岩、流纹岩、凝灰岩、火山角砾岩等中—基性火山岩喷发岩，以及集块岩、凝灰质砂砾岩、砂岩、泥岩和灰白色砂砾岩、角砾岩等组成。厚度变化较大，与上覆房身泡组、沙四段、沙三段呈角度不整合接触。

4）新生界

（1）古近系。

该区揭露的古近系自下而上依次为：房身泡组、沙四段、沙三段、沙一段、沙二段、东营组。

房身泡组：下部为大套玄武岩段，气孔及杏仁状构造发育，上部以灰绿、紫红色泥岩为主，夹薄层长石砂岩。工区北部高参 1 井揭露最大厚度 1204m（未钻穿），与下伏中生界或中上元古界呈角度不整合接触。

沙四段：由砂砾岩、砂岩、白云质灰岩和泥岩互层组成，为浅水—半深水沉积产物，厚度和岩性变化较大，总体上自北向南由薄变厚，埋深由浅变深。与上覆沙三段整合接触。

沙三段：为暗色泥岩、砂砾岩组合。以厚度大、范围广、生油岩、储积层发育为主要特征，厚度数千米。沙三段自下而上可分为沙三下、中、上三个岩性段，分别对应莲花、大凌河及热河台三个油层段。

沙一段、沙二段：沙二段分布局限，岩性为灰、紫色砂砾岩夹泥岩，砾石以花岗岩块为主；沙一段分布较广，岩性为一套灰、灰绿色砂岩、砂砾岩与灰色泥岩互层，局部夹油页岩。厚度一般数百米。

东营组：沉积古地理状况类似于沙一段、沙二段，主要为一套灰绿色砂岩与泥岩互层。厚度变化较大，一般为 400～500m，最厚达到 1000m。

（2）新近系馆陶组与明化镇组。

在辽河断陷广泛分布，为洪泛平原环境下形成的以灰白色砾岩、砂砾岩为主的粗碎屑沉积夹少量的黄绿色泥岩，厚度一般几百米，平面分布稳定，与东营组为角度不整合接触。

（3）第四系平原组。

该组主要为未成岩的冲积砂砾层及亚黏土，厚度一般为 100～200m。

2. 地热地质特征

辽河平原地下蕴藏着丰富的地热资源，其分布面积总计达1802.5km²，具有较高的地热开发潜力，仅勘查完的兴隆台、沈采、锦采、茨采、欢喜岭、曙光、于楼—红村七个地段目前已基本查明的地热资源为48722.26×10¹⁵J，可采热资源量为745×10¹⁵J，相当于标准煤3050.3×10⁴t。本次研究工作主要集中在辽河油田沈采静安堡地段、锦采地段、兴隆台地段以及于楼—红村地段，并以于楼—红村地段为例，阐述辽河油田地热资源特征。

1）地温梯度分布特征

地温梯度是反映地热增温带中温度随深度变化规律的参数。一般以每百米的变化值为标准。计算公式如下：

$$R=（T-T_0）×100/（H-H_0）$$

式中，R 为地温梯度，℃/100m；T 为实测温度，℃；T_0 为恒温带温度，℃；H 为测温点深度，m；H_0 为恒温带深度，m。

根据大量的实测数据和周边地区恒温带温度、深度和年平均温度资料分析，确定该区恒温带深度为30m，恒温带温度为10.5℃。

以红村—于楼地区为例，红村地段内大部分地区的温度梯度大于3.0℃/100m，在荣72井附近温度梯度较高，可达到4.0℃/100m以上。于楼地段内位于开17–21井附近，温度梯度大于3.0℃/100m；而位于开50–51井附近，温度梯度则较低为2.6℃/100m。

2）温度场分布的主控因素

虽然区内地温随深度增大而增加，但不同地段地热增温率和同一深度上的温度分布却差别很大，温度场分布主要受构造和岩性的控制，表现在以下几方面：

（1）断层对温度场的控制作用。断层对温度场的控制程度取决于断层性质和规模，以及次级断层密度和断层的组合关系。调查区位于东部凹陷南部和中南段，主要分布一系列北东向的断裂带，有些断裂深达地幔，引发多期玄武岩喷发，属继承性的新构造活动断裂带。于楼地段的热欧断裂（F_2）为北东东向，其附近的开36、热106钻孔，在东营组中可见到玄武岩层及火山沉积物，形成局部的高地温梯度中心。深断裂引发的火山活动表明，活动断裂是区内主要的热力通道之一，地温梯度高值区多沿活动断裂带分布。另一方面，活动断裂沟通热储和浅部低温地层，增加热量散失速率，也可能导致地温梯度下降。如红村地段荣东断裂（F_2）、油西断裂（F_1）与其他次级断裂交会处，附近的荣18等钻孔等显示地温梯度小于3.0℃/100m，出现低值异常。这与断裂带导通东营组以上地层有关。

（2）前新生代基岩隆起对温度场的影响。前新生代基岩导热性远比新生代孔隙较多的半固结岩石好得多，有利于深部地幔中的热量向上传导，因此有利于地热田形成。于楼地段储层地温高值区域主要位于黄于热背斜隆起带和西部斜坡隆起带，与前古生界变质岩系向上隆起传热有关。红村地段热储主要是东营组砂岩层，层位较高，受此影响不明显。

（3）泥岩盖层分布对温度场的控制作用。厚度较大的泥岩盖层对形成地热田封闭条件有利，东营组和沙一段的泥质地层是良好的热储盖层，是地热田形成的主要条件之一。红村地段东营组泥岩厚度可达800～1000m，而于楼地段东营组泥岩厚度为300～700m，通过实测，红村地段的平均地温梯度比于楼地段高 0.5℃/100m，进一步证明盖层对温度场的控制作用。

　　3）地热储层特征

　　热储是指能给出一定可利用热水水量的含水岩组。按储热介质类型划分，辽河油田热储可分为三种类型，即孔隙型热储、孔隙裂隙型热储和裂隙型热储。其中新近系主要为馆陶组，主要为孔隙型热储，因其埋藏较浅，热储温度较低，不作为研究重点；古近系分为东营组、沙河街组热储，埋藏深度为 1500～3000m，深度适中，温度普遍高于 50℃，是研究的重点，为孔隙裂隙型热储；前古近系主要为裂隙型热储，含水性和透水性较差，可利用的热水资源不多，因此也不作为重点进行研究。由于各储层沉积环境的原因，其水文地质特征略有不同。

　　古近系地热资源主要分布在凹陷区内，属于以热传导为主的正常增温型地热田。各热储段埋深由西北向东南不断加大，但大都在 3000m 以浅，具有很好的经济开发效益。其最有利的开发位置是凹陷的两侧及凹陷中的凸起部位或构造发育部位。主要可分为东营组、沙一段和沙二段、沙三段三个热储。东营组热储分布较广，仅次于馆陶组，受储层岩性和物性变化控制，其富水程度有所差别，热储的温度大部分在 40～60℃ 之间；沙一段和沙二段热储主要分布在凹陷区两侧，以沙一段底与沙二段岩性段为主，岩性为浅灰白、肉红色砂砾岩，长石砂岩，钙质砂岩，灰白色砂岩、砂砾岩，热储温度大部分在 50～90℃ 之间；沙三段热储同沙一段和沙二段热储相似，也主要分布在凹陷区两侧，以上段为主。岩性为灰白色砂岩、含砾砂岩、砂砾岩夹泥岩，温度为 80～100℃。

　　由于古近纪断裂发育，断裂对地层的分割而形成多种沉积环境，所以热储在平面上相变较快，砂体规模较小，储层的非均质性明显；在纵向上，深层储层物性较差，浅层相对较好。现将本次划分的三个热储的物性和岩性叙述如下：

　　（1）东营组热储的岩性及物性。该热储岩性以粉砂岩为主，有少量的细砂岩。颜色为青灰色、灰白色，岩石成分以长石砂岩为主，有少量的石英砂岩。岩屑成分为花岗岩、石英岩、流纹岩等。胶结较疏松，以泥质胶结为主，泥质含量较高，含量一般为 5.06%～17.39%，平均为 13%；孔隙度一般为 21.1%～31.3%，平均为 25.7%；渗透率一般为 105～600mD，平均为 209mD，经换算渗透系数一般为 0.16～0.9m/d（水温按 50℃），平均约为 0.31m/d。储层单层厚度较小，一般为 1～3m，最大为 8m 左右。虽然该热储埋藏深度不大，并且具有较大的孔隙度，但由于沉积颗粒较细，泥质含量较高，所以渗透性相对较差。

　　（2）沙一段和沙二段热储的岩性及物性。该热储是指沙一段下部和沙二段的部分地层。以浅灰色砂砾岩、含砾砂岩、不等粒粗砂岩为主，与深灰色泥岩、褐灰色灰质泥岩组成不等厚互层。砂砾成分以长石为主，石英次之，另含有少量岩块。胶结较疏松，多数为方解石和泥质混合胶结。孔隙类型以粒间孔隙为主，局部具粒内孔隙、胶结物内孔隙和粒间孔隙。孔隙度一般为 8.2%～26.3%，平均为 18.6%。渗透率一般为 5×10^{-3}～12763mD，平均为 1789mD，经换算渗透系数一般为 0.008～22.85m/d（水温按 60℃），平均约为 3.20m/d。泥质含量一般为 2.25%～14.1%。砂体主要为扇三角洲相，物质来源为东部的中央凸起，这一点可从越靠近中央凸起电阻率越高、沉积颗粒越粗现象中得到证实。该热储与东营组相比，孔隙度低于东营组热储，但属于有效孔隙，连通性较好，所以具有较好的渗透性，是该区最好的热储。

（3）沙三段热储的岩性及物性。该热储指沙三段上部的地层，主要岩性为砂砾岩。成因为浊流沉积，是重力作用下块体流动的产物，沉积过程中颗粒大小混杂堆积，无分选，以粉砂、细砂、中砂为主，粗砂较少，但含砾石。矿物成分变化较大，石英碎屑含量为15%～65%，其他成分为长石和岩石碎屑。有人将其描述为具有"混凝土状"的沉积。胶结物以泥质为主，其次为泥晶方解石、粉砂等成分。由于其特殊的成因，所以物性变化较大，孔隙度最大为27.2%，最小为4.4%，平均为15.7%。渗透率最大为105mD，多数小于1mD，平均为26mD。渗透系数平均值约为0.07m/d。与东营组热储和沙一段和沙二段热储相比，孔隙度和渗透率均较小。纵向上变化迅速，横向上不稳定，是相对较差的热储。由于受冷家堡断崖的影响，碎屑物质从冷东断崖进入湖盆，一部分就近沉积，另一部分在重力作用下继续被搬运。沉积物质有了一定的分选，孔隙度增大，所以在局部地段也可形成透镜体状的相对较好的热储。

（二）岩石物性特征

1. 岩石物性特征

地层岩石存在物性差异是进行地球物理勘探的前提条件，是重磁电资料处理解释的根本依据。在进行重磁电资料处理前，充分收集、整理前人在该区及邻区的工作成果，同时，还进行了岩心实测和钻井测井数据的统计、整理，为下一步处理解释打下了坚实的基础。

1）密度特征

1980年以来，该区及邻区曾进行过一些重力勘探，开展了一系列密度统计工作。通过对以往岩心密度实测数据、声波时差测井转换数据等资料的整理、统计与分析，最终得到一套符合 V-ρ-H 对应关系的综合密度（表5-12），用于处理、解释。

表5-12　曙光—兴隆台地区综合密度表

地层		密度（g/cm^3）	密度界面密度差（g/cm^3）	备注
馆陶组—第四系		2.10	0.09～0.13	
东营组		2.19～2.23		
沙河街组	沙一段	2.22～2.24	>0.1	
	沙二段	2.29～2.31		
	沙三段	2.29～2.33		
	沙四段	2.36～2.40		
房身泡组		2.45～2.49	>0.15	
中生界		2.43～2.47		

地层	密度（g/cm³）	密度界面密度差（g/cm³）	备注
中—新元古界	2.61～2.65		
太古宇	2.50～2.59		火山岩、风化壳
	2.59～2.72		变质岩

注：密度界面上下分别存在两套密度差异较大的地层或地层组合的界面。

通过对该区地层密度的统计、分析研究，对测区地层密度特征有如下认识：

（1）新近系以上地层较为稳定，地层密度平均为 2.1g/cm³。

（2）古近系沙四段—东营组地层密度在纵向上基本呈线性增高的变化趋势，密度变化范围在 2.19～2.40g/cm³ 之间，各小层之间不构成明显的密度界面。

（3）房身泡组和中生界的界面密度差约为 −0.02g/cm³，没有明显的密度界面。

（4）中—新元古界和太古宇地层密度相对稳定。正常的中—新元古界密度一般在 2.65g/cm³ 左右；太古宇正常变质岩系密度在 2.70g/cm³ 左右，而其中的侵入岩密度则小于 2.60g/cm³。

（5）该区可划分为四大密度层，三个密度界面（表 5-12）。这三个密度界面分别是：

① 新近系与下伏地层之间的界面。该界面在全区是一个统一、稳定的界面，变化平缓，密度差为 0.09～0.13g/cm³。

② 沙河街组与下伏地层之间的界面。该界面上覆沙河街组，较为统一，而下伏地层则多变化，但密度差均大于 0.1g/cm³。兴—马地区由于沙三段与中生界接触，密度差大于 0.15g/cm³。

③ 中—新元古界、太古宇与上覆地层之间的界面。该界面受构造活动影响较大，总体密度差大于 0.15g/cm³。在曙光地区，该界面为中—新元古界与中生界或房身泡组之间的密度界面；在兴—马地区，则为太古宇与中生界之间的密度界面，密度差也略高，达到 0.20g/cm³ 以上。

另外，太古宇与中—新元古界之间也存在密度差约为 0.07g/cm³ 的密度界面，但其分布仅局限在曙光地区。而古近系内部各层之间，由于岩性的变化，局部也可形成 0.01～0.1g/cm³ 的密度差，仍可形成局部的密度界面。

2）磁性特征

为解释该区磁性体的分布，划定火成岩范围，十分必要了解该区磁性特征。为此，通过收集前人成果和对钻井岩心进行实测（表 5-13），对岩石磁性特征进行分析。

通过上述磁性资料结合工区地质特征分析，地层磁性分布特征如下（表 5-14）：

（1）新生代沉积地层为弱磁性或无磁性。

（2）房身泡组玄武岩磁化率较高，达 650×10^{-5}SI，某些泥化玄武岩的磁化率则很低。

（3）中生界一般表现为弱磁性，磁化率值较小。

（4）中—新元古界均表现为弱磁性或无磁性。

（5）太古宇花岗片麻岩、花岗岩磁性较强，而混合花岗岩具弱磁性。

由此可见，该区区域性磁性界面应为太古宇变质岩系，房身泡组磁性玄武岩构成浅层局部磁性界面，它将引起较强正磁异常，局部磁性岩体将引起局部正磁异常。

表 5-13　钻井岩心和出露岩石磁化率统计表（据地矿部航空物探中心，1988，略有删减）

| 地点 | 地层时代 | 岩性 | 磁化率（10^{-5}SI） | | |
			最小值	最大值	平均值
洼 7	Es$_4$	火山角砾岩	25	190	89
海 22	Es$_1$	砂岩、粉砂岩、细砂岩、泥岩	0	110	27
	Es$_3$	砂岩、沙砾岩、泥岩、砾岩	0	350	98
齐古 16	Ar	混合花岗岩	5	55	24
齐 112	Es$_{1+2}$	砂砾岩、粉砂岩、泥岩、泥砾岩	5	30	15
	Es$_3$	泥岩、砂质泥岩	10	15	12
	Es$_4$	泥岩、粉砂岩	7	15	12
	J	安山岩、玄武岩	200	1250	1048
欢 100	Mz	泥砾岩	25	100	70
齐 2-16-08	Ar	混合花岗岩、变砾岩等	0	100	26
笔架山海滨	Pt$_{2+3}$	石英砂岩	0	10	4
	Pt$_{2+3}$	白云质灰岩	10	30	20

表 5-14　曙光—兴隆台地区磁化率统计表

地层		岩性	磁化率（10^{-5}SI）	平均磁化率（10^{-5}SI）
馆陶组		砂岩、泥岩、砂、泥岩互层，砂砾岩	0～90	20
东营组				
沙河街组	沙一段			
	沙二段			
	沙三段	暗色泥岩	5	5
	沙四段	花岗角砾岩、花岗砂砾岩	97	52
		泥岩、砂岩、砾岩、安山岩	6	
房身泡组		玄武岩	650	650
中生界		凝灰岩	19	15
		安山岩、安山玄武岩	21	

地层	岩性	磁化率 （10^{-5}SI）	平均磁化率 （10^{-5}SI）
中生界	泥岩、钙质泥岩	4	15
	含砾砂岩、砂质砾岩	16	
元古宇	灰质白云岩、白云质灰岩、石灰岩	4	7
	板岩	10	
	流纹岩	5	
	石英岩	8	
	霏细岩	7	
太古宇	混合花岗岩	5	
	花岗片麻岩	45～957	
	花岗岩	13～381	

3）岩石（层）密度、磁性特征相关性

（1）岩浆岩体密度和磁性通常是统一的，即岩浆岩体是高密度体，同时亦为高磁性体。此外，这两个参数也与岩体岩石的基性度有关，即随着基性度的增强，密度值增大，磁性亦增强。

（2）深变质的结晶基底是高密度体，磁性一般较强；浅—中等变质程度的褶皱基底，虽具有较高密度，但磁性一般较弱，所以结晶基底与上覆地层形成的界面，重、磁均会有异常反映，称为同源异常。而褶皱基底与上覆地层形成的界面，可形成重力异常，却往往磁异常较弱甚至不产生磁异常，这就不利于重、磁的联合解释。

（3）沉积岩石一般均为非磁性体，但由于岩性不同，孔隙度大小的差异可使岩石密度从低密度值变到中等密度值。因此，根据岩石（层）的密度、磁性特征，结合重磁异常及地质情况，可推测场源性质。

4）电性特征

地层的电性差异是进行电法勘探及处理解释的基础，因此，在电法处理解释工作之前，首先要明确该区的电性特征。

最能直接反映地层电性特征的是实测电测井资料。首先从电测井资料入手，分析该区地层的电性特征。图5-16为区内电测井曲线比较完整的几口井，几口井对古近系电性特征都有显示，而对于其他层位则有的井钻遇到，有的井没有钻遇。由于兴隆台和曙光地区地层分布情况不同，所以分别对两个地区的电性进行阐述。

兴隆台地区（马古1井、兴古5井、兴603井）：只有兴古5井对新近系（Ng）进行了电阻率测定，从曲线上看，新近系（Ng）比较厚，约1100m，显示高阻特征。古近系也比较厚，基本都超过1000m，总体上表现为低阻特征，在纵向上电阻率最低，是该区的低阻标志层。几口井都显示有中生界存在，虽然厚度差别较大，但在电性上显示的规律相

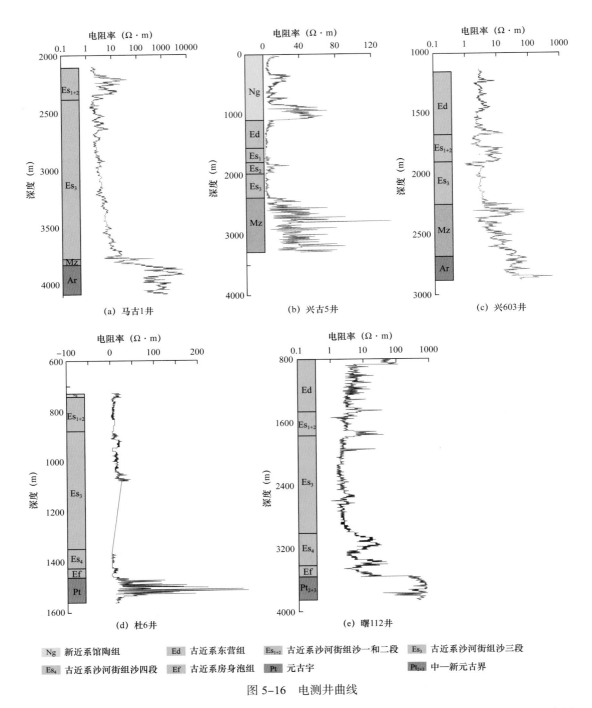

图 5-16 电测井曲线

同，都比其上覆古近系电阻率大，显示为次高阻特征，而其下伏太古界（Ar）电阻率最高，是该区的高阻基底。

曙光地区（杜 6 井、曙 112 井）：曙光地区与兴隆台地区地层分布不同，但电测井曲线形态基本相同，古近系沙四段（Es₄）以上地层表现为低阻特征，其下分布有火成岩（Ef），火成岩表现为次高阻，而其下的中—新元古界（Pt）显示为高阻特征，是曙光地区的高阻基底。

收集到的电测井资料没有第四系的电阻率值，无法从测井资料中了解第四系的电性特征。而电法曲线的首支（高频段）反映的是表层的电阻率值，因此，对电法曲线的首支进行统计。统计结果表明，首支电阻率值大致为 $3\Omega \cdot m$，表现为低阻特征。由于第四系地层比较薄，厚度仅 200m 左右，因此，在电性层位划分时，将第四系与新近系划分为同一电性层。

对该区电测井的深侧向电阻率值统计结果见表 5-15。

该区从上到下可划分为四套电性层，其电性特征表现为（表 5-16）：

第一电性层：对应 Ng—Q，在全区均有分布，岩性主要为砂岩、砾岩及砂泥岩互层，最厚达 1300m，平均电阻率值为 $18\Omega \cdot m$，表现为高阻特征。

第二电性层：兴隆台地区对应 Ed—Es$_3$，曙光地区对应 Ed—Es$_4$，岩性主要为砂岩、泥岩、砾岩，油页岩及砂泥岩互层，厚度为 3000m 左右，电阻率最低，平均电阻率为 $6\Omega \cdot m$，是该区的低阻标志层。

第三电性层：兴隆台地区对应 Mz，岩性主要为安山岩、泥岩、钙质泥岩、砂岩等，平均电阻率为 $63\Omega \cdot m$ 左右；曙光地区对应 Ef，平均电阻率为 $10\Omega \cdot m$ 左右，岩性主要为玄武岩、玄武质泥岩等，表现为次高阻特征。

第四电性层：曙光地区对应 Pt，岩性主要为白云岩、白云质灰岩等，平均电阻率为 $398.4\Omega \cdot m$；兴隆台地区对应 Ar，岩性主要为混合花岗岩、花岗片麻岩，平均电阻率为 $880.8\Omega \cdot m$，为高阻基底。

总体上，从上到下地层表现为高—低—次高—高的电性特征。

表 5-15　曙光—兴隆台地区不同地层电阻率　　　　（单位：$\Omega \cdot m$）

地区	井名	地层									
		Ng	Ed	Es$_1$	Es$_2$	Es$_3$	Es$_4$	Ef	Mz	Pt	Ar
曙光地区	杜 4					6.4	9.0			243.3	
	杜 6	14.5		5.8		15.7	2.9	8		67.8	
	曙 4-4-03									1135.3	
	曙 107					3.0		4.3			
	曙 103									747.7	
	曙 109					3.1	4.1	4.7		36.5	
	曙 110										394.6
	曙 111						9.2	15.2		31.8	
	曙 112		10.7	5.0		2.5		11.3		526.5	
	曙古 98		71.0			12.4	12.8				
	平均	14.5	40.9	5.4		7.2	7.6	8.7		398.4	394.6

地区	井名	地层									
		Ng	Ed	Es₁	Es₂	Es₃	Es₄	Ef	Mz	Pt	Ar
兴隆台地区	陈古1										1032.9
	兴603		3.4	5.4		2.9			14.8		
	兴古2										1071.1
	兴古5	21.5	3.5	2.0	8.0	2.5			32.9		
	兴古4				21.4				105.7		169
	马古1			7.6		4.6			98.9		1250.0
	平均	21.5	3.5	9.9		3.3			63.1		880.8

表 5-16　曙光—兴隆台地区电阻率统计表

地层		岩性	电阻率（Ω·m）
馆陶组		砾岩、砂砾岩	18
东营组		灰绿色、深灰色砂、泥岩互层	22
沙河街组	沙一段	深灰色泥岩、灰褐色砂岩	8
	沙二段	砂砾岩、砂岩，局部夹泥岩	8
	沙三段	砂岩与暗色泥岩互层，砂砾岩与泥岩互层	6
	沙四段	油页岩、泥岩、砂岩	8
房身泡组		玄武岩	9
中生界		安山岩夹少量凝灰岩，泥岩、钙质泥岩、砂岩	63
中—新元古界		白云岩、白云质灰岩、石英岩、泥灰岩	398.4
太古宇		混合花岗岩、花岗片麻岩	880.8

（三）重磁异常特征

重磁勘探以地下介质的物性差异为依据，当由地层岩性变化和构造运动所产生的断裂带、剥蚀风化面和不整合等引起物性变化时，将引起地球物理异常，也就是由于密度和磁化率的差异，而引起的重力和磁力异常。重、磁平面异常反映地下地质体的分布特点，结合电法和地震等资料进行重磁电震多属性联合反演，能够对地层、断裂和岩性等地质信息进行综合解译。

图 5-17 为工区布格重力异常图，异常方向整体为 NE 向，西北和东南部发育 NE 向高重力异常带，为前新生代基底隆起区；中部发育 NE 向低重力异常带，为新生代断

陷区。

图 5-18 为工区磁力化极异常图，高磁异常分布于工区的西半部和东部一隅，中东部区域磁异常值较低，等值线相对宽缓。结合前述岩层磁性特征分析认为，磁异常主要是房身泡组玄武岩和太古界花岗片麻岩基底的反映。

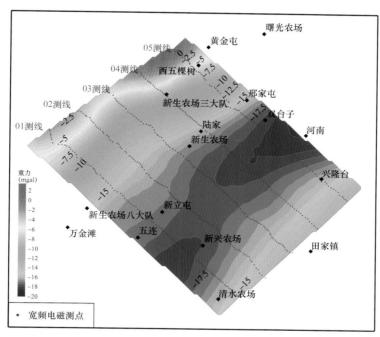

图 5-17　布格重力异常图

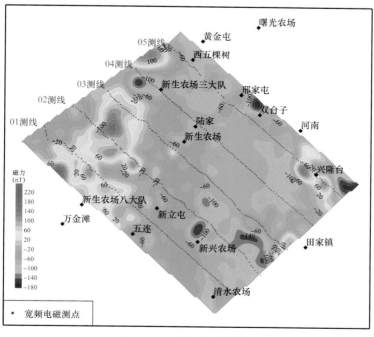

图 5-18　磁力化极异常图

（四）重磁电震联合反演

1. 总体思路

1）地球物理性质是地球物理勘探的前提和基础

通过多种渠道、多种手段，尽可能多地收集、整理、消化各种物性资料，分析其分布规律，为重磁电异常的处理、解释奠定基础。

2）钻井、浅层地震资料为综合解释提供约束和控制

研究区位于辽河老油区，已经找到曙光等亿吨级油田，勘探、钻探程度甚高，具有丰富的已知资料。利用钻井资料从点上对地层纵向分布、物性进行控制，地震剖面对中浅层界面进行约束，达到"由已知推未知"的目的。

3）扬长避短，充分发挥多资料、多参数优势

重、磁、电资料从不同的侧面反映地下地质情况，单一资料难以避免多解性。利用新技术、新方法进行处理，在常规技术方法处理时充分考虑已有成果（地质、钻井、重磁和地震）信息，做到互为参考、互相补充。同时贯彻"综合建模联合反演"方针，开展全地球物理信息综合解释，从不同角度、以不同的参数解释同一地质问题，使解释趋于统一，从而提高解释精度。

2. 方法流程

重—磁—电—震联合反演基于 LCT 软件平台进行，方法流程见图 5-19，具体步骤如下：

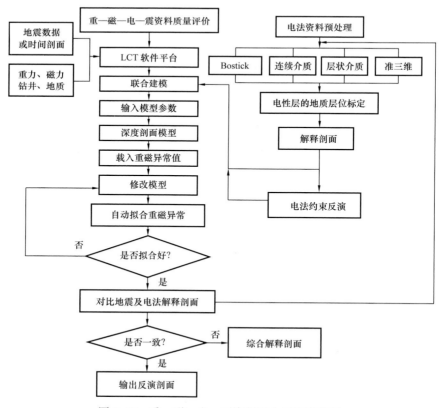

图 5-19　重—磁—电—震资料联合反演流程图

（1）建立模型，当利用地震剖面建模时，有两种形式：一是直接读取SEGY格式的地震处理数据；二是由扫描仪把地震剖面以图像格式扫描后输入，然后标定剖面端点坐标，根据地质、钻井及层速度资料标定反射层层位。本次工作采用后一种。

当地震剖面品质较差时，利用电法剖面，结合钻井等已知资料联合建模。

（2）给每一层位输入密度或速度（二者之一），由系统自动完成时深转换并构造地球物理模型。数据输入之前，应分析 $\rho\text{-}V$ 的相互转换关系，以达到二者关系的统一，保证给出密度后能得到相应的速度，以及给定速度后能转换成相应的密度。当地震剖面为深度剖面时则不进行深度转换。

（3）由平面异常数据读取剖面异常数据。该项数据可以是布格异常，也可以是剩余异常。本次工作基本上是布格异常。

（4）进行实时正演，并将理论曲线与实测曲线进行拟合，根据拟合情况，通过交互方式修正模型，并最终使两曲线达到最佳拟合。

3. 联合反演效果

前已述及，剖面联合反演的关键在于 $\rho\text{-}V\text{-}H$（密度—速度—深度）之间的统一，只有这样，才能保证已知资料实实在在地反映在剖面反演中，达到几种资料间的相互协调。再一个就是解释方案的选择及地质层位的划分。

工区内原有四条电震测线与电法测线方向一致且距离较近，因此，对01测线、03测线、04测线、05测线电法剖面进行了重—磁—电—震联合反演，联合反演剖面位置如图5-20所示。

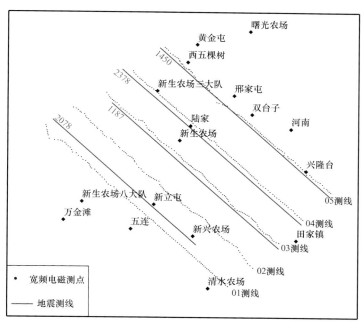

图5-20　宽频大地电磁及地震测线位置关系图

通过联合反演剖面可见（图5-21至图5-24），重磁电震地质结构特征一致，前新生界基底均显示为西北高、东南低的特征；03测线和05测线明显可见东南部深部潜山发育。

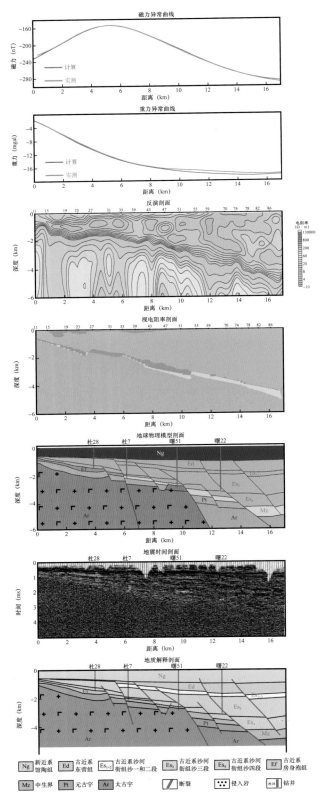

图 5-21　宽频大地电磁 01 测线重磁电震联合反演剖面（地震 2078 线）

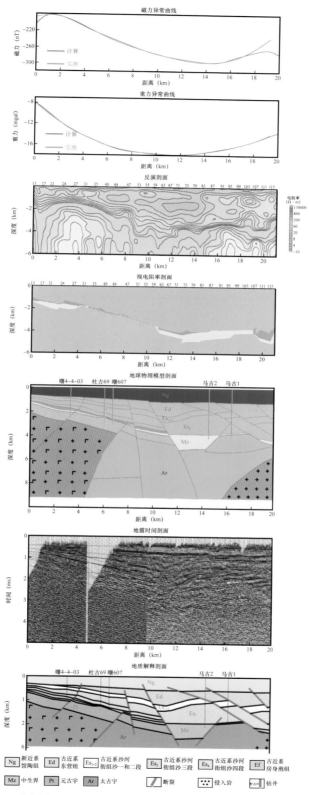

图 5-22　宽频大地电磁 03 测线重磁电震联合反演剖面（地震 1187 线）

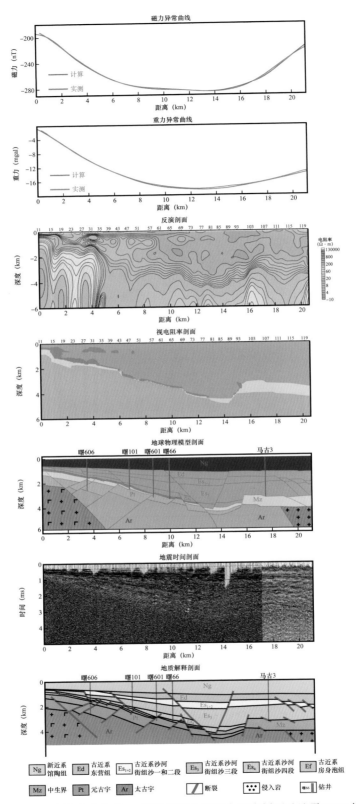

图 5-23 宽频大地电磁 04 测线重磁电震联合反演剖面（地震 2378 线）

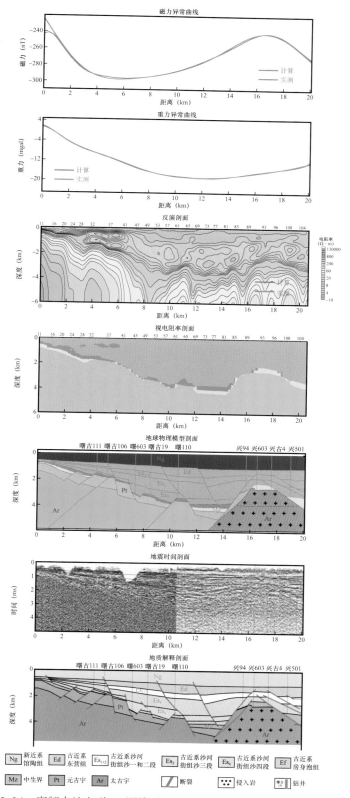

图 5-24 宽频大地电磁 05 测线重磁电震联合反演剖面（地震 1450 线）

新近系馆陶组区全普遍分布，厚度由西北向东南逐渐增加，厚度范围为600～1000m。

东营组西北薄、东南厚（东北部分区域缺失），厚度变化较大，厚度范围为0～1000m。

沙一和沙二段西北薄、东南厚（东北部分区域缺失），厚度较小，厚度范围为0～300m。

沙三段西北薄、东南厚（东北部分区域缺失），厚度变化较大，厚度范围为0～1200m。

沙四段分布不稳定，多分布于剖面中段断陷区，厚度一般不大于300m。

中生界分布不稳定，厚度变化大，且多处缺失，一般在东南部较为发育，厚度范围100m至1000m不等。

元古宇一般分布于西北部基底隆起斜坡带上，厚度300m至1000m不等，东南部元古宇缺失。

（五）地质解释成果

1. 剖面地质解释

通过五条电法测线综合地质解释，建立了工区空间地质结构模型（图5-25）。工区西北部和东南部均为隆起区，中部为断陷区，沉积层厚度最大。基底埋深表现为西北高、东南低的特征。

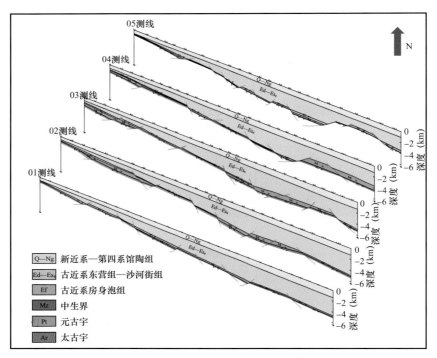

图5-25　电法测线地质解释剖面立体显示

2.基底构造特征

辽河断陷的前中生界基底是华北地台的一部分。断陷西部为燕山台褶带,东部为辽东台背斜,北部为古老的东西方向的内蒙地轴。受近东西向基岩断裂控制,断陷内的前中生界构造格局为东西向的隆坳相间排列。中、新生代,北北东向展布的断层强烈活动,切割中生代之前的古构造,形成一系列基岩潜山。因此,由于古老的东西向构造线和中、新生代北北东向构造线叠加,使基岩起伏不平,形成了凹凸相间、东西分带、南北分段的复杂构造面貌,为前古近系潜山圈闭、断鼻圈闭和古近系沙河街组披覆构造圈闭、断鼻圈闭和构造—岩性圈闭的形成奠定了基础,并在一定程度上影响着新生代辽河断陷的构造与沉积演化。

1)基底断裂特征

（1）区域断裂特征。

根据区域地质资料,辽河断陷的基岩可分为中生界和前中生界,两个构造层发育了走向和控制作用不同的两类断裂体系。

① 东西向断裂。

东西向断裂大部分北倾,控制前中生界构造层的基本构造格局。现今东部凹陷和西部凹陷的外侧发育一系列近东西向隆起和坳陷。西侧自北向南有徐家围子、南二家屯、下洼子三个东西向的鼻状凸起,向西部凹陷西侧缓坡带延伸、倾没,新生代发育为宽缓的断裂鼻状构造带,反映基岩原东西向的古构造被后期改造。

② 北北东向断裂。

北北东向断裂主要形成于燕山运动期,在晚侏罗世拉张应力的作用下,产生北东与北西方向的两组断裂,以北东方向为主干断裂,西倾断层为主,对中生界断陷的边界起主要控制作用。最重要的是郯庐断裂带,可以认为整个辽河断陷的主干断裂都是郯庐断裂带的组成部分。前中生代活动的郯庐断裂带由两条断层组成,其一穿过现今西部凹陷斜坡带,另一条位于现今东部凹陷中部。新生代早期活动的郯庐断裂带中有四条一级控盆断层带,即西部凹陷的台安—大洼断裂带、东部凹陷的营口—佟二堡断裂、大民屯凹陷的大民屯断裂和法哈牛断裂,其共同特点是延伸长、落差大、多期发育、分段展布、性质多变,控制了凹陷的形成和发展。在同一期次构造应力场控制下,还发育了一系列与主干断裂伴生的北北东走向或北西走向（以北北东走向为主）的Ⅱ、Ⅲ级基岩断裂。

台安—大洼断裂带贯穿整个西部凹陷,南北延伸约100km,大致分为北、中、南三段。北段指高升至牛心坨部分,长45km,具有伸展断层特点,断面为铲状,最大落差达4000m以上,控制台安洼陷与牛心坨洼陷的形成与发展;中段指冷家堡—高升区段,比较复杂,最东侧为古老的台安—大洼断层,靠近中央凸起,仍保留着伸展断层特征,控制陈家洼陷沙三段沉积,中间为冷东断裂背斜带,西边为冷家逆冲断层,长30km;南段指小洼—海外河区段,断面由平面状变为铲状,明显具有伸展断层的特点,派生断层与其组合为羽状、阶梯状和马尾状,长80km,控制了西部洼陷最大的生油洼陷——清水洼陷的形成与发展（图5-26）。

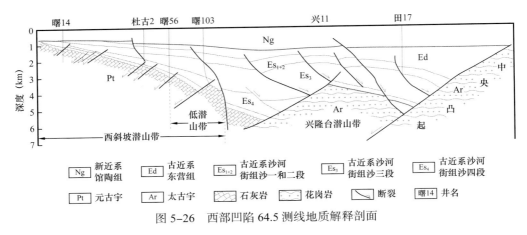

图 5-26　西部凹陷 64.5 测线地质解释剖面

本次工区的主体位于台安—大洼断裂带中段的西部，断裂方向以北东向为主。

（2）重磁电资料解释断裂的依据。

① 重力异常图上的线性异常、异常梯级带、不同重力异常区的分区界限、重力异常等值线的规律性扭曲等。

② 磁力异常图上的异常梯级带、串珠状磁异常等。

电法剖面上电阻率等值线密集带、电阻率突变、异常形态改变等；重磁资料经特殊处理后的影像纹理；重磁电资料相结合确定断裂平面展布特征。

（3）断裂展布特征。

参考工区内其他已知资料证实的断裂，该区共解释断裂 17 条，其中一级断裂 7 条，二级断裂 10 条。断裂方向以北东向为主，局部被近东西向或北西向断裂错断，发育北西向的调节断层（图 5-27）。

近东西向（北西西向）断裂可分为两种：一是古老断裂，控制基底结构，如断裂 F_1；二是与北东向断裂同期产生，控制中新生代构造格局，如断裂 F_9。

结合该区剩余重力异常图分析：以工区南部近东西向的断裂 F_1 和工区北部北西向的 F_8 与 F_8' 为界，工区明显的分为三部分：F_1 断裂以南，重力异常整体比较零乱，断裂方向以北东东向和近南北向为主。F_8 断裂以北，断裂方向以北东向为主，但重力异常走向的规律性不明显。F_1、F_8 断裂之间的区域，断裂方向以北东向为主，表现为北东向近平行展布的特征，重力异常具有明显的规律性，表现为北东向正负异常相间排列，该区域内的重力正异常与曙光潜山、曙光低潜山、兴—马潜山的主体相对应，为油气聚集的最有利区域。

工区内的北（北）东向断裂可分为西倾与东倾两组，它们相间排列，控制三排北东向潜山的发育。

北（北）东向西倾断裂（F_2、F_4、F_6）是辽河断陷古近纪伸展期形成的最主要断裂系统。据文献记载，整个西部凹陷延伸长度大于 20km 的北北东向西倾基岩断裂有近 20 条，规模较大、东西分带作用较明显的主要有曙古 98 断层、曙古 1 断层、陆家断层、兴西断层等。

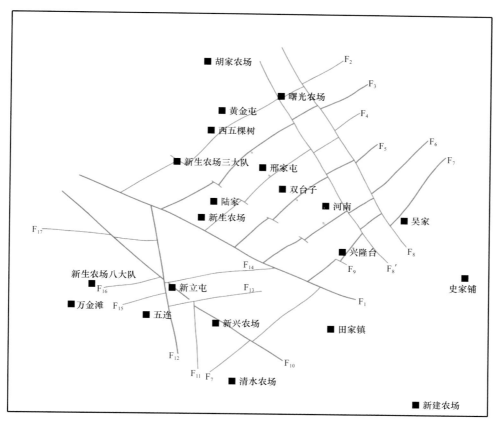

图 5-27　断裂分布图

2）基底结构特征

（1）基底结构。

根据已知资料，辽河断陷古近系基底由太古宇、元古宇、古生界和中生界组成。

西块：包括西部凹陷的西八千—高升断层的西部和北部及西部凸起；大民屯凹陷的大民屯断裂以西及静北地区。它们均属燕山台褶带的一部分，由太古宇、中—新元古界和中生界组成。

东块：位于茨东—二界沟断裂以东，包括东部凹陷的东侧和东部凸起，是辽东台背斜的一部分，主要由太古宇、中—新元古界、古生界和中生界组成。

中块：位于西八千—高升断裂和茨东—二界沟断裂之间，包括西部凹陷的东侧，中央凸起和东部凹陷的西侧属于山海关—沈阳隆起区，该隆起自南至北逐渐变窄，呈楔形插入东、西两大块之间，岩性主要为太古宇变质岩，局部地区有中生界分布。

由上述三大块体组成的断陷基底是经历了两种不同性质地壳运动叠加而构成的双重构造体制，结构比较复杂，可分为前中生界和中生界上下两个构造层。

本次工区横跨西块与中块，由前面对该区的物性特征分析可知，重磁电资料反映的基底为前中生界，即下构造层。

分析该区的重磁电异常特征，剩余重力异常大体反映该区基底的起伏形态，磁力区域异常反映该区基底的磁性变化，电法剖面从纵向反映高阻基底的起伏与埋藏深度，利用钻井约束的重磁电震联合反演剖面上更能较精确的确定地质体的边界，由以上资料综合分析认为，大致以兴西断层（F_6）为界，工区内基底可细分为两部分：工区东部为太古宇出露区，工区西部为中—新元古界出露区，在元古宇出露区内的曙110和曙51井区，也就是与曙光低潜山带对应的区域，有零星的太古宇出露（图5-28）。

在该区磁力区域异常图上可以看出两个明显的高磁异常区，在中深层剩余异常和中浅层剩余异常上都有明显的显示，在联合反演剖面上也可以看出它们延伸深度很大，可以确定为基底内幕的岩浆岩体。由钻井资料结合剖面反演结果，认为兴隆台高磁异常可能为酸性岩体，杜家台高磁异常可能为基性—酸性岩体，此类岩体一般具有较高的热导率，有利于深部热流的汇集。

（2）太古宇顶面埋深。

以重磁电震联合反演剖面确定的太古宇顶面为控制，参考已有钻井资料，进行单界面最优化反演，经整饰后绘制了太古宇顶面埋深图（图5-29）。

工区内曙光地区，太古宇顶面总体表现为由西北向东南倾伏的斜坡，靠近西部凸起一带，太古宇顶面埋深最浅，约1200m。至盘山洼陷，太古宇顶面埋深加大至5000m。在斜坡背景上，发育几个北东向的局部突起和鼻状构造，这些局部构造的分布大体上与曙光潜山带和曙光低潜山带对应。

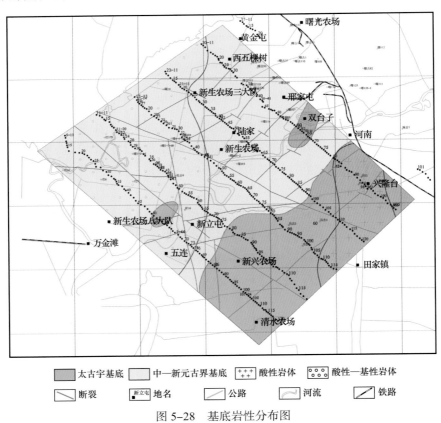

图 5-28　基底岩性分布图

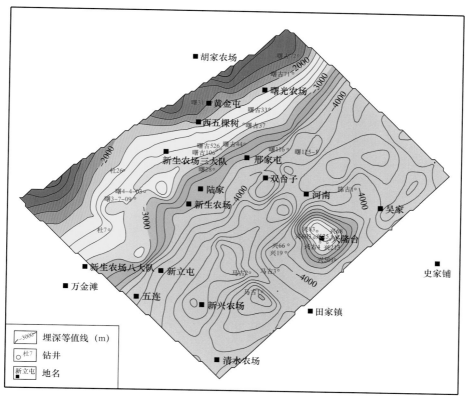

图 5-29　太古宇顶面埋深图

　　兴隆台地区，兴隆台潜山与马圈子潜山为深凹部位的局部隆起，与陈家潜山共同组成北东向的潜山带。兴隆台潜山与马圈子潜山之间存在一深度较大的山间谷地，深度大于4400m。从太古宇顶面埋深影像图（图5-30）上可以看出，这一低洼地向南西方向加深，最深大于5000m。

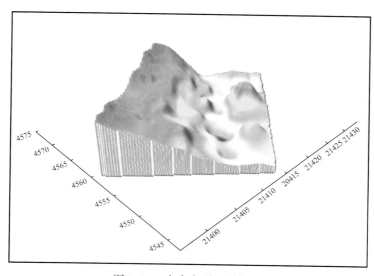

图 5-30　太古宇顶面影像图

（六）地热地质特征

1. 主要储层特征

1）沙三段和沙四段底界

该区按构造单元将沙三段、沙四段划分为西部曙光斜坡带、中部盘山洼陷带和东部马圈子—兴隆台—陈家隆起带，深度范围（图5-31）变化大，沙三段底界深850～4400m，沙四段底界深970～4600m。

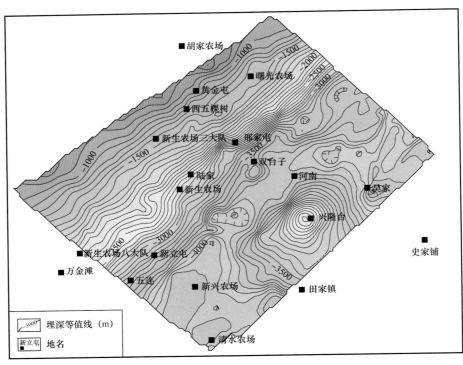

图5-31　曙光—兴隆台地区沙河街底界埋深图

曙光斜坡带上发育一系列近NE—NEE走向的正断层，其中断距较大、延伸距离较长的断层控制了曙光断阶带的形成与演化。除规模较大的断层之外，斜坡带上广泛发育的一系列近NEE向的雁行式排列的小型断裂，将斜坡带分割成条带状。此外，斜坡带上还发育一些近EW向的南掉正断层，二者相互结合，把条带状的斜坡带分割成若干个断块。

位于曙光斜坡带和马圈子—兴隆台—陈家潜山带之间的盘山洼陷，区域构造相对简单，沙三段与沙四段底界最大埋深分别为4400m和4600m。

该区东部是NE向的马圈子—兴隆台—陈家隆起带，沙四段沉积受控于其西侧的兴隆台西断层（F_6），隆起带基本上保持着前一阶段的构造地貌轮廓。沙三段沉积时期，强烈的拉张断陷使马圈子—兴隆台—陈家潜山带大幅度深陷，接受了沙三段深湖相。沙三段底界深度范围变化较大，但地层倾角较小。在NE向大洼断层与兴隆台西断层的共同控制作用下形成了兴隆台—马圈子潜山带。

2）东营组和沙一段、沙二段底界

该区东营组和沙一段、沙二段在西斜坡上倾部位遭受剥蚀。曙光斜坡带走向NE、倾向SE，斜坡带上发育一系列近NE—NEE向的正断层，倾向NW或SE。这些正断层断距较小，延伸距离较短，呈雁行式排列，将斜坡带分割成条带状断块。盘山洼陷带由F₅断层和兴西断层共同作用形成，沙一段、沙二段最深可达2600m，东营组底界最大埋深为2000m。洼陷内地层东倾，次级断裂不发育（图5-32）。

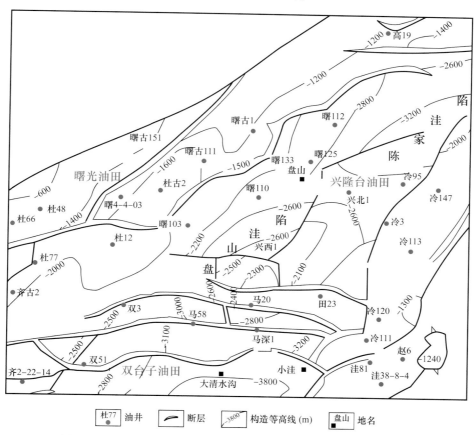

图5-32 曙光—兴隆台地区东营组—沙一段底界埋深图（单位：m）

2. 盖层底界特征（新近系底界）

古近纪末至新近纪初，全盆地整体坳陷，新近系不整合于下伏地层之上。区内新近系底界比较平缓，深度变化范围在600~1200m之间，地层东倾。新近系断裂极不发育，少数几条NE向延伸较短的断层可能是由下部深大断裂发生左旋扭动引起的。

沙三段与沙四段断裂展布与组合具有明显的继承性，同生体系比较发育，最大埋深位置也基本一致。沙一段、沙二段—东营组同生断裂的活动具有一定的继承性，但强度及规模明显减小。新近系同生断裂活动基本停止，只发育几条继承性的小断裂。

3. 地热地质条件评价

分析影响地热形成的主要因素主要有：

1）基底起伏

基底起伏形态对地温场的控制作用已被大量的实际测温资料所证实。凸起和凹陷中不同的地温状况主要由于岩石热物理性质侧向的不均一性引起。实质上是来自地球内部的均匀热量在地壳上部实行再分配的结果。

由于基底的热导率往往高于盖层，故深部热流将向基底隆起处聚集，使其具有高热流、高地温的特征。地温分布在平面上与基底起伏密切相关，盖层平均地温梯度随基底埋深加大而减小。图5-33显示了保定—歧口地温异常等值线，由图可见凸起区或潜山发育区地温梯度和温度明显高于凹陷区。

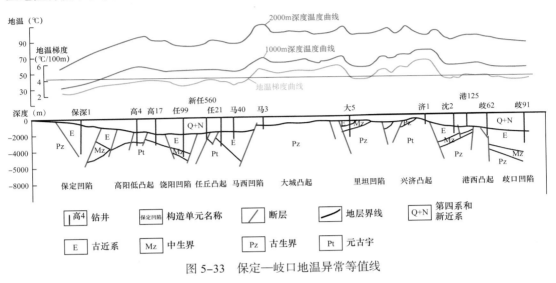

图5-33 保定—歧口地温异常等值线

2）断层

断裂发生时，由于岩层的错断，将产生大量的能量，或在断裂过程中由于机械摩擦将产生部分能量，如果未能及时传递出去，那么地温将升高。这时可能使两盘的岩石发生熔化，并因温度的升高而使孔隙水压力上升。同时，断裂的部位又是构造活动的部位，地幔物质表现活跃，断裂又是深部地热向上部地层运移的良好通道。断层内的流体也会以热对流的方式将深部热能逐步向浅部运移。图5-33中也可见深大断层顶部地温梯度和地温均明显高于断层两侧地层稳定区。

3）侵入岩

侵入岩体时代越新所保留的余热就越多。在高温侵入岩余热的影响下，对现今地温场的影响就越强烈，并且有可能形成地热高异常区；另一方面大部分岩浆侵入体具有高热导率特征，有利于深部热源向浅部传导。

4）地层岩性

岩性对地温场的分布有很大的影响：大量的井下测温资料表明，当井孔穿过较均一的岩层时，井孔的深度—温度曲线为一条较平滑的直线，即地温梯度为常值。当井孔穿过热物理性质差异较大的岩层剖面时，井的深度—温度曲线则呈直线。地温梯度有明显变化，曲线转折处常与不同岩性段的分界面相对应。

一般来说，同一井中低热导率、导热性差的岩石具有较高的地温梯度，高热导率、导热性良的岩层具有较低的地温梯度。热导率与岩性直接有关，在碎屑岩中，泥岩的热导率较低，砂岩次之，因此泥岩段的地温梯度往往高于砂岩段。由此可见岩性差异导致了纵向上不同层段地温梯度的明显变化。另外，随地层埋藏深度和时间的增加，地温梯度也会随之下降。这是由于岩石密度随埋深和年龄增加而增大，因而岩石热导率也相应加大。

综上所述，初步判断工区西北部和东南部的太古宇基底隆起区上方是地热资源有利区域，大断层和基底侵入岩发育位置条件更佳。

三、大功率人工源电磁技术及应用

（一）大功率人工源电磁勘探技术

1. 方法简介

大功率人工源电磁法是在可控源音频大地电磁法（CSAMT）和长偏移距瞬变电磁法（LOTEM）基础上发展起来的一类电磁勘探法，经过近 10 年的发展，目前已在油气勘探中被广泛应用，成为油气电法勘探的主流技术之一，同时其勘探领域也不断拓宽，在煤田石灰岩富水性研究方面和复杂油气目标开采动态监测方面取得了良好的勘探效果。

大功率人工源电磁法是一种建立在电磁感应原理的基础上在时间域和频率域观测研究响应场的人工源电磁探测方法。它通过接地电偶源向地下发射不同频率的交流脉冲方波信号，利用接地电偶极和 / 或磁场传感器接收通过大地传送的感应信号，在时间域和频率域同时进行数据分析和处理，进而提取和探测目标电阻率和激电异常特征信息的一类电磁勘探方法的总称。

大功率人工源电磁法利用改变波形长度和频率大小进行不同深度电测深，而非改变几何尺寸，大大提高了工作效率。另外，该方法还引入 Cole–Cole 模型进行激发极化信息研究。鉴于此，该方法不仅可针对复杂区进行高精度深部电性结构研究，还可以进行油气藏预测。

2. 野外采集方法

大功率人工源电磁法野外施工采用轴向偶极装置（图 5–34），分为发射和接收两部分。发射端由多根并联的铜导线构成水平有限长度接地线源，采用大功率发射机按不同频率向地下发送一系列脉冲电流，接收端通过接地线 MN 测量电分量 Ex。

该方法特点：（1）使用人工场源信噪比高，纵向分辨率高，无静态位移影响；（2）同时研究电阻率、极化率等多个参数；（3）抗电磁干扰能力强。

采用长直导线源激发，将频率域测深与时间域测深联合在一个系统中，可针对勘探目标的深度选择不同频率和不同类型的激发波形，不仅能提供电阻率信息，还能提供激发极化信息，因而在研究电性构造的同时又能检测其含油气性。

采用不归零方波，可以有多种不同的组合，从高频到低频连续激发，每个频率重复激发若干次，重复次数视频率的高低设置，高频的重复次数多，低频的重复次数相对减少，数据质量和可靠性较高。

采用多测站排列接收的工作方式。信号接收系统通过 GPS 与发射同步接收每个频率重复激发的所有信号。

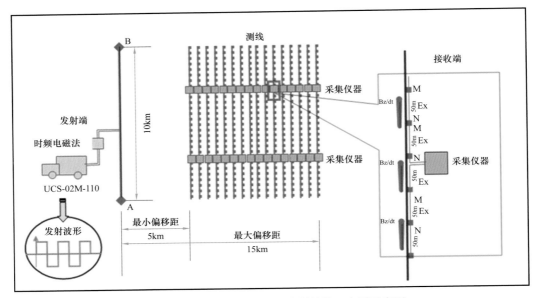

图 5-34　大功率人工源电磁法野外施工布置示意图

因此，该技术兼具频率域方法与时间域方法两类方法的优点，使得资料处理中可以有时间域和频率域两种处理手段，采用多种手段综合利用各种场的特征研究多种岩石物性，可以最有效地提高勘探精度。

（二）大功率人工源电磁勘探技术在地热勘探中的应用

雄安新区是中共中央、国务院于 2017 年 4 月 1 日设立的国家级新区，地处北京、天津、保定腹地，规划范围涵盖河北省雄县、容城县、安新县三个县及周边部分区域。该区域是华北地区地热勘探开发利用起步最早的地区之一，但均以浅层地热资源利用为主，深层地热地质条件有待查明。同时，该区域城市、村镇分布密集，厂矿企业林立，高压输变电线路复杂，导致整体电磁干扰较为严重。因此，中国地质调查局水文地质环境地质调查中心在容城南—雄县地区部署了大功率人工源电磁法，以期发挥该方法勘探深度大、勘探精度高、抗干扰能力强的特点，查明工区隐伏断裂及其次级断裂分布与性质，重点查明雾迷山组、高于庄组深部热储层空间分布及形态结构特征，为深部地热资源评价、钻探提供地质依据。

1. 地质任务

1）目标

开展雄安新区大功率时频电法勘查，探明隐伏断裂及其次级断裂的位置、走向、规模及性质，探寻岩浆岩埋藏深度和东西边界，查明地表以下 5～6km 深度范围内热储层的空间分布状况。

2）主要任务

（1）在容城—雄县之间开展大功率人工源电磁法勘查野外数据采集工作。

（2）开展数据处理解译，分析地层结构和地质构造。

2.区域地热地质特征

1）地温场特征

冀中坳陷地热属中低温传导型地热资源，地温变化呈现出高低相间、带状分布的特征，并与凸凹地质结构相对应。地温场延伸的方向以北北东—北东向为主。靠近西部沿太行山东麓北京—保定—石家庄凹陷一带，属低地温场分布区，区内地温梯度小于2.5℃/100m。构造隆起部位地温梯度高，为3.2～6℃/100m，1000m、2000m、3000m深度的温度分别为45～60℃、80～90℃、105～135℃，是寻找地热最有利区带。

冀中坳陷地温场主要受地质结构、地层岩性、盖层厚度、水流交替、热储埋深、断裂传导等因素控制。

（1）地质结构影响。基岩起伏与构造形态对地温场分布的影响是区域性的，对地壳浅部地温起着主导作用。地温场展布的主体方向反映了构造的基本轮廓，以北东向展布最为明显，北西和东西向次之，高地温场沿构造轴线或主断裂方向展布，最大值与构造高点相吻合。

（2）地层岩性影响。由于岩石成分和结构等差异，各地层段岩石的热导率不同，从而决定了各地层岩性段的地温梯度。

（3）盖层厚度影响。新生界一般覆盖于基岩之上，砂、泥岩地层的热导率低于基岩热导率，相对低热导率的岩层可看作是隔热层，厚度越大，阻止地热向上传导能力越强。因此，浅部地热能分布在盖层相对较薄的地区。

（4）水流交替影响。地壳浅层地下水广泛分布，水层厚度和通道连续性影响地热能储存，山前强交替区地温梯度低，坳陷内部交替滞缓区地温梯度高。

（5）热储埋深影响。中—新生界中，地温随深度的增加呈线性增长，进入基岩后由于岩石热导率值高，造成地温梯度变小。

（6）断裂传导影响。断裂发育的断陷型沉积盆地中，由于断裂的通道作用有利于热的传导和对流，使地温场增高。在断裂不发育的地段，传导作用弱，地温场温度偏低。

2）区域热储和盖层

冀中坳陷热储层岩性为元古宇—古生界碳酸盐岩和中—新生界碎屑岩。

（1）新近系明化镇组热储层。

该热储层顶板埋深为280～320m，揭露厚度为1074～1318m，分为上、下两个热流体储集段。上段岩性以半胶结的粉细砂、细砂岩夹杂色泥岩为主，顶板埋深为280～320m，揭露平均厚度为690m。单井出水量为30～60m³/h，出水温度为45～50℃，水化学类型为$HCO_3 \cdot Cl\text{–}Na$型，总矿化度为700～1200mg/L，总硬度为12～35mg/L（以$CaCO_3$计），pH值为7.7～8.3。下段岩性以泥岩为主，夹粉细砂岩，但砂岩不发育，顶板埋深为930～1050m，揭露平均厚度为506m。单井出水量为30～100m³/h，出水温度为55～80℃，水化学类型为$HCO_3 \cdot Cl$－Na型，总矿化度为1000～2000mg/L，总硬度为24～60mg/L（以$CaCO_3$计），pH值为8～8.9。

（2）新近系馆陶组热储层。

该热储层岩性以粉细砂岩和砂砾岩为主，钻井揭露顶板埋深为1394～1598m，揭露厚度为 36～390m。该热储层地热井单井出水量 90～110m³/h，出水温度为 55～59℃，水化学类型为 Cl·HCO₃–Na 型，总矿化度为 1600～1800mg/L，总硬度为 50～64mg/L（以 CaCO₃ 计），pH 值为 7.2～8.6。

（3）奥陶系热储层。

该热储层岩性以石灰岩为主，热储层发育不稳定，裂隙发育不均。顶板埋深为 1674～3130m，揭露厚度为 22～419m。根据已有地热井资料，单井出水量为 112～128m³/h，出水温度为 96～99℃，水化学类型为 HCO₃·Cl·SO₄–Na 型，总矿化度为 1680～1720mg/L，总硬度为 10～115mg/L（以 CaCO₃ 计），pH 值为 7.8～7.9。

（4）寒武系热储层。

该热储层岩性以石灰岩和灰质白云岩为主，含角砾状灰岩，夹灰色泥岩和页岩。沧东断裂以西顶板埋深为 1550～1700m，揭露厚度为 74～324m。沧东断裂以东顶板埋深普遍大于 2000m，到北塘凹陷区域埋深可能大于 4000m。顶板埋深分别为 2472～3191m，揭露厚度分别为 238～290m。该热储层发育厚度不稳定，富水性不均。规划区内无该热储层地热井，根据周边该层地热井推断：单井出水量为 70～110m³/h，出水温度为 75～92℃，水化学类型为 Cl·HCO₃·SO₄–Na 型，总矿化度为 1670～1770mg/L，硬度为 132～144.5mg/L（以 CaCO₃ 计），pH 值为 8.0～8.4。

（5）蓟县系热储层。

蓟县系热储层包括蓟县系铁岭组热储层和雾迷山组热储层。雾迷山组热储层在工作区内具有分布，顶板埋深为 780～1310m，自东向西逐渐加深，顶板埋深为 1200～2100m，热储厚度为 170～270m。沉积厚度自东向西逐渐加大，热储层中部温度在 45～60℃之间。储厚比为 5.31%～21.4%，裂隙发育。工区雾迷山组热储层分布特征是自东向西埋藏深度增加，温度呈递增趋势。

（6）长城系高于庄组岩溶裂隙热储。

高于庄组热储层岩性为灰色白云岩夹泥质白云岩、硅质白云岩，含燧石团块或条带。在容城凸起区域第四系、古近—新近系地层较薄，保温性较雄县地热田差，一定程度上影响了热储层温度；构造与风化裂隙发育，盖层薄。容城凸起区域雾迷山组基岩厚度较薄，下伏长城系高于庄组埋深较浅。

3）工区地热储层和盖层

（1）热储。

牛驼镇地热田中包括古近—新近系砂岩孔隙热储和基岩岩溶裂隙热储。其中基岩热储包括奥陶系石灰岩岩溶裂隙热储、寒武系石灰岩岩溶裂隙热储，蓟县系铁岭组和雾迷山组热储，长城系高于庄组石灰岩岩溶裂隙热储。其中蓟县系雾迷山组热储和其长城系高于庄组热储分布范围广，厚度大，岩溶裂隙发育，渗透性良好，是整个地热田中最重要的热储，也是本次勘探工作的目标层位。

雄县范围内普遍存在古近—新近系热储层。雄县范围内牛驼镇凸起部分仅存在蓟县系热储，不存在时代更新的基岩地层；而在牛驼镇凸起以东，虽然古近—新近系下伏地层为奥陶系和寒武系石灰岩，但埋藏深度大于 5000m，不具备开采条件。

（2）盖层。

根据区域岩石学及钻孔揭露信息，雄县范围内的第四系黏土砂岩互层构成深部古近—新近系和蓟县系的热储盖层，其厚度平均为400m，最小厚度在县城以北10km的文家营附近揭露，厚度为192m，最大厚度为500m左右。和下伏古近—新近系呈平行不整合接触。虽然黏土具有较高的孔隙度，但其渗透能力却十分有限，因此第四系和下伏古近—新近系不具有水力传导条件。根据中国地壳温度分布特征，华北平原黏土热导率分布范围为1.7～2.3W/（m·K），且中生代和新生代所沉积岩层的热导率随深度和密度递增，所以在雄县内400m以浅黏土的热导率应小于或等于上述数值范围。因此，无论是渗透率或是热导率均不足以与下伏古近系产生水热交替，说明第四系黏土砂岩互层可以对下伏热储构成良好的盖层。

4）工区地温场特征

（1）恒温带深度和温度。

前人勘查资料显示，牛驼镇地热田恒温带的深度为15～50m，平均为28.56m；恒温带温度为12.8～19.2℃，平均为14.5℃。

（2）地温梯度。

参照以往的地热勘察报告，在雄县地热田范围，新生界地温梯度在牛驼镇凸起的中部比较高，最高达到12.61℃/100m，向两侧逐渐变低，最低为2.33℃/100m。蓟县系雾迷山组地温梯度平均为3.28℃/100m，远远低于新生界的地温梯度。

（3）热储温度。

古近—新近系顶板1000m深度和2000m深度的地温等值线形状和地温梯度等值线的形状非常相近。古近—新近系顶板（一般深度为400m）的温度最高为59.6℃，在远离凸起轴部处小于25℃。在雄县的牛驼镇凸起范围，古近—新近系的底板（在大部分范围也是蓟县系的顶板）深度一般在1000m左右。因此，1000m深度地温等值线相当于古近—新近系热储底板温度和蓟县系热储顶板温度等值线，其最高值为92℃，牛驼镇凸起雾迷山组内温度均高于40℃。牛驼镇凸起，蓟县系雾迷山组的底板深度为2000m左右，其温度在凸起的轴部为90～118℃，向两侧温度逐渐变低，最低约为60℃。

3.野外数据采集

在野外完成大功率人工源电磁法测线3条，总长67.8km，坐标点342个。

4.物探资料处理

1）处理解释思路

首先进行地热地质条件分析和物性特征研究，再以物性特征为纽带，结合地质、钻井和地震等已知资料对大功率时电磁频资料进行分析，然后对研究区断层、热储进行综合地质研究，预测地热有利区。

（1）搜集地质、地热地质资料，分析总结研究区地热地质特征。

（2）进行详细的物性研究，总结该工作区各套地层的电阻率等特征，明确热储层和电阻率的对应关系，为认识该区的物探异常和地热田地质提供依据。

（3）大功率人工源电磁野外生产，以模拟和现场试验为基础，探索激发参数和采集参数研究。针对工作区条件，通过室内模拟和现场试验优化施工参数，采集高品质的野外资料，为试验区综合研究提供第一手的物探资料。

（4）基于探区实测资料采用中国石油集团东方地球物理勘探有限责任公司具有自主知识产权的 GeoGME 处理系统，首先开展定性分析研究，利用振幅和相位信息，研究热储层的定性异常规律；其次，开展定量反演，寻找热储层宏观电性特征，开展电性结构研究、电阻率异常研究。

（5）收集相关重磁面积勘探资料，以岩石物性资料为基础，结合地质钻井等综合信息，对大功率人工源电磁资料进行综合解释，研究区热储层系分布、断裂展布、岩浆岩发育及热储层空间分布，预测和优选深层地热有利区。

2）大功率人工源电磁资料处理流程

时间域资料处理有一套比较完善的系统，主要包括资料预处理和求取地电参数以及电阻率反演。处理流程如下（图 5-35）：资料预处理—叠加归一化—求取综合地电参数—二维电阻率反演—极化率反演。

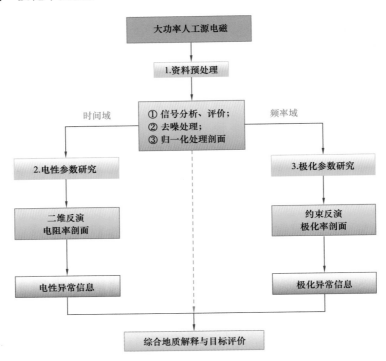

图 5-35　大功率人工源电磁处理解释流程示意图

3）二维电阻率反演

电阻率反演剖面可以给出地下介质电阻率随深度的变化规律，提供地层纵横向的定量电性变化规律，它较准确地反映了地层沿测线的起伏形态和地电结构的变化规律。它一方面反映区域地质特征，另一方面能清楚反映断层和构造特征，是研究工区区域地质特征和岩性岩相的重要依据（图 5-36）。

目前，GeoGME 软件中集成了 Occam 电阻率自由反演，模拟退火电阻率约束反演和模拟退火电阻率和极化率约束反演三个模块。其中 Occam 电阻率自由反演反映浅层的电阻率特征较好，由于反演的多解性，深层反演效果较差。为了获得较好的频率域处理结果，有必要在处理前进行编辑和去噪。

采用 Occam 反演方法：在地球物理反演中，用简单的层状模型，很难通过很少的参数来描述复杂的地下介质电性分布，结果往往与真实情况不符。考虑地下介质的电性应是随深度连续变化的，至少是分段连续。基于上述思想，1987 年在大地电磁反演中引入 Occam 反演的算法思想。Occam 反演是一种正则化的反演方法，它在追求模拟数据与原始测量曲线最大拟合的同时，要求模型数据最平滑或最圆滑，因而受初始模型影响小，能够达到稳定收敛。

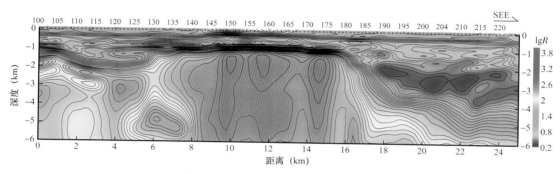

图 5-36 A_2—$A_2{'}$ 测线电阻率反演剖面

R 为电阻率，单位为 $\Omega \cdot m$

5. 重磁电综合地热地质解释

雄安地区以往已经开展过 1：50000 高精度重磁勘探工作，为重磁电综合地热地质解释提供了重磁物探数据支撑。

1）电性层标定

（1）电阻率分层。

牛驼镇凸起之上钻井终孔一般为元古宇顶部，霸县凹陷内钻井一般终孔于古近系沙河街组或孔店组，选取了工区内测线附近的淀 6-6、淀 6-3、淀 6、淀 6-2、家 9、新家 4 井、雄 2、雄 17、雄古 1、雄 6、牛东 101、兴隆 1 等钻井资料对电阻率剖面进行了标定（图 5-37），标定结果如下：表层发育连续次高阻层为第四系松散沉积层，厚度范围为 200～600m；浅层连续低阻层为新近系，厚度范围为 700～100m；断陷区低阻层主要为古近系砂岩、泥岩地层，霸县凹陷厚度较大，厚度范围为 2000～4000m。

（2）电阻率拟地震处理。

通常不同岩性的岩石密度、速度和电阻率之间都有一定的相关性，而不同地层界面之间由于沉积环境差异也往往造成一定程度的物性差异。同样，大的岩性岩相之间、断裂两侧的岩石之间也都存在一定的物性差异，拟地震成像就是在综合研究探区各种岩石地球物理属性的基础上，对上述所需地球物理属性速度和密度进行相互转换，转换后的物性一定程度上也包含了岩石内部固有地层界面或岩性岩相、断层等物性体的物性差异特征，将这些差异性以类似地震波同相轴的形式表示出来。

由于元古宇及太古宇岩层电性差异较小，整体显示为高阻特征，岩层分层信息不明显，针对该特点，采用电阻率数据拟地震处理技术增强层间电性差异信息，从而对元古宇层位进行精细划分，如图5-38所示。

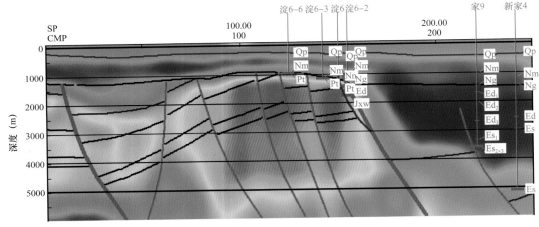

图 5-37　A_2—A_2' 电阻率剖面标定示意图

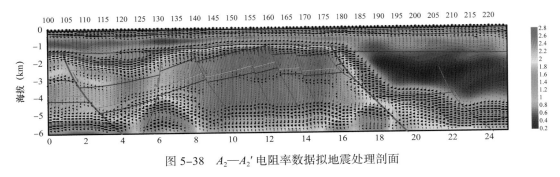

图 5-38　A_2—A_2' 电阻率数据拟地震处理剖面

图5-38表层第四系次高阻显示为强振幅特征，新近系低阻层显示为弱振幅特征；古近系低阻在1～6km范围振幅较强，具有一定的层状特征；16km至剖面东端范围古近系显示为连续的弱振幅异常区，与上覆新近系由空白振幅区相隔。

蓟县系雾迷山组—杨庄组白云岩地层电阻率显示为低阻向高阻过渡层特征，由浅到深电阻率逐渐升高，拟地震显示为强振幅特征，到底部振幅减弱或消失。

蓟县系岩层呈向高角度西倾特征。雄11井位于160号测点位置，在大约900余米深度钻穿蓟县系杨庄组底界，推测凸起位置断层发育导致蓟县系呈断阶特征，并在古近系沉积前遭受了较强的风化剥蚀，二者共同作用，造成蓟县系地层厚度变化较大。蓟县系雾迷山组—杨庄组白云岩地层电阻率显示为低阻向高阻过渡层，推测是岩溶裂隙相对发育所致。

长城系高于庄组白云岩整体显示为高阻层，高阻层由连续分布的高阻异常团块组合而成，该组电阻率值最高；0～8km范围显示为弱振幅特征；8～16km范围振幅极弱，为空白反射区。

长城系大红峪组—串岭沟组石英砂岩、白云岩、页岩等地层显示为次高阻特征，因其与太古宇上部次高阻特征较难区分，因此借鉴高深1井预测本套地层厚度约为500m。电阻率异常上显示为高于庄组高阻层向下电阻率逐渐降低的过渡带特征，拟地震资料显示为弱—中等振幅特征。

太古宇整体显示为高阻异常，尤其是中段 8～16km，高阻相对稳定，拟地震资料显示为稳定的弱振幅异常带。深部低阻发育推测与太古宇内部岩性变化及局部断裂作用相关。

2）断层解释方法

断裂作用造成地层错位，当达到一定规模时，同一深度范围断层上下两盘方向的地层岩性存在差异，从而显示为不同的电阻率特征；另外，规模较小的断层上下盘地层错位不明显，但在断层作用下沿断层走向形成断裂破碎带，破碎带内裂隙发育，从而引起断层破碎带显示为低电阻率特征。

利用电法资料判别断裂存在的依据主要有：

（1）电法测深反演电阻率断面图上等值线呈密集的陡直或扭曲带，一般断裂位置显示为低阻带。

（2）电法测深反演电阻率断面图上不同性质异常的分界。

本次工作收集了工区及周边 1∶50000 重力、磁力资料，因此断裂解释同时也参考了重力、磁力资料的异常信息，解释依据如下：

（1）布格重力异常图上沿一定方向延伸的重力异常梯级带、重力异常等值线的扭曲以及重力异常走向突变带和不同特征的重力异常分界等。

（2）重力水平总梯度异常上沿一定方向延伸的极大值连线，总梯度异常能较好地指示出断裂的平面位置和走向信息。

3）重磁电联合反演

重力和磁力勘探是利用组成地壳各种岩层的密度和磁性差异而进行隐伏构造、地质结构探测的重要方法。其特点是可以方便快捷地进行面积性勘探，从而了解某区域整体的地质结构问题。重力、磁力、电法三种物探方法分别利用了岩层不同的物理性质，通过横向与纵向的对比分析、多参数综合解释，可以有效提高地质解释可靠性。

本节收集了以往的 1∶50000 重磁资料，结合电法、重力、磁力资料进行了联合反演。由图 5-39 和图 5-40 可见，区内构造隆起区重力、磁力异常均为高异常，凹陷区重力、磁力异常均为负异常，构造特征与重力、磁力异常特征关系紧密。

重磁电联合反演是在重力和磁力资料处理和初步解释基础上进行的，同时利用了地热、电资料解释成果作为约束。重磁电震联合反演是以地层岩石密度、磁性资料为依据，综合该区地热井资料进行地质—地球物理建模，而后进行重磁电联合反演。

重磁电联合反演使用从美国引进的 LCT 系统，该系统的特点是可以利用电法剖面直接建立地质剖面模型，可以直观地监测反演过程中修改的地质模型是否与地震解释结果一致。

反演过程为人机联作，通过综合建模及人机联作来实现约束反演，这为应用钻井、电法信息约束，提高反演精度，提供了良好的手段，同时它也是解决重磁力解释多界面多模型反演问题的良好手段。

重磁电联合解释的总体思路是：以物性为前提，以重磁异常为基础，利用电法、钻井资料综合建模，通过交互反演、人机联作实现联合反演解释。具体步骤如下：

（1）建立模型，利用已有的地质、电法反演剖面资料建立初始模型。标定剖面端点坐标，根据地质及钻井资料标定地质层位。

（2）给每一层位输入密度和磁化率值，由系统自动完成输出地球物理模型。把系统输出的模型与已知钻井和地质资料对比。

（3）直到初始模型与已知资料吻合，读取剖面重磁异常数据。该项数据一般是布格异常和磁力化极异常。

（4）进行实时重磁正反演，将理论曲线与实测曲线进行拟合，根据拟合情况，通过交互方式修正模型，最终使两曲线达到最佳拟合。

该区共联合反演了三条剖面，剖面穿过了区内主要断陷和基底岩性区带，全区基底深度反演是以钻井数据为约束。图 5-41 为 A_2—A_2' 测线 LCT 反演结果，基本揭示了断陷、基底岩性等形态和结构特征。

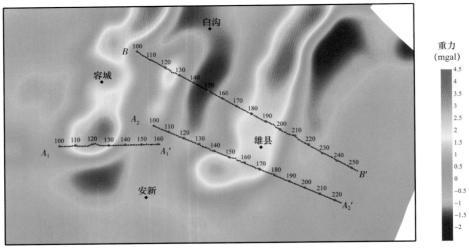

图 5-39　工区及周边布格重力异常图

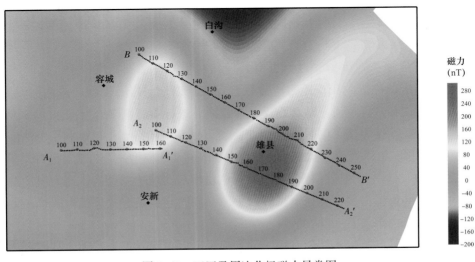

图 5-40　工区及周边化极磁力异常图

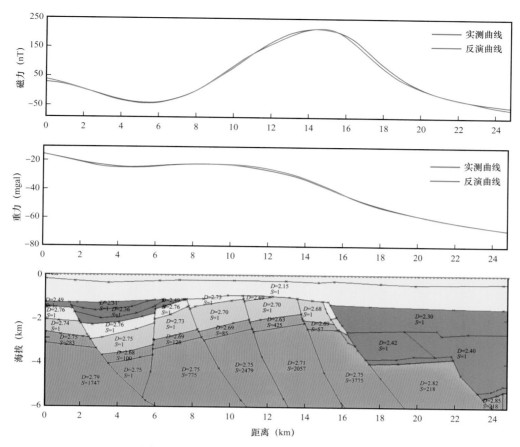

图 5-41　A_2—A_2' 测线重磁电联合反演示意图

D 为密度，单位为 g/cm³；S 为磁化率，单位为 1×10^{-5}SI

4）电阻率剖面综合解释

通过重磁电联合反演，对三条电阻率剖面进行了综合地质解释，解释结果如图 5-42 至图 5-44 所示。

A_1—A_1' 测线位于容城凸起南部，元古宇基底顶面最浅处约 1000m，东段发育 F_3 断层控制的次级断陷，元古宇顶面最大埋深约 2300m。

A_2—A_2' 测线西段为 F_2 断层控制的容城凸起和牛驼镇凸起之间的次级断陷，中段为牛驼镇凸起区，东段为 F_1 断层（牛东断层）控制的霸县凹陷，元古宇顶面最浅埋深约为 900m。

B—B' 测线西段为容城凸起及其东侧的次级断陷，中段为牛驼镇凸起区，东段为 F_1 断层（牛东断层）控制的霸县凹陷，元古宇顶面最浅处约为 900m。

5）断层展布特征

综合重磁电资料，工区内共解释 16 条断层，其中 Ⅰ 级断层 1 条，Ⅱ 级断层 2 条，Ⅲ 级断层 13 条，如图 5-45 所示。

F_{16} 为安新转换断层，倾向由 S 转为 SW 向的 Ⅰ 级断层，具有正断层性质，前人研究认为该断层还具有左行走滑性质。该断层为冀中坳陷北部和中部的分界断层，整体走向在

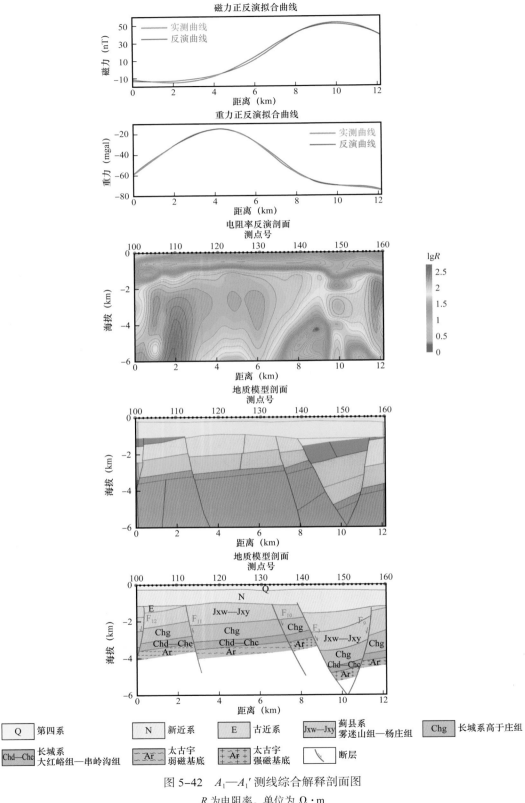

图 5-42　A_1—A_1' 测线综合解释剖面图

R 为电阻率，单位为 Ω·m

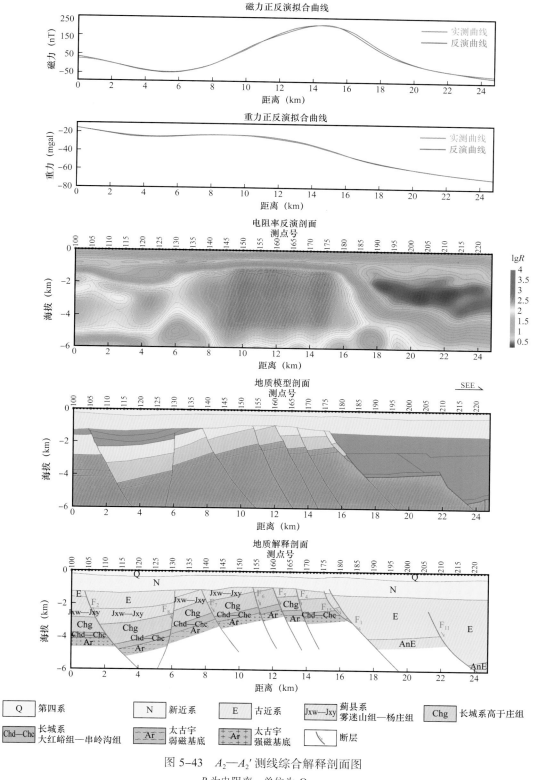

图 5-43 A_2—A_2' 测线综合解释剖面图

R 为电阻率，单位为 $\Omega \cdot m$

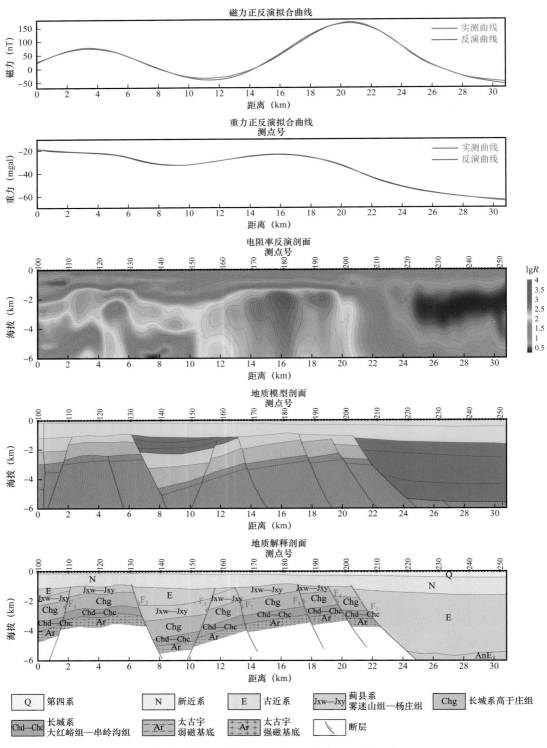

图 5-44　*B—B′* 测线综合解释综合解释剖面图

R 为电阻率，单位为 Ω·m

A_1—A_1' 南侧为近 EW 向，向西延伸出工区；A_1—A_1' 东端南侧走向转为 SEE 向，向东南方向延伸出工区。断层以北由西向东依次发育容城凸起和牛驼镇凸起两处重力高异常带，断层以南整体为重力负异常，属于保定凹陷构造单元，基底埋深迅速增大。重力水平总梯度异常上（图 5-46），重力高值异常有极大值连线性；高磁异常均主要分布在 F_{16} 北侧，西部高磁异常位于容城凸起位置，主体分布于断层 F_2 和 F_3 之间；东部高磁异常位于牛驼镇凸起位置，主体分布于 F_6 断层以西至 F_1 断层一带，如图 5-47 所示。

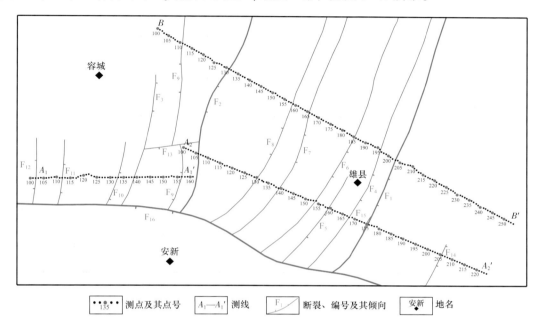

图 5-45　容城—雄县地区断裂分布图

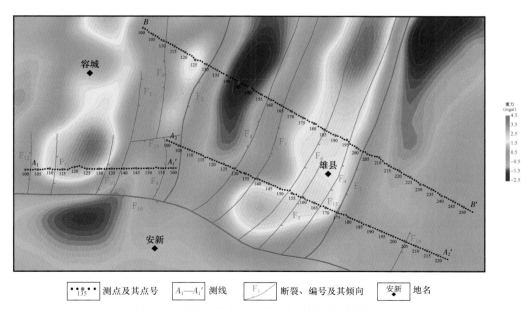

图 5-46　容城—雄县地区断裂与剩余重力异常叠合图

F_1为牛驼镇凸起东部边界断层，其上盘方向为霸县凹陷，倾向 SEE 的 II 级正断裂，其走向为近 NNE 向。穿过 A_2—A_2' 与 B—B' 两条测线，南部为 F_{16} 断层截断，北端向北延伸出工区。在剩余重力异常图上位于一重力高异常东南侧，是重力高异常与低异常的分界线（图 5-47），在重力水平总梯度异常（图 5-48）上的极大值连线，在化极磁力异常图（图 5-47）上正好穿过东部高磁异常高点。

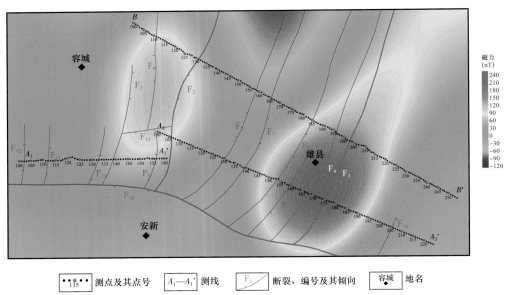

图 5-47　容城—雄县地区断裂与化极磁力异常叠合图

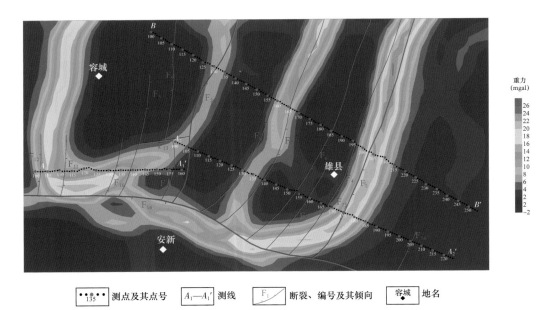

图 5-48　容城—雄县地区断裂与水平总梯度异常叠合图

F_2为容城凸起东部边界断层，同时控制了中间次凹（又称牛北斜坡）的西侧边界。走向近 NNE 向、倾向 SEE 的 II 级正断层。断层穿过 A_2—A_2' 与 B—B' 两条测线，南端交于断

裂 F_{16}，北端向北延伸出工区。在剩余重力异常（图 5-46）上位于一重力高值区东南侧，是重力高异常与低异常的分界线，在重力水平总梯度图（图 5-48）上表现为明显的重力高值连线，化极磁力异常（图 5-47）上在一磁力高的东南侧。

F_3 断层位于容城凸起东部，为走向近 NS 向、倾向 E 的 III 级正断裂。断裂经过 A_1—A_1' 测线。南端交于断裂 F_{16}。剩余重力异常（图 5-46）上位于一重力高值区异常东侧，在向西逐渐抬升的梯度带上，重力水平总梯度异常（图 5-48）上有较明显的连线性，化极磁力异常（图 5-47）上则位于一高磁异常区的西侧。

F_4、F_5、F_6、F_7、F_8 断裂位于牛驼断裂西侧，走向与 F_1 牛驼断裂相似，走向近 NNE 向，其中 F_4、F_5、F_6、F_7 为倾向 SEE 的 III 级正断裂，F_8 为倾向为 SW 的 III 级正断裂。F_4、F_6、F_7、F_8 断裂经过 A_2—A_2' 与 B—B' 两条测线，向北延伸出工区，F_5 断裂只经过 A_2—A_2' 测线，5 条断裂南端均交于断裂 F_{16}。

F_4 断裂位于东部重力高值异常（图 5-46）的东侧，F_5 与 F_6 穿过此处重力高异常，在重力水平总梯度异常（图 5-48）上无明显的异常连线，在磁力异常中均穿过东侧磁力高值异常；F_7 在剩余重力异常上位于重力极高值西侧，重力水平总梯度（图 5-48）上有较为明显的重力高值连线，化极磁力异常（图 5-47）中则位于弱磁异常中。

F_8 断裂为走向近 NNE 向、倾向 NW 的 III 级正断裂，经过 A_2—A_2' 与 B—B' 测线，南端交于断裂 F_{16}，北端延伸出工区。剩余重力异常（图 5-46）上位于低重力异常中，重力水平总梯度异常（图 5-48）上有较明显的异常连线，化极磁力异常（图 5-47）中无明显的反应。

F_9 断裂为走向近 NNE 向、倾向 NWW 的 III 级正断裂，经过 A_1—A_1' 与 B—B' 两条测线，南端交于 F_{16} 断裂，在 A_2—A_2' 测线西端被断裂 F_{13} 错断，向北延伸出工区。剩余重力异常（图 5-46）上位于一中等强度重力异常的西侧，重力水平总梯度异常（图 5-48）上则无明显的异常反映，化极磁力异常（图 5-47）上则穿过一高磁异常。

F_{10} 断裂为走向近 NNE 向、倾向 SE 的 III 级正断裂，南段交于断裂 F_{16}，经过 A_1—A_1' 测线。在剩余重力异常上（图 5-46）、重力水平总梯度异常（图 5-48）与化极磁力异常（图 5-47）中均无明显的异常反映。

F_{11} 断裂为走向近 NNE 向、倾向 E 的 III 级正断裂，经过 A_1—A_1' 测线，剩余重力异常（图 5-46）中位于西部一高值重力异常的西侧，重力水平总梯度异常（图 5-48）中有较明显的异常连线，化极磁力异常（图 5-47）中无明显的异常反映。

F_{12} 断裂为走向 NNE 向、倾向 SSW 的 III 级正断层，在剩余重力异常中（图 5-46）位于西部的重力异常西侧，重力水平总梯度异常（图 5-48）中有较为明显的异常连线，无明显的磁力异常。

F_{13} 位于 A_1—A_1' 与 A_2—A_2' 测线的北侧，被断裂 F_2 与 F_3 所夹持，剩余重力异常（图 5-46）中无明显的异常反映，重力水平总梯度异常（图 5-48）中有较明显的连线性，化极磁力异常（图 5-47）中则位于一中等磁力异常的南侧。

F_{14} 位于工区的 SE 端，经过 A_2—A_2' 测线，无明显的重磁异常反映，根据测井资料与电法资料所解释。

F_{15}两端交于F_1断裂，经过$A_2—A_2'$测线，无明显的重磁异常反映，根据钻井资料解释。

6）元古宇顶面构造特征

综合该区重磁电资料绘制了雄安工区元古宇顶面构造图（图5-49），并对构造单元进行了划分。F_{16}断层以北由西向东分别为近SN向容城凸起、近NNE向中间次凹（前人研究又称牛北斜坡）、近NNE向牛驼镇凸起及霸县凹陷。在$A_1—A_1'$测线东段发育小范围次级凹陷。F_{16}断层以南为保定凹陷范围。

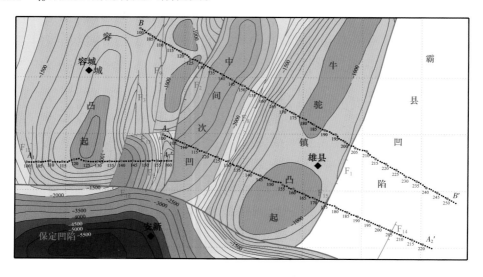

图5-49 容城—雄县地区元古宇顶面构造图

牛驼镇凸起部位基底顶面构造整体NNE向，发育南、北两处构造高点，分别位于$A_2—A_2'$测线130～175号点范围和$B—B'$测线的159～203号点范围，最高点位于$A_2—A_2'$测线的146～172号点与$B—B'$测线的178～189号点处，最浅处埋深约为–1000m。F_8断裂以东等值线较密集，埋深在–1900～–1000m范围内变化，区域的整体埋深由东向西逐渐加深；F_1断层以西元古宇顶面埋深变化幅度较小，埋深在–1100～–900m范围内变化；F_1断裂以东霸县凹陷区域古近系地层厚度大，元古宇顶面埋深较大。

受F_2单断作用控制，其上盘方向发育次级箕状断陷，元古宇顶面西深东浅。工区测线上分别位于$A_2—A_2'$测线的106～113号点与$B—B'$测线的140～146号点处，等值线范围在F_8附近地层相对较陡，等值线较为密集，显示元古宇埋深范围在–2300～–1800m之间。F_2上盘方向地层相对较缓，顶界面埋深范围在–2300～–2100m之间。

断裂F_2以西为容城凸起，于$A_1—A_1'$东段发育局部次级凹陷，其边界为F_3、F_9、F_{13}、F_{16}所控制。其余区域均为凸起区，发育三处构造高点，最高点位于$A_1—A_1'$的122～127号点的北侧，埋深在–900m以浅。工区东北部F_2断裂以西发育有两处构造高点，一处位于$B—B'$的125～129号点范围，另一处位于113～126号点范围。顶界埋深范围在–1600～–1000m，F_3以西顶界面埋深范围在–1700～–1100m之间。

7）高于庄组顶面构造特征

长城系高于庄组顶面构造受断层控制，呈 NNE、近 SN 向断阶特征，整体显示为东西两侧凸起区埋深浅、中间次凹埋深大的特征，如图 5-50 所示。

牛驼镇凸起区测线上位于 $A_2—A_2'$ 的 130～179 号点与 $B—B'$ 的 155～205 号点，顶界面埋深高点位于该区东南部。F_8 以东等值线范围较为密集，表明地层倾角较大，顶面埋深范围为 −2900～−1000m，最高点位于 $A_2—A_2'$ 测线的 158～160 号点范围，埋深最浅约为 −900m。

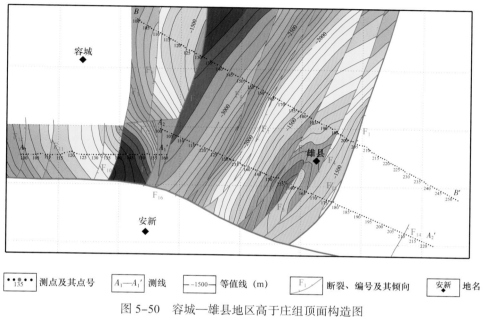

图 5-50　容城—雄县地区高于庄组顶面构造图

F_2 与 F_8 之间为中间次凹区，测线范围在 $A_2—A_2'$ 的 105～130 号点与 $B—B'$ 的 132～155 号点，由东南向西部方向埋深逐渐增加，埋深范围为 −3600～−2600m，最低值位于中间次凹西北部，埋深约为 −3600m。

F_3 南端控制的局部次级凹陷，埋深范围为 −3800～−2500m，显示为东部浅、西南深的特点。

F_2 西侧区域整体位于容城凸起，测线上为 $A_1—A_1'$ 的 100～143 号点范围，$A_2—A_2'$ 的 100～107 号点范围，$B—B'$ 的 100～132 号点点范围，顶面埋深在 F_{13} 以北呈现由东部向西南逐渐加深的趋势，F_{13} 以南 F_3 以东呈现由东部向西南逐渐加深的趋势。F_{13} 以北的高值区域位于 $B—B'$ 测线的 128～132 号点范围，高点处埋深约 −1400m。

8）太古宇顶面构造特征

太古宇顶面构造与长城系高于庄组顶面构造具有相似性，呈 NNE 向断阶状构造特征，如图 5-51 所示。

牛驼镇凸起位置，测线 $A_2—A_2'$ 的 130～182 号点范围与 $B—B'$ 的 149～210 号点范围，顶界埋深范围为 −4100～−2300m，高点位于 $A_2—A_2'$ 测线 162 号点附近，埋深约为 −2300m。

F_1 与 F_7 区域顶界面呈现为由 SE 向 NW 方向逐渐加深的趋势；F_7 与 F_8 区域等值线相对密集，显示由东向西顶界面埋深迅速增加。

中间次凹区域，测线上在 A_2—A_2' 的 110～130 号点范围和 B—B' 的 129～149 号点范围，整体呈现由 SE 向 NW 逐渐加深的趋势，顶界面海拔深度变化范围为 –5100～–3900m，最低值在 F_2 西北端上盘。

F_3 南端控制的局部次级凹陷，顶界埋深范围为 –4700～–3800m，最低点位于 A_1—A_1' 测线 143～148 号点处，埋深约为 –4700m。

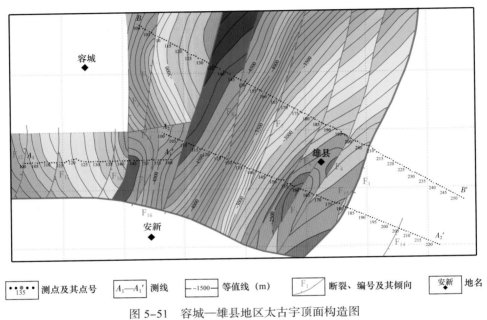

图 5-51　容城—雄县地区太古宇顶面构造图

断裂 F_{13} 以北区域顶界面埋深范围 –4000～–2700m，构造高点位于 B—B' 测线的 129～134 号范围的北部，埋深约为 –2700m。

9）地热地质条件评价

通过综合地质解释对工区构造特征、断层发育、地层分布及深部太古宇内部岩性差异等控热地质因素进行了综合地质解释，以此为基础建立了工区三维地质模型，见图 5-52。三维地质模型直观反映了工区内隆凹格局和断层发育情况，综合分析认为，牛驼镇凸起和容城凸起是区内主要的热流汇集区，与当前实际地热田显示的热异常区域一致。

通过本次物探勘查工作，发现牛驼镇凸起南部牛东断层（F_1）以西发育多条 NNE 走向次级断层，其中 F_4、F_5、F_6 等断层对蓟县系厚度保存、热储层岩溶裂隙发育及热源导通均具有积极意义。同时，上述三条断层发育区域为高磁异常分布区，无论磁异常成因是正变质岩因素还是侵入岩因素，对深部热流向浅部汇集均为有利条件。

综上所述，认为牛驼镇凸起区 F_1 与 F_6 之间的断层带为地热异常条件更好的区域。

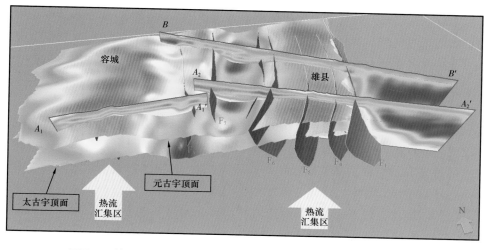

B—B₁′ 时频电磁电阻率 剖面及编号　　◆F₁ 断层面及编号　　容城 地名

图 5-52　容城—雄县地区三维地质模型

第二节　温度场模拟技术及应用

一、三维地温场模拟技术

（一）三维地温场模拟概述

地温场模拟采用的是有限元模拟，将计算区域内的连续温度场离散成有限数量的温度点，然后求出给定条件下这些温度点上的温度值，从而近似地代表需要求解的温度场。当离散的温度点间距越小时，离散点的个数就越多，求得的结果就越近似真实的温度场。但当点数越多时，所需的计算时间就越长，因此在具体计算中采用了基于自适应网格剖分技术，根据实际网格误差情况进行处理，在满足精度要求的情况下，尽量减少离散温度点的个数。同时，采用均衡负载技术提高计算效率，模拟流程如图 5-53 所示。

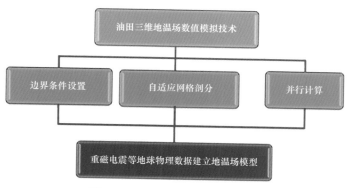

图 5-53　三维地温场模拟功能图

热传递方程的求解一般可通过解析法或数值模拟法进行求解。在地热场中，由于地壳内部地质条件相当复杂，岩石的各种热物理参数各不相同，计算区域的边界会因地貌地形等的不同而呈现出各种不规则的形态，这些都使得求解式的解析解面临很大的困难。只有在一些较为简单而特殊的情况下才能得到相应的解析解，因而一般情况下采用数值计算的方法来进行求解。

温度场的数值计算方法，目前常用的包括有限差分法和有限单元法两种。有限差分法是一种比较老的计算方法，它通过热传递偏微分方程、初始条件和边界条件，推导节点温度的线性代数方程，但当物性参数复杂分布或场域的几何特征不规则时，其适应性较差。有限单元法是20世纪50年代首先在弹性力学中发展起来的，其主要优点是适用于物性参数复杂分布的区域。有限单元法是从微分方程出发，通过加权余量法推导出节点温度线性代数方程，它具有精度高和适应能力强的优点。

（二）三维地温场控制方程

在温度连续分布的三维介质空间中，热传递方程可表示为

$$\frac{\partial}{\partial x}\left(k\frac{\partial T}{\partial x}\right)+\frac{\partial}{\partial y}\left(k\frac{\partial T}{\partial y}\right)+\frac{\partial}{\partial z}\left(k\frac{\partial T}{\partial z}\right)+Q$$

$$=C_{w}\rho_{w}\left[\frac{\partial}{\partial x}\left(v_{x}\cdot T\right)+\frac{\partial}{\partial y}\left(v_{y}\cdot T\right)+\frac{\partial}{\partial z}\left(v_{z}\cdot T\right)\right]+C\rho\frac{\partial T}{\partial t}$$

（5-1）

式中，k 为介质热导率 W/（m·K）；T 为温度，℃；Q 为单位体积、单位时间内热源产生的热量，J；C_{w} 为流体的比热容，J/（kg·K）；ρ_{w} 为流体的密度，kg/m³；C 为介质的比热，J/（kg·K）；ρ 为介质的密度，kg/m³；v_{x}、v_{y} 和 v_{z} 分别为流体在 z、y、z 方向上的流速，m/s。

假定每个单元内部的热物理参数都为常数，式（5-1）可改写为

$$k\left(\frac{\partial^{2}T}{\partial x^{2}}+\frac{\partial^{2}T}{\partial y^{2}}+\frac{\partial^{2}T}{\partial z^{2}}\right)+Q$$

$$=C_{w}\rho_{w}\left(v_{x}\frac{\partial T}{\partial x}+v_{y}\frac{\partial T}{\partial y}+v_{z}\frac{\partial T}{\partial z}\right)+C\rho\frac{\partial T}{\partial t}$$

（5-2）

根据变分原理，对式（5-2）中的每一项乘以 δT，并积分，有

$$\iiint_{A}k\left(\frac{\partial^{2}T}{\partial x^{2}}+\frac{\partial^{2}T}{\partial y^{2}}+\frac{\partial^{2}T}{\partial z^{2}}\right)\delta Tdxdydz+\iiint_{A}Q\delta Tdxdydz$$

$$=\iiint_{A}C_{w}\rho_{w}\left(v_{x}\frac{\partial T}{\partial x}+v_{y}\frac{\partial T}{\partial y}\right)\delta Tdxdydz+\iiint_{A}C\rho\frac{\partial T}{\partial t}\delta Tdxdydz$$

（5-3）

对式（5-3）进行变换，有

$$k \iiint_A \left(\frac{\partial^2 T}{\partial x^2} + \frac{\partial^2 T}{\partial y^2} + \frac{\partial^2 T}{\partial z^2} \right) \delta T \mathrm{d}x \mathrm{d}y \mathrm{d}z + Q \iiint_A \delta T \mathrm{d}x \mathrm{d}y \mathrm{d}z$$

$$\text{（5-4）}$$

$$= C_{\mathrm{w}} \rho_{\mathrm{w}} \iiint_A \left(v_x \frac{\partial T}{\partial x} + v_y \frac{\partial T}{\partial y} \right) \delta T \mathrm{d}x \mathrm{d}y \mathrm{d}z + C \rho \iiint_A \frac{\partial T}{\partial t} \delta T \mathrm{d}x \mathrm{d}y \mathrm{d}z$$

式中，积分域 A 为计算区域离散成的多边形单元。即微分方程式（5-2）可以通过变分式（5-4）求其近似解。

（三）地温场边界条件

在程序设计中，规定前、后、左、右四个垂直边界为绝热边界，即 $q_x = -k \partial T / \partial x = 0$，$q_y = -k \partial T / \partial y = 0$。规定计算区域的上边界为常温边界，下边界为温度边界或热流边界，具体情况根据计算模型的要求而定。对于上边界，需要给出 $NX+1$ 个节点温度值 $T_{\mathrm{u}, i}$。对于下边界，当边界条件为温度边界时，也需要给出 $NX+1$ 个节点温度值 $T_{1, i}$；当边界条件为热流值边界时，需要给出 $NX+1$ 个热流值 q_i。

对于非稳定温度场的计算，除了需要作为初始温度场的节点温度值外，还需要给出差分时间段 $N=\mathrm{NDT}$ 和时间差分间隔 $\Delta t = \mathrm{DT}$，其中 NDT 和 DT 分别为程序中相应的 N 和 Δt。根据差分原理，时间差分间隔 Δt 需满足

$$\Delta t \leqslant \frac{L^2}{2d} \qquad \text{（5-5）}$$

式中，L 为计算区域内单元网格的最小宽度；d 为计算区域内岩石的热扩散系数。

计算区域内网格划分得越密，Δt 值越小，计算精度则越高。所以在式（5-3）条件下，根据计算精度的要求，尽量选取合适的网格单元和时间间隔。

对于如何给定温度场的节点的初始温度值，有以下三种方法：

（1）当初始温度场为等温场时，区域内节点的温度等于同一个温度常数。这时，该温度常数的具体值作为原始数据输入程序。

（2）给定上边界和下边界的初始温度时，计算区域内部的节点的温度要通过线性内插计算才能获得。设上、下边界的初始温度分别为 $T_{\mathrm{w}0}$、T_{10}，则区域内部第 i 列第 j 行的温度值 $T_{i, j}$ 为

$$T_{i,j} = T_{10} + \left(T_{\mathrm{u}0} - T_{10} \right) \frac{y_{i,j} - y_{i,1}}{y_{i,NY+1} - y_{i,1}} \qquad \text{（5-6）}$$

式中，$y_{i,j}$ 为第 i 列第 j 行的纵坐标值；$y_{i,NY+1}$ 和 $y_{i,1}$ 分别为区域下边界和上边界的纵坐标值。

由于边界的初始温度与边界温度无关，因此对非稳定温度场，边界上的节点要给定初始温度值和边界温度值。

在某矩形区域内，当横坐标和纵坐标的最大值及最小值分别为 $x_{\max}$、$x_{\min}$，$y_{\max}$、$y_{\min}$，温度常数为 T_{c}，则当节点（x_i, y_i）落于该区域内时，即节点坐标满足 $x_{\min} \leqslant x_{i, j} \leqslant x_{\max}$ 且 $y_{\min} \leqslant y_{i, j} \leqslant y_{\max}$ 时，该节点的温度 $T_{i, j}$ 等于 T_{c}。

用这种方法确定计算区域的初始温度值时，需要给出 $T_{u0}T_{l0}$、$x_{\max}$、$x_{\min}$、$y_{\max}$、$y_{\min}$、T_c 这些常数的具体值，从而输入到程序中进行计算。

（3）区域内各节点的初始温度都作为原始数据给出。此时节点的初始温度作为原始数据输入时，初始温度值的个数根据单元节点的总数来确定的。输入过程中，需要注意节点温度的输入顺序。节点较多时输入量较大，所以在模型计算中基本没用到这种给定方法。

（四）基于三维有限元技术的网格划分

用有限单元法求解温度场的变分问题时，先将整个计算区域划分成一系列的单元。值得注意的是，单元网格划分时，一方面要依据计算区域的热物理性质，另一方面要依据计算的目的。本节采用六面体单元作为基本的单元形状，见图 5-54。

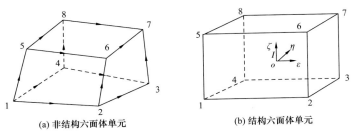

图 5-54　六面体基本单元示意图

（五）温度场线性插值

为了把单元泛函化为节点温度的函数，首先把单元内部任意一点的温度近似表示为空间坐标和节点温度的线性函数。在有限单元法中，一般用单元各节点温度的线性插值多项式作为单元泛函的近似解，即：

$$T(x,y,z) = \sum N_k(x,y,z)T_k \qquad (5\text{-}7)$$

式中，$N_k(x，y，z)$ 为形函数。

假定单元内部的温度分布是坐标 x，y 的线性函数，可表示为

$$\boldsymbol{T}=a+bx+cy+dz \qquad (5\text{-}8)$$

将单元的坐标和其对应的温度值代入式（5-6），有

$$\begin{cases} \boldsymbol{T}_i = a + bx_i + cy_i + dz_i \\ \boldsymbol{T}_j = a + bx_j + cy_j + dz_j \\ \boldsymbol{T}_k = a + bx_k + cy_k + dz_k \end{cases} \qquad (5\text{-}9)$$

以二维形式为例，写成矩阵形式，为

$$\begin{bmatrix} 1 & x_i & y_i \\ 1 & x_j & y_j \\ 1 & x_k & y_k \end{bmatrix} \begin{bmatrix} a \\ b \\ c \end{bmatrix} = \begin{bmatrix} \boldsymbol{T}_i \\ \boldsymbol{T}_j \\ \boldsymbol{T}_k \end{bmatrix} \qquad (5\text{-}10)$$

用矩阵求逆方法可求出 a、b、c 的值，即

$$\begin{cases} a = \dfrac{1}{2\Delta}\Big[\big(x_j y_k - x_k x_j\big)\boldsymbol{T}_i + \big(x_k y_i - x_i y_k\big)\boldsymbol{T}_j + \big(x_i y_j - x_j y_i\big)\boldsymbol{T}_k\Big] \\[2mm] b = \dfrac{1}{2\Delta}\Big[\big(y_j - y_k\big)\boldsymbol{T}_i + \big(y_k - y_i\big)\boldsymbol{T}_j + \big(y_i - y_j\big)\boldsymbol{T}_k\Big] \\[2mm] c = \dfrac{1}{2\Delta}\Big[\big(x_k - x_j\big)\boldsymbol{T}_i + \big(x_i - x_k\big)\boldsymbol{T}_j + \big(x_j - x_i\big)\boldsymbol{T}_k\Big] \end{cases} \tag{5-11}$$

式中，Δ 为拉普拉斯算子。令

$$\begin{cases} a_i = x_j y_k - y_k y_j \\ b_i = y_j - y_k \\ c_i = x_k - x_j \\ a_j = x_k y_i - x_i y_k \\ b_j = y_k - y_i \\ c_j = x_i - x_k \\ a_k = x_i y_j - x_j y_i \\ b_k = y_i - y_j \\ c_k = x_j - x_i \end{cases} \tag{5-12}$$

将式（5-9）和式（5-10）代入式（5-6），整理后得

$$\boldsymbol{T} = \frac{1}{2\Delta}\Big[\big(a_i + b_i x + c_i y\big)\boldsymbol{T}_i + \big(a_j + b_j x + c_j y\big)\boldsymbol{T}_j + \big(a_k + b_k x + c_k y\big)\boldsymbol{T}_k\Big]$$

$$= N_i \boldsymbol{T}_i + N_j \boldsymbol{T}_j + N_k \boldsymbol{T}_k \tag{5-13}$$

式中，$[\boldsymbol{N}]$ 为单元的形函数，其表达式为

$$\begin{cases} [\boldsymbol{N}] = \big[\boldsymbol{N}_i, \boldsymbol{N}_j, \boldsymbol{N}_k\big] \\[2mm] \boldsymbol{N}_i = \dfrac{1}{2\Delta}\big(a_i + b_i x + c_i y\big) \\[2mm] \boldsymbol{N}_j = \dfrac{1}{2\Delta}\big(a_j + b_j x + c_j y\big) \\[2mm] \boldsymbol{N}_k = \dfrac{1}{2\Delta}\big(a_k + b_k x + c_k y\big) \end{cases} \tag{5-14}$$

Δ 表达式为

$$\Delta = \frac{1}{2}\big(b_i c_j - b_j c_i\big) = \frac{1}{2}\begin{vmatrix} 1 & x_i & y_i \\ 1 & x_j & y_j \\ 1 & x_k & y_k \end{vmatrix} \tag{5-15}$$

$\{\boldsymbol{T}\}$ 为三角单元的节点温度列向量，其表达式为

$$\{T\} = \begin{Bmatrix} T_i \\ T_j \\ T_k \end{Bmatrix} \qquad (5-16)$$

因此，在单元内部任意一点（x，y）上的温度 T（x，y），均可以形函数表示为

$$T = [N]\{T\} \qquad (5-17)$$

本节从地温场的控制方程出发，基于加权余量法得到了与微分方程等价的泛函形式，采用六面体单元对整个计算区域进行离散。在有限元理论中，一旦全局网格密度满足一定条件，有限元解的精度在很大程度上受局部网格密度的影响。相较于全局网格加密，最优的方法是进行自适应局部网格加密。

（六）基于后验误差估计的三维温度场模拟

采用基于后验误差估计的三维温度场自适应技术，在热物理性质变化较大的区域应适当加密网格单元，而热物理性质相同或变化很小的区域可相对适当地减少单元的数量，从而在保证三维模拟精度的情况下，提高模拟速度。本节采用残差型的后验误差估计子，应用 BHHW 插值算子和 Scott-Zhang 插值算子，分析哪些可以作为数值解误差的有效估计。首先考虑控制方程在单元 e 上的残差：

$$r_e = \nabla \cdot (k\nabla T) + \rho \qquad (5-18)$$

$$q = -k\nabla T \qquad (5-19)$$

式（5-18）和式（5-19）中，k 为介质热导率；T 为温度；q 为大地热流值；ρ 为热流密度。若数值解完全满足地温场偏微分方程，则 r_e 应为 0。

另外，温度场在计算区域上应满足一定的边界条件，在网格中的一个内部面 f 上，大地热流值是连续的，分别用 k_-、k_+ 和 ∇T_-、∇T_+ 表示面 f 两侧单元在该面上的热导率和地温梯度，则应满足：

$$\boldsymbol{n}_f \cdot (k_-\nabla T_- - k_+\nabla T_+) = 0 \qquad (5-20)$$

式中，$\boldsymbol{n}_f$ 为该面上法向量。

结合残差项和连续性条件，使用如下公式来估计数值解的误差。后验误差表示为

$$\eta^2 = \eta_{e,R}^2 + \eta_{e,J}^2 \qquad (5-21)$$

式中，$\eta_{e,R}$ 为方程残差项；$\eta_{e,J}$ 为连续性条件项。形式分别为

$$\eta_{e,R} = h_e^2 \left\| r_e \right\|_e^2 \qquad (5-22)$$

$$\eta_{e,J}^2 = \frac{1}{2} \sum_{f=1}^{6} h_f \left(\boldsymbol{n}_f \cdot k\nabla T \right)^2 \qquad (5-23)$$

其中，h_e 和 h_f 分别为单元 e 和面 f 的直径，且

$$\|r_e\|_e = \iiint_e |r_e| \mathrm{d}v \tag{5-24}$$

$$\left[\boldsymbol{n}_f \cdot k\nabla T\right]_f = \iint_f \left|\boldsymbol{n}_f \cdot (k_-\nabla T_- - k_+\nabla T_+)\right| \mathrm{d}s \tag{5-25}$$

从而

$$\begin{aligned}
a(v-v_h, v) = & \left[f + k^2 v_h - \mathrm{curl}\left(\mu^{-1}\mathrm{curl}\ v_h\right) \cdot \psi - \prod_h \psi\right] \\
& + \sum_{F \in F_h} \int_F \left[\mu^{-1}\mathrm{curl}\ v_h \times n\right]\left(\psi - \prod_h \psi\right) \\
& - \left[\mathrm{div}\left(f + k^2 v_h\right) \cdot \psi - P_h \varphi\right] \\
& + \sum_{F \in F_h} \int_F \left[\left(f + k^2 v_h\right) \cdot n\right]\left(\varphi - P_h \varphi\right)
\end{aligned} \tag{5-26}$$

根据 Scott–Zhang 插值算子和 BHHW 插值算子的逼近性质，得到

$$\begin{aligned}
a(v-v_h, v) \leqslant & \sum_{T \in T_h} \left\|f + k^2 v_h - \mathrm{curl}\left(\mu^{-1}\mathrm{curl}\ v_h\right)\right\|_{0,T} \left\|\psi - \prod_h \psi\right\|_{0,T} \\
& + \sum_{F \in F_h} \left\|\left[\mu^{-1}\mathrm{curl}\ v_h \times n\right]\right\|_{0,F} \left\|\psi - \prod_h \psi\right\|_{0,F} \\
& - \sum_{T \in T_h} \left\|\mathrm{div}\left(f + k^2 v_h\right)\right\|_{0,T} \left\|\varphi - P_h \varphi\right\|_{0,T} \\
& + \sum_{F \in F_h} \left\|\left[\left(f + k^2 v_h\right) \cdot n\right]\right\|_{0,F} \left\|\varphi - P_h \varphi\right\|_{0,F} \\
\leqslant & \sum_{T \in T_h} \left\|f + k^2 v_h - \mathrm{curl}\left(\mu^{-1}\mathrm{curl}\ v_h\right)\right\|_{0,T} Ch_T \left|\psi\right|_{1,D_T} \\
& + \sum_{F \in F_h} \left\|\left[\mu^{-1}\mathrm{curl}\ v_h \times n\right]\right\|_{0,F} Ch_T^{\frac{1}{2}} \left|\psi\right|_{1,D_F} \\
& - \sum_{T \in T_h} \left\|\mathrm{div}\left(f + k^2 v_h\right)\right\|_{0,T} Ch_T \left|\varphi\right|_{1,D_T} \\
& + \sum_{F \in F_h} \left\|\left[\left(f + k^2 v_h\right) \cdot n\right]\right\|_{0,F} Ch_F^{\frac{1}{2}} \left|\varphi\right|_{1,D_F} \\
\leqslant & C\left(\sum_{T \in T_h} \eta_T^2 + \sum_{F \in F_h} \eta_F^2\right)^{\frac{1}{2}}\left(\left|\varphi\right|_{1,D_T} + \left|\psi\right|_{1,D_F}\right) \\
a(v-v_h, v) \leqslant & C\left(\sum_{T \in T_h} \eta_T^2 + \sum_{F \in F_h} \eta_F^2\right)^{\frac{1}{2}} \left\|v\right\|_{H(\mathrm{curl};\Omega)}
\end{aligned} \tag{5-27}$$

结合 $\|v-v_h\|_{H(\mathrm{curl};\Omega)} \leqslant \mathrm{Sup} \dfrac{a(v-v_h,v)}{H(\mathrm{curl};\Omega)}$ 可得

$$\eta^2 = \sum_{T \in T_h} \eta_T^2 + \sum_{F \in F_h} \eta_F^2 \tag{5-28}$$

其中

$$\eta_T^2 = h_T^2 \left[\left| J + k^2 E - \nabla \times \mu^{-1} \times E \right|_T^2 + \left| \mathrm{div} \left(J + k^2 E \right) \right|_T^2 \right] \qquad (5\text{-}29)$$

$$\eta_F^2 = h_F \left(\left\| \left(\mu^{-1} \nabla \times E \right) \times n \right\|_F^2 + \left\| \left(J + k^2 E \right) \cdot n \right\|_F^2 \right) \qquad (5\text{-}30)$$

全局误差指示值和最大误差指示值分别为

$$\eta_h^2 = \sum_{T \in T_h} \eta^2 \qquad (5\text{-}31)$$

$$\eta_{\max} = \max_{T \in T_h} \eta^2 \qquad (5\text{-}32)$$

自适应有限元方法的另一个关键模块是网格单元类型及加密策略的选取。本节采用六面体网格对求解区域进行剖分。六面体的网格加密过程要相对复杂一些。本节的算法基于八叉树，即将需要加密的网格分成八个子六面体。加密过程如图 5-55 所示。

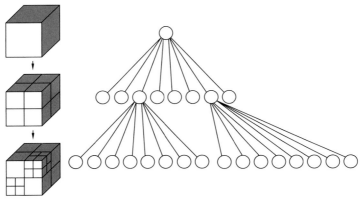

图 5-55　六面体网格加密过程

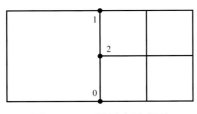

图 5-56　二维悬点示意图

采用六面体网格进行加密时，加密的网格和它的相邻网格之间会出现悬点（hanging node），破坏了网格的一致性。为解决这个问题，本节采用对自由度强加约束的办法解决悬点问题。为图形描述方便，下面以二维网格为例进行说明（图 5-56）。

如图 5-56 所示，在对右边部分的网格进行加密之后，节点 2 既在右侧网格的边上，又出现在左侧网格的边上，即为悬点。为保证连续性，要对其强加约束。假设采用线性节点元，则有

$$x_2 = \frac{1}{2}(x_0 + x_1) \qquad (5\text{-}33)$$

线性棱边元与其类似，有

$$x_{01} = \frac{1}{2}(x_{12} + x_{02}) \tag{5-34}$$

在组装矩阵时将约束加入线性方程组中，从而保证了结果的连续性。

在给定误差指示子的情况下，如何选取单元进行加密/放粗同样会影响自适应有限元的收敛性和效率。常用的单元标记策略主要有最大误差策略（max error stratedy）、误差等分布策略（error equidistribution stratedy）、保证误差下降策略（guaranteed error reduction strategy）、MNS策略（MNS-refinement strategy）等。首先介绍几个符号：M 表示当前网格单元的集合；S 表示当前面的集合；η_k（$k \in M$）和 η_e（$e \in S$）分别表示在单元和面上的误差指示子；osc 表示数据震荡的量。常用的加密策略有以下几种：

（1）最大误差策略：需要加密的单元应该满足如式（5-35）所示的不等式条件

$$\eta_k > \gamma \max_{k \in M} \eta_k \tag{5-35}$$

式中，$\gamma \in (0, 1)$，对于二范数的后验误差估计子，一般取 $\gamma = 0.5$。

（2）误差等分布策略：令 N_k 为 M 中的单元数目，如果令 $\eta = \left(\sum_{k \in M} \eta_k^p \right)^{1/p}$，并且误差在所有单元上平均分配，$p$ 表示误差指示子的方次（一般取2）。那么：

$$N_k^{1/p} \eta_k \leqslant \text{tol} \ \Rightarrow \ \eta_k \leqslant \frac{\text{tol}}{N_k^{1/p}} \tag{5-36}$$

为了使误差在单元中平均分配，选取不满足以上不等式的单元进行加密。

（3）保证误差下降策略：该策略是一种能保证相对误差下降的策略，假设如下。

① 问题的已知数据（例如系数右端项等）由当前网格上的值所决定，即可以忽略数值积分的误差。

② 进行加密的单元每一条边至少要二分一次。给定 $\theta_k \in (0, 1)$，集合 $A \subseteq M$ 中的单元为加密，使得

$$\sum_{k \in A} \eta_k^p \geqslant \theta^p \sum_{k \in M} \eta_k^p \tag{5-37}$$

（4）MNS策略：

① 给定参数 $0 < \theta < 1$，构造满足下面不等式 H 的最小子集 H_1，使得

$$\left(\sum_{e \in H_1} \eta_e^2 \right)^{1/2} \geqslant \theta \left(\sum_{e \in H} \eta_e^2 \right)^{1/2} \tag{5-38}$$

② 设 S_1 是所有至少有一条边落在 H_1 中加密单元所组成的集合，则 S_1 是网格单元的最小子集，它的每个元素满足如下不等式：

$$\text{osc}_S \geqslant \theta_2 \text{osc}_M \tag{5-39}$$

式中，$\theta_2 \in (0, 1)$。

常用的放粗策略有如下几种：

（1）最大误差策略：给定参数 $\gamma > \gamma_c$ 满足式（5-40）的单元为放粗：

$$\eta_k^p + \eta_{c,k}^p \leqslant \gamma_c \max_{k \in M} \eta_k^p \tag{5-40}$$

（2）误差等分布策略：给定参数 θ_c，满足式（5-41）的单元为放粗：

$$\eta_k + \eta_{c,k} \leqslant \theta_c \frac{\text{tol}}{N_k^{1/p}} \tag{5-41}$$

（3）保证误差下降策略：给定 $\theta_c \in （0，1）$，集合 $A \in B \subseteq M$ 中的单元为放粗，使得

$$\sum_{k \in B} \left(\eta_k^p + \eta_{c,k}^p \right) \leqslant \theta_c \frac{\text{tol}}{N_k^{1/p}} \tag{5-42}$$

自适应有限元采用最大误差加密策略，其算法步骤如下（图5-57）：

设解的精度 tol > 0，输入初始网格剖分 T_0。令 $T_0 = T_h$。

步骤1：在网格 T_0 上求解离散方程。

步骤2：计算后验误差估计 η、η_h 和 $\eta_{\max}$。

步骤3：当 $\eta_h > \text{tol}$ 时，循环执行如下操作：

① 在网格剖分 T_h 中选择 $\eta > \frac{1}{2}\eta_{\max}$ 的单元 T 进行局部加密，得到新的网格 T_h。

② 在网格剖分 T_h 上求解离散方程问题。

③ 计算网格剖分 T_h 上解的后验误差估计 η、η_h 和 $\eta_{\max}$。

步骤4：达到计算精度，输出计算结果。

图5-58为三维地热地质模型示意图，图5-59为地热地质模型5次自适应网格逐次加密剖分结果。

（七）均衡负载策略

在并行计算过程中，各处理器所承担的计算任务并不均衡，极大地阻碍了算法和软件的可扩展性。例如，组装矩阵时，系统中的某个处理器承担了一半的任务量，此时不管系统中有多少个处理器，都要等待这个处理器完成后，才能进行稀疏矩阵的运算，这种情况下算法和软件的最大加速比为2，因为系统中有再多的处理器也只是承担了其余一半的任务量，从而造成计算资源的极大浪费。在这里讨论并解决这个问题，本节重点讨论负载平衡方案。负载平衡通常有两种方案：（1）静态负载平衡，保证分割的各区域大体均衡地分布在不同核上的前提下，将目标区域分割成多个可并行执行的部分；（2）动态负载平衡，在并行计算过程中动态地对目标区域进行分配以达到负载平衡的目的。

METIS 软件包完成静态划分工作，METIS 提供了划分无向图的两种算法：多层递归二分算法和多层 K 路划分算法。在多层递归二分算法中，在初始化阶段通过多次二分将图划分为两个部分，之后对二分图进行细化操作。多层 k 路划分算法在初始划分阶段直接将图划分为 k 个部分，然后对 k 分图进行细化。在实现中，采用了多层 k 路划分算法对计算区域进行划分。将全局计算区域分解为若干个子区域，每个子区域只与它相邻子区域存

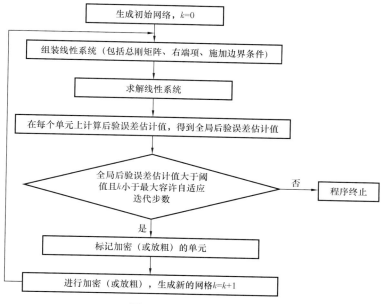

图 5-57　自适应示意图

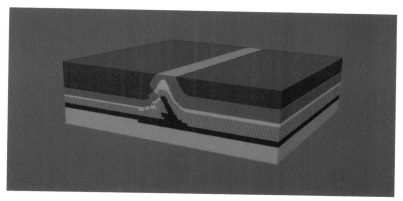

图 5-58　三维模型示意图

在耦合关系，从而保证各进程并行计算时进程间通信量最少。各个子区域的网格数基本相同，各进程间的负载平衡就得到了保证。大规模地温场数据并行求解的关键因素之一是处理好进程间的数据分布。本节使用 METIS 进行网格划分，每个进程仅存储该子网格、定义在其上的数据以及负责一个子网格上的计算，不在本地的数据在需要时通过进程间通信获得。图 5-60 展示了计算区域通过 METIS 被分为三个子区域，网格通过划分以满足动态负载平衡。

（八）三维并行计算

对于给定的一个矩阵方程式

$$Ax=b$$

（5-43）

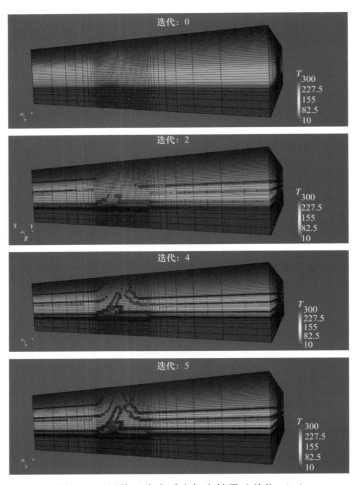

图 5-59　网格五次自适应加密结果（单位：℃）

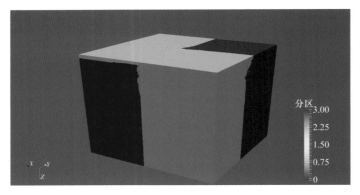

图 5-60　基于 METIS 区域分解示意图

如果系数矩阵 A 可分解为

$$A = LDL^{\mathrm{T}} \tag{5-44}$$

式中，L 为下三角矩阵；L^{T} 为下三角矩阵 L 的转置矩阵；D 为对角矩阵。这样，矩阵方程的解可通过下列方式获得：

1. 前推解下列方程

$$\boldsymbol{L}\boldsymbol{y}=\boldsymbol{b} \tag{5-45}$$

2. 回代求解下列式子

$$\boldsymbol{L}^{\mathrm{T}}\boldsymbol{x}=\boldsymbol{D}^{-1}\boldsymbol{y} \tag{5-46}$$

这种方法称为 $\boldsymbol{LDL}^{\mathrm{T}}$ 分解方法。该方法可以总结为

（1）先矩阵分解

$$\begin{cases} \text{(i)} \quad d_{11}=a_{11} \\ \text{(ii)} \quad d_{jj}=a_{jj}-\sum_{k=1}^{j-1}l_{jk}^2 d_{kk}, \qquad j>1 \\ \text{(iii)} \quad l_{ij}=\dfrac{1}{d_{jj}}\left(a_{ij}-\sum_{k=1}^{j-1}l_{ik}d_{kk}l_{jk}\right), \qquad i>j \end{cases} \tag{5-47}$$

（2）再求解 $\boldsymbol{y}$

$$\begin{cases} y_1=b_1 \\ y_i=b_i-\sum_{k=1}^{i-1}l_{ik}y_k, \qquad i>1 \end{cases} \tag{5-48}$$

（3）最后求解 $\boldsymbol{x}$

$$\begin{cases} x_n=y_n/d_{nn} \\ x_i=\dfrac{1}{d_{ii}}\left(y_i-\sum_{k=i+1}^{n}l_{ki}d_{ii}x_k\right) \end{cases} \tag{5-49}$$

在实际有限元计算中，由于系数矩阵 $\boldsymbol{A}$ 通常是变带宽的大型稀疏矩阵，其中第一类零元素在 $\boldsymbol{LDL}^{\mathrm{T}}$ 分解计算中不做任何改变，因此可不予处理。若依然采用等带宽的存储格式会造成内存的极大浪费，因此采用变带宽的存储格式：在矩阵的各行中，将左边第一个非零元素到对角元素的每一个元素一行接一行地排成一个向量 $\boldsymbol{A}$，同时把矩阵各行的对角元素在向量 $\boldsymbol{A}$ 中的位置编号排成一个大小为 N 的地址向量 $\boldsymbol{AD}$，以此来存储这一矩阵。

矩阵 $\boldsymbol{A}$ 中的元素 a_{ij} 可通过 i、j、$\boldsymbol{AD}$ 在 $\boldsymbol{A}$ 中找到：

$$a_{ij}=\begin{cases} \boldsymbol{A}\big(\boldsymbol{AD}(i)-i+j\big), & \boldsymbol{AD}(i)-i+j>\boldsymbol{AD}(i-1) \\ 0, & \boldsymbol{AD}(i)-i+j\leqslant \boldsymbol{AD}(i-1) \end{cases} \tag{5-50}$$

另外，第 i 行中第一个非零元素所在的列号为 $IH(i)=\boldsymbol{AD}(i-1)-\boldsymbol{AD}(i)+i+1$。

采用变带宽存储格式时，矩阵经 $\boldsymbol{LDL}^{\mathrm{T}}$ 分解后仍保留原矩阵的变带宽带状结构，即 $\boldsymbol{L}$ 矩阵与 $\boldsymbol{A}$ 矩阵有同样的各行局部带宽，这样可用类似于 $\boldsymbol{A}$ 矩阵的存储格式，计算中用 $\boldsymbol{L}$ 矩阵逐个覆盖 $\boldsymbol{A}$ 矩阵。

从公式可以看出，针对矩阵 $\boldsymbol{A}$ 的 $\boldsymbol{LDL}^{\mathrm{T}}$ 分解，可采用如图 5-61 所示（其中箭头表示

计算顺序）的两种分解步骤：

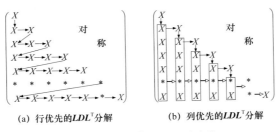

(a) 行优先的 $\mathbf{LDL}^\mathrm{T}$ 分解　　　　(b) 列优先的 $\mathbf{LDL}^\mathrm{T}$ 分解

图 5-61　$\mathbf{LDL}^\mathrm{T}$ 分解两种步骤

一是如图 5-61（a）所示的行优先，即从第 1 行开始，对每行的元素逐个进行分解，第 i 行处理完毕后再进行第 i+1 行的处理，直至第 N 行的第 N 个元素。在该步骤中，第 i 行第 j+1 列元素处理之前，必须先处理完毕第 i 行≤j 列的所有元素，因为各行中列编号大的元素处理时要用到前面的计算结果，也就是说各行中各元的计算具有明确的先后顺序，因此不能以行优先的方式实现并行的 $\mathbf{LDL}^\mathrm{T}$ 分解。该分解算法步骤是目前大多串行程序通常采用的计算步骤。

二是如图 5-61（b）所示的列优先，即先分解第 1 列，对第 1 列中的每个元素进行逐个分解，第 j 列处理完毕后再处理第 j+1 列，直至第 N 列的一个元素处理完毕。在该步骤中，首先需要把第 j 行第 j 列的元素 a_{jj} 处理为 d_{jj}，因为如式（5-47）的第（iii）式所示第 j 列中 $i>j$ 的元素求解需要用到 d_{jj}。在该列中 $i>j$ 的元素求解顺序则无关紧要，这就为对称矩阵的 $\mathbf{LDL}^\mathrm{T}$ 分解的并行处理提供了可能。因此，在本节并行算法实现中，采用列优先的步骤进行变带宽矩阵的 $\mathbf{LDL}^\mathrm{T}$ 分解。

在并行计算中对计算任务分割时，最优化的分割方案应满足负载均衡的要求。所谓负载均衡就是指分配到各个处理器的计算任务与其计算性能相匹配，使得同步计算达到最少的等待时间，以最大限度地缩短计算时间。例如，在各处理器内存足够的情况下，处理器上分配的计算任务量与其 CPU 主频成比例，这样才能达到计算等待时间最少，有效利用计算资源的目的。一个最佳的结构设置原则是，具有相同计算能力的处理器（同构处理器）获得相同（后面未特别指出均指同构处理器）的计算任务量。

如图 5-62（a）为一个处理器等待多个处理器的情况，就是近似负载平衡；图 5-62（b）为相反的多处理器等待一个处理器的形式，则是对计算资源的严重浪费，这也是负载不平衡的典型状态。

这里，仅考虑同构处理器所构建的并行机或并行机群，因此需要对第 j 列中所有待计算的行进行基本等分的任务分配。这里以第 j 列为例进行分析。

由于该列中处理任何一个 a_{ij} 时均需要先得到 d_{jj}，若把计算 d_{jj} 的任务分配给某一个处理器进行计算时，其他处理器依然处于等待状态，计算 d_{jj} 完毕之后还要把它传播给所有的处理器，这需要增加相应的传播时间（尽管时间很短）。因此，让所有的处理器均计算一次 d_{jj}，与前者相比减少了传播 d_{jj} 所需的时间。

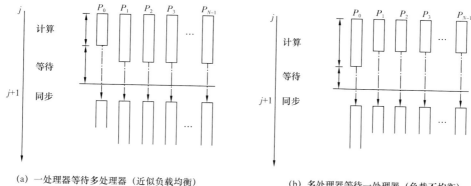

(a) 一处理器等待多处理器（近似负载均衡）　　　（b) 多处理器等待一处理器（负载不均衡）

图 5-62　两种极端模式下同步并行计算

在不考虑第一类零元素存在的情况下，第 j 列中对角线之下的元素个数为 $N-j$，各处理器将获得 $M=(N-j)/SIZES$ 个计算任务，仅仅是编号靠前的 $\mathrm{mod}(N-j，SIZES)$ 个处理器多分配一个计算任务，这样总体上能达到近似的负载均衡；在考虑第一类零元素存在的情况下，需要处理的是 $IH(i)\leqslant j$ 的行，仅仅把这些行的任务分配给所有的处理器即可。

对于 N 阶矩阵，参与计算的处理器个数为 SIZES，一般 SIZES$\ll N$，为简便起见，设 $(N-j)=SIZES \cdot M$，即处理第 j 列元素时每个处理器分配 M 个行，采用如表 5-17 所示的任务分配方案。

表 5-17　两种基本的任务分配方案

方案	处理器			
	处理器 0	处理器 1	…	处理器 SIZES-1
"块"分配方案	第 1，2，…，M 行	第 $M+1$，$M+2$，…，$2M$ 行	…	第 $(SIZES-1)\cdot(M+1)$，$(SIZES-1)\cdot(M+2)$，…，$SIZES \cdot M$ 行
卷帘式分配方案	第 1，SIZES+1，…，$SIZES \cdot (M-1)+1$ 行	第 2，SIZES+2，…，$SIZES \cdot (M-1)+2$ 行	…	第 SIZES，$2 \cdot SIZES$，…，$M \cdot SIZES$ 行

第一种任务分配方案是一种直观的方案，让第一个处理器处理第一个 M 行，第二个处理器处理第二个 M 行，…，最后一个处理器处理最后一个 M 行，这种方式称为"块"分配。

第二种方案是卷帘式分配方案，即将第 i 行分配给第 $\mathrm{mod}(i，SIZES)$ 号的处理器上，即第 j 列对角线之下的所有待处理的行交替分配给各处理器。

由于动态处理各列，对第 j 列对角线之下的所有待处理行的任务分配采用上述两种方案均可实现近似的负载均衡。在并行程序实现的过程中，采用了卷帘式分配方案。

由于各处理器负责相应行元素的计算，而某行元素 $l_{ij}(i>j)$ 的计算需要用到第 i 行和第 j 行的所有元素 $l_{ik}(k<j)$ 和 $l_{jk}(k<j)$，而采用动态任务分配之后，每个处理器均需要 $l_{ik}(k<j)$ 和 $l_{jk}(k<j)$ 元素，以备后续列各元素的计算，因此需要把所有处理器得到的所有 $l_{jk}(k>j)$ 传播给所有的处理器。

二、三维地温场数值模拟应用实例

（一）三维地温场模拟软件计算流程

三维地温场模拟以重磁电震井综合物探资料为基础，通过对断裂、地层、构造、岩性的分析，建立综合地质解释剖面和热导率模型剖面，构建地温场模拟正演模型，从而进行三维地温场数值模拟。三维地温场数值模拟流程如下：步骤一，提供了交互编辑功能（图 5-63），可通过重、磁、电等地球物理资料的二维解释成果，进行人机交互式创建地温场计算模型。步骤二，在步骤一建立的二维剖面基础上，插值获得三维地质模型，并根据已知资料在层位块体上填充热导率、孔隙度、饱和度等信息（图 5-64），并设置地表温度和热源等初始条件（图 5-65）。步骤三，三维地温场自适应有限元模拟过程中，程序网格无需人工设置，可以进行基于后验误差估计的自适应网格划分，提高精度的同时，更加方便用户使用（图 5-66）。步骤四，通过三维自适应有限元模拟计算后的结果，可以在系统中进行三维可视化以及二维切片的温度场效果展示（图 5-67、图 5-68）。

（二）辽河油田曙光—兴隆台地区三维地温场模拟

通过辽河油田曙光—兴隆台地区重力、磁力、电性等地球物理资料的三维解释成果（宽频大地电磁测深法工区范围横跨曙光油田和兴隆台油田，勘探深度为 5～6km，测线 5 条，点距为 200m，线距为 3km，测点总数为 534 个），进行人机交互式创建综合地质解释模型（图 5-25），并根据已知资料在层位块体上填充热导率、孔隙度、饱和度等信息，并设置地表温度和热源等初始条件，建立地热地质模型（图 5-69）。通过三维自适应有限元模拟计算后形成地温场空间分布三维数据图（图 5-67），图 5-68 至图 5-70 的剖面和横向切片地温场模拟结果能够较好地反映真实的地温分布特征。

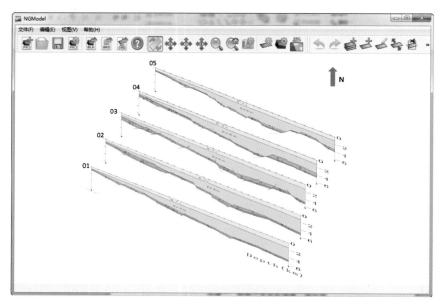

图 5-63　根据已有资料编辑二维剖面

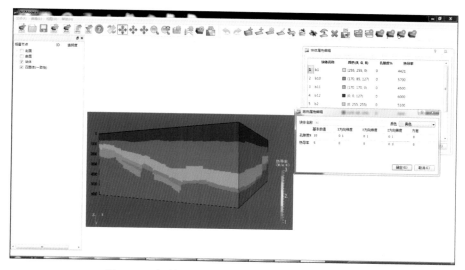

图 5-64　插值获得三维地质结构模型并填充参数

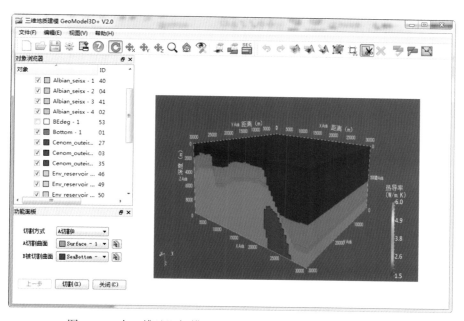

图 5-65　在三维地温场模型上设置地表温度、热源等初始条件

图 5-70 显示曙光—兴隆台地区发育两排高地温异常区，分别为曙光油田区和兴隆台油田区。下部岩层的温度等值线比上部岩层密集，即热导率低的岩层，其等值线图越密集，表明不同岩石介质的热物理参数不同，对地下温度场分布的影响也不相同。同时发现在一定范围内温度等值线的凸起特点呈现出一定的规律，从而反映出地层边界面的起伏对温度场的影响。对比整体图形，可以根据温度等值线的特征，大致判断出地层的分界线及地层边界倾斜下降的位置。

由图 5-70 可见曙光油田区高地温异常明显，兴隆台油田区 2000m 以下基底隆起区温度高于中部断陷区。

（三）雄安地温场模拟实例

通过雄安地区重力、磁力、电性等地球物理资料的二维解释成果（完成大功率人工源电磁法测线 3 条，测点数共 342 个，测线总长 67.8km），进行人机交互式创建综合地质解释剖面，并根据已知资料在层位块体上填充热导率、孔隙度、饱和度等信息，并设置地表温度和热源等初始条件，建立地温场模型（图 5-71 至图 5-73）。在建立的二维剖面基础上，插值获得三维地质模型（图 5-74）。通过三维自适应有限元模拟计算后的结果，可以在系统中进行二维切片的温度场效果展示，与图 5-75 雄安地区地温等值线图对比，图 5-76 的 A_2—A_2'、B—B' 测线地温场模拟结果能够较好反映真实地温分布特征。

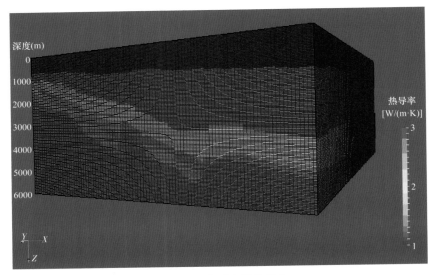

图 5-66　自适应网格剖分

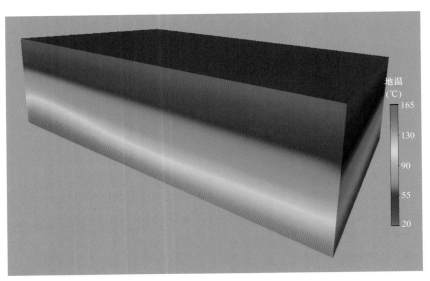

图 5-67　曙光—兴隆台地区三维温度场分布

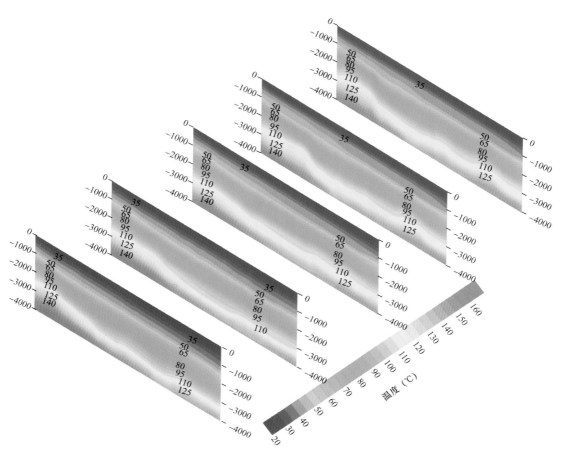

图 5-68　曙光—兴隆台地区地温场二维切片

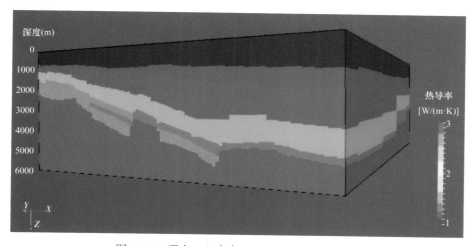

图 5-69　曙光—兴隆台地区三维地热地质模型

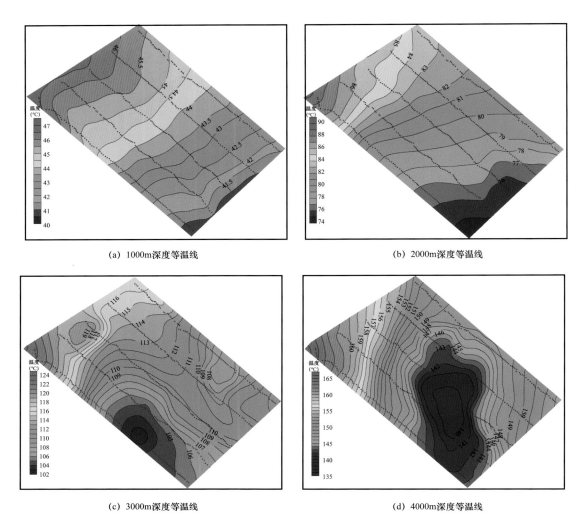

(a) 1000m深度等温线

(b) 2000m深度等温线

(c) 3000m深度等温线

(d) 4000m深度等温线

图 5-70　曙光—兴隆台地区地温场水平切片

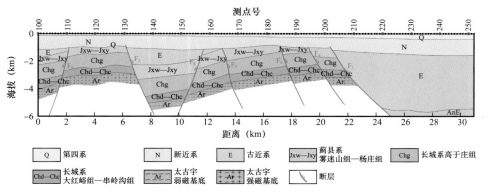

图 5-71　综合地质解释剖面

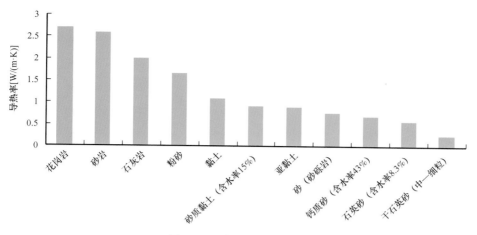

图 5-72 常见岩石热导率

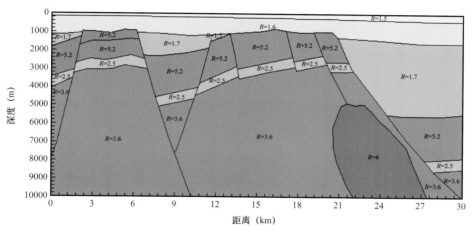

图 5-73 热导率模型剖面

R 为热导率，其单位为 W/（m·K）

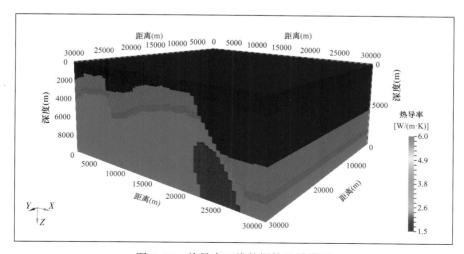

图 5-74 热导率三维数据体地质模型

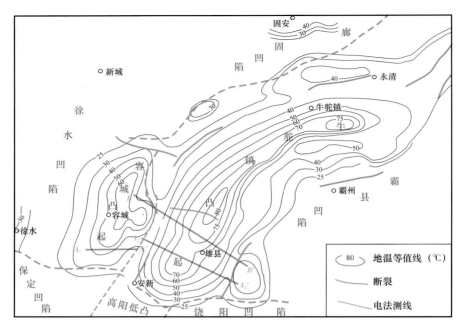

图 5-75　雄安地区 1km 深度地温等值线图

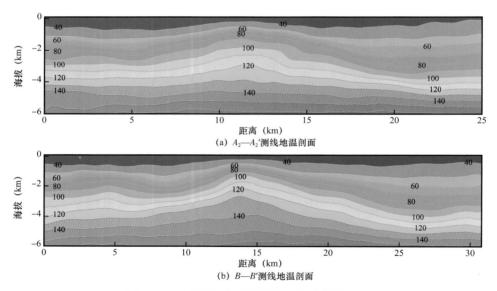

(a) A_2—A_2' 测线地温剖面

(b) B—B' 测线地温剖面

图 5-76　电法测线地温场模拟结果（单位：℃）

第三节　吸收式热泵技术及应用

一、基本原理

吸收式热泵是一种利用低品位热源，将热量从低温热源向高温热源泵送的循环系统。它是回收利用低温位热能的有效装置，具有节约能源和保护环境的双重作用。

（一）吸收式热泵的分类

第一类吸收式热泵，也称增热型热泵，利用少量的高温热源，产生大量的中温有用热能。即利用高温热能驱动，把低温热源的热能提高到中温，从而提高了热能的利用效率。第一类吸收式热泵的性能系数大于1，一般为1.5～2.5。

第二类吸收式热泵，也称升温型热泵，利用大量的中温热源产生少量的高温有用热能。即利用中低温热能驱动，用大量中温热源和低温热源的热势差，制取热量少于但温度高于中温热源的热量，将部分中低热能转移到更高温位，从而提高了热源的利用品位。第二类吸收式热泵性能系数总是小于1，一般为0.4～0.5。

两类热泵应用目的不同，工作方式也不同。但都是工作于三个热源之间，三个热源温度的变化对热泵循环会产生直接影响，升温能力增大，性能系数下降。目前，吸收式热泵使用的工质为溴化锂或氨水，其输出的最高温度不超过150℃。升温能力 ΔT 一般为30～50℃。制冷性能系数为0.8～1.6，增热性能系数为1.2～2.5，升温性能系数为0.4～0.5。

（二）吸收式热泵的工作原理

1. 第一类溴化锂吸收式热泵

第一类溴化锂吸收式热泵机组是一种以高温热源（蒸汽、高温热水、燃油、燃气）为驱动热源，溴化锂溶液为吸收剂，水为制冷剂，回收利用低温热源（如废热水）的热能，制取所需要的工艺或采暖用高温热媒（热水），实现从低温向高温输送热能的设备。热泵由发生器、冷凝器、蒸发器、吸收器和热交换器等主要部件及抽气装置、屏蔽泵（溶液泵和冷剂泵）等辅助部分组成。抽气装置抽除了热泵内的不凝性气体，并保持热泵内一直处于高真空状态。

第一类溴化锂吸收式热泵是以溴化锂为工质，通过消耗高温热能为代价，从低温热源中回收热量，制取中温位的热能（图5-77）。

蒸发器中的冷剂水吸取废热水的热量后（即余热回收过程），蒸发成冷剂蒸汽进入吸收器。吸收器中溴化锂浓溶液吸收冷剂蒸汽变成稀溶液，同时放出吸收热，该吸收热加热热水，使热水温度升高达到制热效果。而稀溶液由溶液泵送往发生器，被工作蒸汽（热水）加热浓缩成浓溶液返回到吸收器。浓缩过程产生的冷剂蒸汽进入冷凝器，继续加热热水，使其温度进一步升高达到最终制热效果，此时冷剂蒸汽也凝结成冷剂水进入蒸发器，进入下一个循环，如此反复循环，从而形成了一个完整的工艺流程。

2. 第二类溴化锂吸收式热泵

第二类溴化锂吸收式热泵也是回收利用低温热源（如废热水）的热能，制取所需要的工艺或采暖用高温热媒（热水），实现从低温向高温输送热能的设备。它以低温热源（废热水）为驱动热源，在采用低温冷却水的条件下，制取比低温热源温度高的热媒（热水）。与第一类溴化锂吸收式热泵机组的区别在于，它不需要更高温度的热源来驱动，但需要较低温度的冷却水（图5-78）。

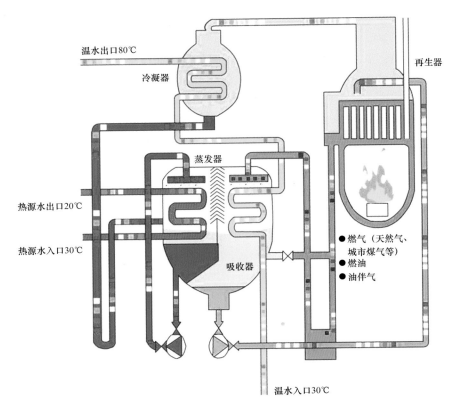

温水出口80℃

冷凝器

再生器

蒸发器

热源水出口20℃

热源水入口30℃

吸收器

● 燃气（天然气、
　城市煤气等）
● 燃油
● 油伴气

温水入口30℃

图 5-77　第一类溴化锂吸收式热泵制热工况图

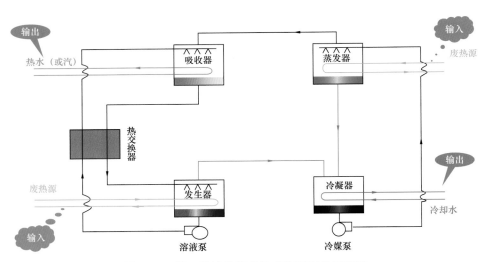

输出

热水（或汽）

吸收器

蒸发器

输入

废热源

热交换器

废热源

发生器

冷凝器

输出

冷却水

输入

溶液泵

冷媒泵

图 5-78　第二类溴化锂吸收式热泵制热工况图

　　第二类溴化锂吸收式热泵由发生器、冷凝器、蒸发器、吸收器和热交换器等主要部件及抽气装置、屏蔽泵（溶液泵和冷却泵）等辅助部分组成。抽气装置抽除了热泵内的空气等不凝性气体，并保持热泵内一直处于高真空状态。第二类溴化锂吸收式热泵应用较少，可见于工业低品位余热的回收再利用。

二、吸收式热泵技术试验

（一）试验简介

选择辽河油田曙五联合站进行吸收式热泵技术小试试验。

辽河油田曙五联合站是曙光采油厂四座联合站之一，负责曙采三区、五区和七区原油脱水、外输及污水处理等任务。处理纯油 178×10^4t/a，处理液量 770×10^4t/a，处理后净化油含水 1.5%；污水处理能力 584×10^4t/a，污水含油量 ≤1000mg/L，悬浮物达到5000mg/L。

该试验是针对三区来液脱水加热环节，以曙五联合站站内高温含油污水作为热源，进行吸收式燃气热泵利用技术试验，制出水温可达 95℃以上高温热水，通过换热器将一部分原油由 65℃加热至 90℃（图 5-79）。

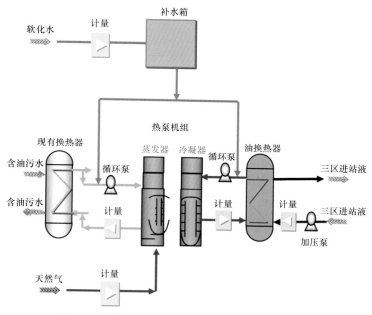

图 5-79 曙五联合站吸收式热泵工艺流程示意图

（二）试验情况

污水换热器将站内一小部分含油污水 80℃/60℃（热泵输入温度为 80℃，热泵输出温度为 60℃，以下含义类同）热量传递给热泵机组的废热水（循环软化水），使废热水温度保证在 55℃以上。油换热器主要是将热泵机组产出的热网水 98℃/75℃热量传递给原油，使原油温度由 65℃升到 90℃以上。

通过现场试验，取得了超高温吸收式热泵系统运行的技术参数，对超高温机组热效率以及含油污水的余热能利用率进行了系统现场测试对比。试验期间热泵系统运行稳定、操作简单、自动化程度较高，可以实现无人值守远程监控。

1. 污水换热系统

该系统通过换热器来实现，换热面积为 556m²，壳程走热泵机组的热源水，管程走高温含油污水，设计 80℃的含油污水通过壳管式换热器降为 70℃，将热泵热源水由 55℃加热到 60℃，实际运行时热源水在 55～65℃之间，完全满足热泵机组加热需求。

从图 5-80 中可以看出，污水进口温度稳定在 81℃左右，污水出口温度在 54～64℃之间，能将废热水稳定换热成 60℃左右，满足溴化锂吸收式热泵机组供热需求。

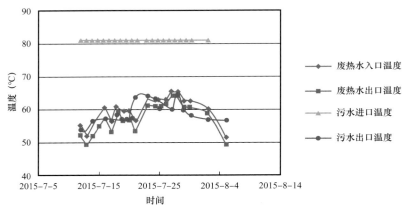

图 5-80　污水换热器温度变化图

2. 原油换热器系统

该系统也通过换热器来实现，选用壳管式换热器，换热面积为 556m²，壳程走热泵机组提供的循环热水，管程走原油系统，设计原油由 65℃加热到 90℃，实际运行由 58℃加热到 91℃。

从图 5-81 中可以看出，热网循环热水的出水温度在 99℃，进水温度在 81℃，原油出口温度在 92℃左右，可以看出只要循环水出水温度高于原油需要的温度 7℃即可，这也为今后换热器设计及热泵机组参数设定提供了重要依据。从运行情况来看，换热器实际换热能力达到了设计要求，能满足曙五联合站原油脱水需要。

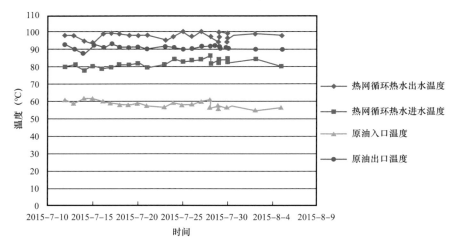

图 5-81　原油换热系统运行温度曲线图

3.吸收式热泵主机系统运行测试

为了能够准确分析不同温度的废热水对吸收式热泵的制热量、能效比（COP）、耗气量的影响，对45℃、50℃、55℃、60℃、65℃、70℃不同温度的废热水进行了吸收式热泵系统测试，以便分析热泵性能随废热水温度不同的变化情况。

从图5-82和图5-83中可以看出，制出相同温度的热水，热泵COP随废热水温度升高而升高，相同温度的废热水，热泵COP随制出热水温度升高并非一直升高或降低，而是先升高再降低，即废热水温度和热泵制出水温度存在一个经济温差。从现有数据分析，温差一般在25~30℃之间，此区间内热泵的COP最高。

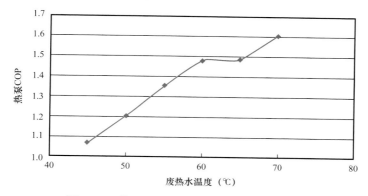

图5-82　热泵COP值随废热水温度变化曲线

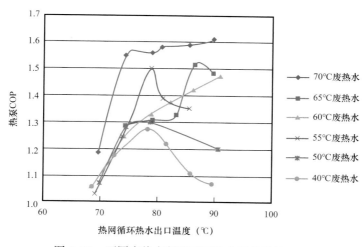

图5-83　不同废热水制出不同热水下热泵的COP

（三）试验结果

（1）吸收式热泵系统操作简单，运行稳定，安全可靠，自动化程度高，完全可以实现无人值守。试验期间吸收式热泵最高供水温度99℃，COP在1.5左右，最大制热量440kW。

（2）吸收式热泵工艺流程合理，原油加热温度均在90℃以上，满足实际需求。

（3）曙五联合站吸收式热泵供热小试试验，使输送每吨原油的单耗成本由7.92元降为6.5元，输油成本约降低18%，经济效益突出。

（四）吸收式热泵在油田工业生产上的应用前景

原油采出时有稀油、稠油及高凝油，不同原油的采输流程基本相同，为保证原油在采输时具有较小的黏度和蜡度，输送时原油的温度应保持一定温度，这就需要在现场通过燃煤、燃气加热炉对单井采出的原油进行加热提温，再将提温后的原油输送到计量站，最后再从计量站输送到联合站。用热替代的环节主要在单井至计量站过程中的井口加热环节、计量站（转油站）至联合站的加热环节，以及联合站内原油脱水、外输的加热环节。

调查发现，稀油区块及部分稠油、高凝油区块，原油从单井采出到输送至联合站乃至在联合站加热脱水，整个系统流程温度均在70℃以下，以目前水源热泵技术，可对加热环节进行替代改造，满足原油生产工艺需要，但是部分稠油、高凝油、特稠油，加热温度在80℃以上，这就需要应用到吸收式热泵技术。

第四节　废弃井改造为地热井技术及应用

新建地热井投资大、施工风险高、工艺相对复杂，一旦遇到油水互层，在含水层的选择上存在限制。目前油田矿区内有数万口报废油气井，如果选择合适的报废油气井，通过修井作业把它改造成为地热井进行地热资源开发利用，比直接新建地热井节约成本。将报废油气井改造为地热井，需对原井内残留油气清洗、防砂、增产、泵室改造等方面进行分析，因此，在进行改造前首先要明确油田矿区内报废油气井改造为地热井的可行性，建立一套将报废油气井改造成地热井的方法和工艺流程。

根据我国油田地热资料，油田矿区所在的大型沉积盆地是我国中低温地热资源集中分布的地区，地热分布的层位、范围较油气层更多、更广，比油气资源具有更广泛的开发利用空间。油气资源的开发是以水为载体，开采油（气）的同时，也开采出大量的地热水（温度高达80～90℃以上）。一些老油（气）田在开采后期，地热水的含水率部分高达97%以上，渐渐失去开采油（气）的价值。如果在油（气）田开采后期，以采油（气）为主转化为以开采地热为主或完全开采地热，不仅可利用已有采油（气）的设备（加以适当改造）开采地热，使地热资源得以利用，而且又可回收部分残存的油（气）资源，提高油（气）资源的采收率，使资源得到充分而有效的开发利用。

下面以辽河油田为例，介绍废弃井改造为地热井技术及应用。选择于楼兴一矿废弃井黄06-6井作为改造井，改造后利用井下的地热资源为小区进行冬季供暖，取缔原燃煤锅炉。

一、技术路线

废弃井改造技术涉及废弃油气井清洗技术、废弃油气井改水井时射孔防砂技术、废弃油气井改水井后期增产技术、废弃油气井改造后地热能利用及经济评价。

废弃油气井利用可行性分析主要从井况、地层、地面条件、经济效益等多方面研究报废油气井情况，确定报废油气井改造为地热井的可行性。通过对兴一矿区多次调查研究，选定黄06-6井作为改造井，研究制定了废弃井黄06-6改造为地热井的整体技术方案。

（1）废弃油气井清洗技术。利用油田已有的油井清洗技术，对黄06-6井加CX-3稠油洗井液，用热洗方法清洗原井筒，清洗后达到地热开发利用对水质的要求。经过对改造井水质化验，地热水中含油低于0.3mg/L。

（2）废弃油气井改水井时射孔防砂技术。针对不同含水层选择不同的射孔方法，确保射孔后不出砂。考虑改井成本，废弃油气井改造全部选择89枪89弹射孔，没有使用防砂射孔弹或高孔密防砂射孔。埋深1350m以下基本不出砂，1350m以上有出砂现象，在1350m以上使用防砂衬管。

（3）废弃油气井改水井后期增产技术。无论是射孔还是侧钻改造报废井，均不同于正常地热井清洗方法，因而要求采取特定的清洗方法使地热井达到最大产量。黄06-6井射孔后进行了氮气气举的方法进行增产。

（4）废弃油气井改造后地热能利用及经济评价。开展地热井产水量、水质研究，以及报废井改造成本与新建地热井比较，评价项目的经济性。

二、改造井情况

通过于楼兴一矿区1km²范围10口报废油气井的分析对比，黄06-6井具备改井条件。

（一）黄06-6井基本情况（图5-84）

完井日期：1994年10月。
完钻井深：2769m。
套管程序：ϕ273.05mm×168.41m+ϕ139.7mm×2767.28m。
固井：水泥返高1570m。
井位：黄06-6井东部凹陷黄金带构造带黄101块黄32井南东240m。

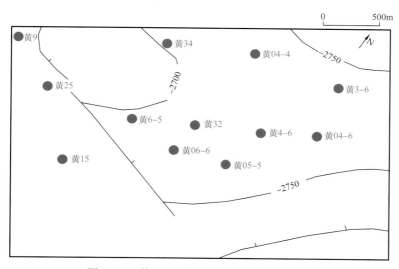

图5-84　黄06-6井井位示意图（单位：m）

构造位置：黄金带构造。

人工井底：原人工井底为 2754.5m。

黄 06-6 井地层发育情况见表 5-18。

改造井黄 06-6 井周边地温场如图 5-85 至图 5-87 所示，东部和南部地温梯度较高。

改造井黄 06-6 井 1500m 处的地层温度 42℃，2000m 处的温度为 56℃。

表 5-18　黄 06-6 井地层分层表

地层			井深（m）	视厚度（m）	岩性描述
系	组	段			
新近系	馆陶组		1048.5		大套厚层砂砾岩夹薄层粉砂质泥岩
古近系	东营组	一段	1384.5	664	灰白色砂砾岩与灰绿泥岩呈不等厚互层
		二段	1566.5	182	
		三段	1958.0	391.5	
	沙河街组	一段	2769	811	砂砾岩、细砂岩与泥岩不等厚互层

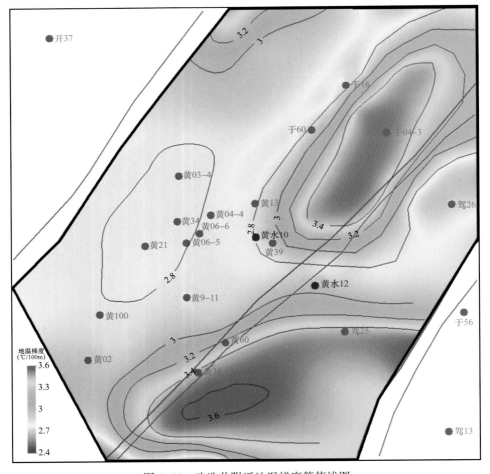

图 5-85　改造井附近地温梯度等值线图

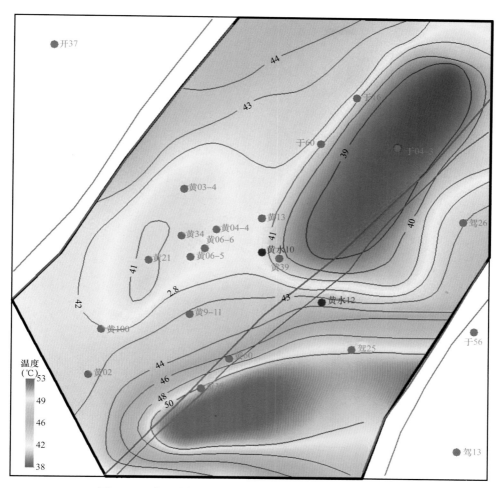

图 5-86　改造井黄 06-6 井附近 1500m 深度温度等值线图

（二）单井出水量估算、水温及水质

射孔后单井产水量：

$Q_{最小}$ =3.09×163.5=505m³/d。$Q_{最大}$ =8.82×163.5=1442m³/d。

改井后水温为 41～43℃。改井后水质总矿化度为 600～2000mg/L。

三、改造井实施方案

报废油气井改造为地热井在辽河油田属于首次，没有现成的改造方法与具体实施方案。根据报废井水文地质情况、井筒现状、改造目的，制订并采用以下改井实施方案（图 5-88 至图 5-92）。

（1）起出井内注水管柱：起出笼统注水管柱（ϕ62mm 口：2551.47m），处理好井筒。

（2）做人工井底：在 2000m 处做人工井底。

（3）清理井筒：清理井筒至 2000m，下刮管器刮管至 2000m。

（4）测井：测井公司测固放磁（含固井质量），测量井段 –2000～0m。

（5）用化学方法热洗井筒：确保改造后的地热井所产地热水可以为生产、生活使用。

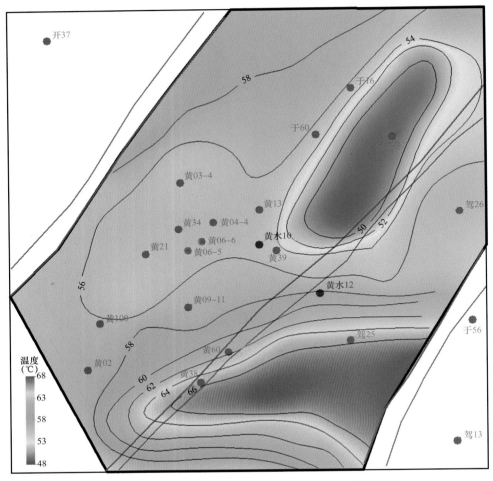

图 5-87 改造井黄 06-6 井附近 2000m 深度温度等值线图

图 5-88 黄 06-6 井改井现场

图 5-89 黄 06-6 井射孔现场

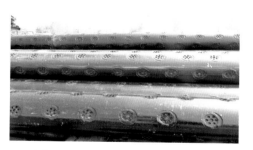

图 5-90 黄 06-6 井气举求产现场　　　　　图 5-91 黄 06-6 井星孔烧结筛管

图 5-92 黄 06-6 井取换套管现场

（6）射孔：射孔要求：采用 89 枪 89 弹射孔。射孔方法：油管传输射孔。

（7）气举：射孔后如不能自溢，采用氮气气举排液，测试产水量、水温、水质（表 5-19）。

表 5-19　黄 06-6 井水质检测结果

序　号	参数	限值	检测结果
1	浊度（NTU）	3	38.2
2	pH 值	6.5～8.5	8.76
3	总铁（mg/L）	0.3	0.22
4	锰（mg/L）	0.1	<0.05
5	铜（mg/L）	1.0	0.04
6	锌（mg/L）	1.0	<0.0008
7	镉（mg/L）	0.01	<0.00006
8	铬（六价）（mg/L）	0.05	<0.004
9	铅（mg/L）	0.05	0.024
10	铝（mg/L）	0.2	0.01
11	氟化物（mg/L）	1.0	2.05
12	硝酸盐（以氮计）（mg/L）	20	0.01
13	硫酸盐（mg/L）	250	41.18
14	氯化物（mg/L）	250	504.24
15	溶解性总固体（mg/L）	1000	1589
16	耗氧量（mg/L）	3.0	9.9
17	氨氮（mg/L）	0.2	2.88
18	亚硝酸盐氮（mg/L）	0.02	<0.001
19	汞（mg/L）	0.001	<0.0001
20	砷（mg/L）	0.05	<0.001
21	硒（mg/L）	0.01	<0.0004
22	挥发酚类（mg/L）	0.002	<0.002
23	阴离子合成洗涤剂（mg/L）	0.3	<0.050
24	氰化物（mg/L）	0.05	<0.002
25	总 α 放射性（Bq/L）	0.1	<0.016
26	总 β 放射性（Bq/L）	1.0	<0.028

序 号	参数	限值	检测结果
27	总硬度（mg/L）	450	242.69
28	钙（mg/L）	—	14.03
29	碳酸盐（mg/L）	—	60.02
30	重碳酸盐（mg/L）	—	707.83
31	钾 + 钠（mg/L）	—	547.67
32	镁（mg/L）	—	50.42
33	总矿化度（mg/L）	—	1925.40
34	总碱度（mg/L）	—	630.50
35	水中油（mg/L）	—	0.43
36	二氧化硅（mg/L）	—	13.74

（8）下衬筛管：如果地层出砂不止，钻通桥塞后下不锈钢绕丝笼状筛管作为衬管（基管为 $\phi89mm$，筛管长度预计为 233m，套筛管总长度预计为 750m）。

（9）泵室改造：定点取出 0～150m 之间的 $\phi139.7mm$ 套管，套洗 $\phi139.7mm$ 与 $\phi273.05mm$ 之间环空至 170m 后，在环空内挤灰，如果不成功在 150～170m 之间注灰环。表套 0～150m 作为泵室。

（10）下泵。

（11）抽水试验。

改造的井身结构如图 5-93 所示。

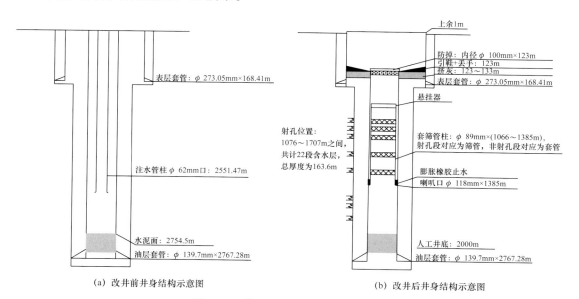

（a）改井前井身结构示意图　　　　　（b）改井后井身结构示意图

图 5-93　黄 06-6 井井身结构示意图

四、废弃井改造为地热井评价

废弃井改造为地热井评价，主要通过与新建地热井进行对比分析。

下面以废弃井黄 06-6 井与已完井的沈水 503、沈水 504 井进行对比。黄 06-6 井修井深度为 2000m，沈水 503 井完井深度为 2280m，沈水 504 井完井深度为 1955m，这三口井井深相差不多。

产水量温度对比：黄 06-6 井射孔深度为 1076~1707m，射孔长度为 163.76m，改造后最终稳定产水量为 45m³/h，温度为 40℃。沈水 503 井开采层位为 1637~1909m，筛管长度为 180m，完井后稳定产量为 60m³/h，温度为 54℃。沈采地区地热储层比于楼地区地热储层渗透性相对较强，如果是同一地区报废井改造与新建地热井对比，改造井比新建井产水量应略低或相近。

储层选择对比：改造井灵活性大，遇到油水互层时改造井可以专门选择水层进行射孔改造；新建地热井一般为套筛管完井，如果遇到油水互层时则相对受限制。

井位选择对比：改造井要求储层物性好、井况符合要求、方便施工等条件同时具备时方可实施，新建地热井一般要求储层物性好，井位在一定范围内可以移动。

施工方便性对比：改造井工艺相对简单，而新建井相对比较复杂。

费用对比：黄 06-6 井改造费比与沈水 503、沈水 504 井钻井费用分别少 173 万元和 157 万元，如果扣除居民干扰等影响，改造废弃旧费用比钻新井费用少 200 万元左右。

五、废弃井改造的经济性分析

黄 06-6 井改造为地热井后为兴一矿区供暖，取缔原来燃煤锅炉。黄 06-6 井井口水温为 40℃，流量为 45m³/h，经 1km 左右管线输送至泵房水温在 38℃，为水源热泵提供热源水，利用水源热泵技术制出高温的循环热水（最高可达 65℃），实现兴一矿区 $2.38 \times 10^4 m^2$ 办公场所供暖，经热泵机组提温后的尾水回灌到改造后的废弃井黄 06-5C 井和黄 04-4 井。

（一）年度运行费用

（1）电度电费：总耗电量 $65.8 \times 10^4 kW \cdot h$，电价按 0.5945 元/（kW·h）计，总电费 $65.8 \times 10^4 kW \cdot h \times 0.5945$ 元/（kW·h）≈ 39.1 万元。

（2）变压器容量费用：1300kVA × 18.8034 元/（kVA·月）× 6 月 ≈ 14.7 万元。

（3）人员工费（6 人半年计）：6 × 6500 元/月 × 6 月 =23.4 万元。

（4）资产折旧费：工程费用 300 ÷ 10=30 万元/年。

（5）租赁费：26.4 万元（包括小龙湾 3 台热泵、2 台干式变压器、10 组配电柜、换热器及除砂器）。

（6）维护费用：5 万元。

全年总成本 138.6 万元（单位面积供暖成本 55.4 元/m²）。

经营成本（不含折旧）108.6 万元，则单位面积供暖运行成本 43.4 元/m²。

（二）原锅炉系统运行成本

原锅炉系统供暖面积为 $2.38 \times 10^4 m^2$，全年运行成本为 174.6 万元。

（三）年效益

以原锅炉运行成本计为年收入。

年效益 = 年收入 – 年成本 =174.6–138.6=36 万元。

投资回收期 =300÷36≈8.33 年。

（四）社会环境效益

节能减排的社会环境效益计算见表 5–20。

表 5-20　本项目节能减排统计表

节约标准煤（t）	减排（t）			
	二氧化碳	二氧化硫	氮氧化物	粉尘
420	1092	17.6	2.9	5.67

参考德国二氧化碳排放标准（19 欧元 /t）计算，每排放 1t 二氧化碳损失 141.4 元人民币（1 欧元 =7.4412 元人民币）。我国每排放 1t 二氧化硫所造成的经济损失约为 2 万元。1t 颗粒物造成的健康损失为 9960～21580 元，均值 15770 元 /t。

按上述计算，一个采暖期该项目创造的社会环境效益 60 万元，环保效益十分显著。

第五节　采出水余热利用技术及应用

一、油田产出水余热利用技术

油田产出水余热利用是油区地热资源开发利用的重要方式，其核心是利用热泵技术提取含油污水余热为油田生产生活设施供热。大庆油田的年采出水量巨大，用采出水余热通过热泵技术为油田生产服务是节能降耗的重要途径。

（一）热泵技术

热泵技术作为地热资源综合利用的手段之一，近年来在中低温热源的开发利用中越来越受到重视。热泵通过输入少量的电、天然气或蒸汽等，将热量从低温介质转移到高温介质。因此，借助热泵可以把不可利用的低温余热转变为可利用的高温热能，提供了一条节约燃料、合理用能、减小环境污染的途径。

一般情况下，热泵采用电、天然气或蒸汽驱动，从低温热源中吸取热量，并将其传输给高温热源以供使用，传输到高温热源中的热量不仅大于所消耗的能量，而且大于从低温热源中吸收的能量。

热泵的性能一般用 COP 来评价。COP 是指由低温物体传到高温物体的热量与所需的动力之比。通常电动压缩式热泵的 COP 为 3.0~4.0，燃气吸收式热泵的 COP 为 1.48~2.4。

1. 热泵技术分类

热泵技术从应用形式上可分为空气源热泵、地源热泵和水源热泵三种。

1）空气源热泵

空气源热泵是一种以室外空气为热源的热泵，设备通过与室外空气进行热交换，将室外的低温空气能量回收，供室内采暖的一种热泵形式。家庭常用的分体空调就属于这种形式，在南方大规模应用的风冷机组也属于这种类型。

由于这种空气源热泵换热的媒介是空气，随处可得，安装工艺不复杂，目前已在空调领域得到了广泛的应用，但在很冷的环境中，靠空气源热泵供热非常困难。

2）地源热泵

地源热泵是从土壤中提取能量的热泵设备。通常在地下进行垂直或水平方向埋管，通过管中载热介质（水或乙二醇等溶液），从地下收集热量，再通过热泵系统把热量带到室内。夏季制冷时，系统逆向运行，通过热泵系统把室内热量运送到地下土壤中，实现室内空气与土壤间的热量转移。

由于地下埋管内流体与土壤的热交换速率低，需要大量的管材面积才能满足热泵应用的要求，投资成本较高。所以这种系统一般应用于面积比较小的单体建筑，在大型工程中因占地面积大、成本高而应用相对困难。

3）水源热泵

水源热泵的分类包括井水源热泵、海水源热泵、城市污水源、油田回注水热泵、工业冷却循环水热泵等形式。它是利用热泵机组提取水源中低品位热源，达到相应供热条件后，加以利用。

大庆油田属水驱开发油田，在利用水源热泵回收油田含油污水余热上有一定的资源优势。油田回注水源热泵与空气源热泵相比较，由于所采用的水源温度较高，又很稳定，受气候环境的影响不那么明显。适合北方地区水源热泵又可分为以下形式：

（1）电动压缩式热泵。

热泵机组主要由压缩机、蒸发器、冷凝器以及电磁阀、膨胀阀、干燥过滤器、储液罐等部件组成，机组内换热介质为 R22 或 R134a。正常工况普通型机组出水温度 55℃，高温型机组出水温度 65℃，超高温型机组出水温度 75℃。

热泵的 COP 可达到 3~5，即热泵机组消耗 1kW 电量，可供出 3~5kW 的热量。COP 数值与低温热源温度及热泵机组供热温度有关，低温热源温度升高，COP 增大；热泵机组供热温度升高，COP 减少。

（2）燃气吸收式热泵。

上已述及（见第三节），吸收式热泵是在高温热源驱动的条件下，提取低温热源的热能，输出较高温度的一种技术，其功能和原理在此不再赘述。

2. 大庆油田热泵应用分析

1）工艺用热

（1）掺水。

掺水集输工艺主要针对油质黏度高、凝点高、含蜡高等特点而采用的集输工艺。其特征是在井口将集输站（联合站）内油田产出液处理系统分离出来的活性水掺到集油管线，利用活性水的温度来提高产业温度和含油活性剂的污水来降低黏度。采出井掺热普通井需要 55～60℃热水，聚合物井需 60～65℃热水。

（2）油水分离。

油水分离是将含油脱脂液送入热油分离器，加热破乳，油漂浮到槽的液面，经吸油口收集，流入储油槽。油水分离一般需要热水温度在 80℃以上。

（3）原油外输。

在原油的外输过程对其进行加热，一方面有利于原油的输送，另一方面通过降低原油黏度使末端沉降罐高效运行。一般需要热水温度 55℃左右。

2）采暖及工艺伴热

在北方高寒地区，室外温度低，供暖负荷大，需大量热能为油田现有建筑物冬季供暖。油田常用的工艺伴热是对输送介质管道、罐体、池体内介质采取的防冻措施，一般为管道伴热。

3）生活用热

生活用热主要是油田职工生活用热水，包括洗漱等用热水，一般温度为 45℃左右。

（二）大庆油田产出水余热利用参数及指标

1. 热泵项目含油污水水源选择

目前含油污水处理后要回注地下，回注水质标准对温度没有明确要求，现有回注的含油污水中的热量可以利用。在余热利用工程实施时，需充分考虑原水水质、系统条件等因素。

（1）含油污水一般在原油集输系统放水站及脱水站产生。不同区块原油物性不同，未处理的水温一般在 36～41℃之间。根据设计规定，一般水驱和聚驱污水处理站原水含油在 1000mg/L 以下，原水悬浮固体含量在 300mg/L 以下。从水处理系统对温度的需求看，若在这一阶段对污水余热进行提取导致污水温度降低，将对含油污水处理系统产生很大影响，直接导致污水处理系统无法正常运行。同时，这一阶段的含油污水水质相对较差，不利于热泵机组的运行。因此，不能从含油污水原水中提取热量。

（2）根据目前大庆油田的水处理系统流程，油田水驱及聚驱含油污水分为普通处理和深度处理两个阶段，而深处理阶段是利用普通处理阶段的产出水作为原水，而污水深度处理工艺也需要一定温度，温度过低将造成过滤系统运行出现问题。

因此不能从污水站出水或普通处理滤后水管网直接引水，而深度处理污水后，再无进一步处理的要求，因此，可以从污水深度处理站及相应注水站就近引水。

（3）采用热泵机组供热需兼顾周边低温热源，在含油污水量满足需要的前提下，低温热源距离用热点不宜太远，低温水源距离热泵站越近，污水管道投资越少，否则污水输送的电耗增大，效益降低。

根据已建热泵站投资及运行数据分析，热泵站与含油污水热源合理距离应不大于5.0km。

2.运行参数确定

根据在用热泵机组调研及理论分析，利用水源热泵回收油田含油污水热能技术有以下特点：

（1）在当前技术条件下，电动压缩式热泵供热端出水温度最高达到85℃。

（2）电动压缩式热泵设计COP值一般为3.5~5.0。随着低温热源端提取温差的增大，热泵机组COP值呈下降趋势；随着机组供热端出水温度提高，热泵机组COP值呈下降趋势。

（3）当低温热源温度一定时，供热介质出口温度增高，从低温热源中一次提取的温差下降。

与电动压缩式热泵COP值相关技术条件见表5-21。

表5-21　电动压缩式热泵COP值相关技术条件对照表（大庆）

序号	项目	不同提取温差时的COP值					备注
		5℃	10℃	13℃	15℃	20℃	
1	供热端出水温度为85℃ 低温热源温度为35℃	4.08	—	—	—	—	低温热源出水温度≥30℃
2	供热端出水温度为75℃ 低温热源温度为35℃	4.28	4.11	4.03	—	—	低温热源出水温度≥22℃
3	供热端出水温度为65℃ 低温热源温度为35℃	4.53	4.21	4.08	3.82	3.45	—
4	供热端出水温度为55℃ 低温热源温度为35℃	—	4.92	4.75	4.51	4.20	低温热源出水温度≤25℃

从表5-21可知，目前大庆油田回注污水温度为30~35℃，在现有技术条件下，供热系统出口温度需求在85℃时，最高能从污水中提取的温差仅为5℃，在提取同等热量的低温回注水时，供回水系统工程量相应增大，经济性变差。供热系统出口温度需求在75℃时，最高能从污水中提取的温差为13℃。

大庆油田现有锅炉的设计供回水温度为95℃/70℃（"/"前为供水温度，"/"后为回水温度），真空相变锅炉供热的设计供回水温度为85℃/60℃，从调查情况看，实际运行的供水最高温度绝大多数锅炉不超过80℃，油田生产掺水需要的热水温度为70℃，洗井需要的热水温度为85℃。

从热泵机组的运行经济性分析，大庆油田的含油污水的温度为35℃，采用电动压缩式热泵技术，当出水温度≤80℃时，COP值约为4.0，可利用的含油污水的温差为10～13℃；当热泵出水温度达到85℃，COP值2.5～3.1，可利用的含油污水的温差仅为5℃。

考虑到大庆油田已建供热系统运行出水温度多为75℃左右，同时考虑到油田低温集输工艺的进一步推广，为确保后期热泵机组正常运行，选取电动压缩式热泵机组运行参数如下：供热端出口温度为75～80℃，提取低温污水温差为10℃，COP值取4.0。

二、采出水余热利用工程试验

（一）试验概况

试验位于大庆油田采油一厂西一注水站，利用电动压缩式热泵提取站内含油污水余热用于站内建筑物供暖及伴热。该站于1998年投产，建筑面积为2100m²，站内现有两台燃气锅炉。

（二）主要设备

为确保试验顺利进行，将站内废旧库房改造成热泵机房，建设了1栋换热器板房，安装了2台热泵机组、4台换热器，并配套了自动、电气系统（图5-94至图5-97），主要设备见表5-22。

表5-22　采出水余热利用工程主要设备

流程	工作项目	单位	数量	备注
工艺部分	污水（热源）侧循环系统	套	1	节流阀及配套管路
	换热水中间循环系统	套	1	3台循环泵及配套管路
	用户侧循环系统	套	1	3台循环泵及配套管路
	原锅炉房及室外工艺安装	m	64	
	水源热泵机组	台	2	400kW
	换热间	栋	1	4台换热器及附属工艺流程
电气部分	室内配电柜、控制柜	套	3	
	变压器	台	1	
	室外配电柜	套	1	
	电缆及光纤	m	2000	
自控部分	自控系统	套	1	计量仪表及控制软件
土建部分	改造热泵机房	间	1	
	外网	m	200	包括保温及铺设

图 5-94　改造后的热泵机房

图 5-95　换热器板房

图 5-96　热泵机组

图 5-97　换热器

（三）技术试验

1. 工艺设计

试验工艺包括热源、换热器、热泵机组及供暖用户（图 5-98）。

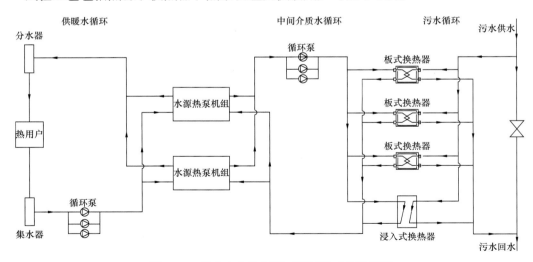

图 5-98　采出水余热利用工程试验工艺路线图

热源：西一注水站含油污水，温度为 35～38℃，该注水站日处理污水能力为 12000m³，实际日处理含油污水约为 6700m³。

换热器：3 台板式 400kW 换热器，材质分别为钛合金、254Mo 不锈钢、316L 不锈钢；1 台浸没式换热器。

热泵机组：2 台 400kW 电动压缩式热泵机组。

用户用热：供暖及伴热。

2. 自控系统

机房采用 PLC 自控系统，可实现无人值守（图 5-99）。

机组状态	机组运行	系统泵运行	室外泵运行
压缩机状态	压缩机运行	制热模式	100%负载
制冷温度设定	10.0℃	制热温度设定	50.0℃
蒸发器出水温度	12.2℃	冷凝器出水温度	52.0℃
蒸发器进水温度	16.7℃	冷凝器进水温度	45.7℃
吸水温度	9.1℃	排气温度	75.2℃
蒸发温度	9.2℃	冷凝温度	56.5℃
吸气压力	3.02bar	排气压力	14.46bar
运行电流	142.0A	运行时间	283h
启动次数	411次	环境温度	29.8℃
电子膨胀阀	1409步		

图 5-99　自控系统监控页面

（1）自动控制功能：MicroTech 控制系统可以自动控制机组的启动和停机，并根据负荷的变化进行增、减载控制。

（2）定时功能：MicroTech 控制器内设有内部时钟，操作者可以通过设置机组启停时间安排表，保证机组每天自动按时开机 / 停机，实现无人操作。

（3）冷水温度重设功能：可以根据冷水回水温度、环境温度，或远程传来的电流或电压信号进行重新设定冷水温度，使得机组在满足制冷量要求的条件下保持最佳效率运行。

（4）水泵控制功能：自动控制冷水和冷却水泵，系统需要时开启水泵运行，结合超前、滞后功能并自动切换备用水泵。

（5）报警及保护功能：MicroTech 控制器提供完善的报警和故障诊断功能，可实时提供远程报警。

（四）试验结果

试验前对西一注水站含油污水水质进行了检测，主要参数：聚合物含量为 629mg/L、油含量为 40.2mg/L、碱度为 27.1mg/L、溶解性总固体为 4569mg/L。该站含油污水为典型的高含油、高含聚含油污水，根据目前国内电动压缩式热泵技术现状，该类含油污水不能直接进入热泵机组。

1. 堵塞情况

试验中在每组换热器前端均安装过滤器，在 6 个月的试验周期内，通过观察发现，4 组换热器（即 3 套板式换热器和 1 套浸没式换热器）均为前端过滤器堵塞（图 5-100），

图 5-100　过滤器堵塞物

在过滤器堵塞后，水量减小，换热效率降低，在清除掉堵塞物后，换热器恢复正常，一般清理周期为 1 个月。

2. 腐蚀情况

试验中选择的换热器均为抗腐蚀换热器，其中钛合金适合高氯离子浓度和高温下使用；254Mo 不锈钢是一种奥氏体不锈钢，由于含钼量高，具有极强的耐点腐蚀和耐缝隙腐蚀特性，特别适合在含卤化物的酸性液体；316L 不锈钢是一种合金金属钢材，耐点腐蚀性能强，耐高温强度也很强；浸没式换热器采用化学惰性材料（聚烯烃石蜡酯作为基材），基本对所有常用的化学品和溶剂都表现为惰性，几乎能在任何介质中工作。各种酸碱腐蚀、电化学腐蚀均不会发生在聚合物材料中，多用于污水换热，耐腐蚀性强。以上几种材质的换热器均具有一定的抗腐蚀性。

试验期内，含油污水均未对以上换热器产生腐蚀作用，换热器表面均附着厚约 1mm 的油膜，由于试验周期短，不排除在长周期情况下出现腐蚀。

3. 结垢情况

结垢是指在水中溶解或悬浮的无机物，由于种种原因而沉积在金属表面。如果换热设备表面出现结垢将会影响换热效率。在试验周期内，上述换热器未出现结垢情况，但由于含油污水溶解性总固体含量为 4569mg/L，属于高矿化度液体，且试验中污水流速约为 0.3m/s，在该流速下，水垢和悬浮物等杂质不易被水冲走，有结垢危险，在实际应用中应密切关注换热器结垢情况，定时清理污垢。

三、采出水余热利用工艺流程

（一）现有热泵项目工艺流程

大庆油田自 2003 年开始热泵应用，先后在采油一厂、二厂、三厂、五厂、七厂、井下等单位共建设热泵项目 31 个，供暖面积约为 $37.47 \times 10^4 m^2$（表 5-23 至表 5-25）。

表 5-23　采出水余热利用项目一览表

序号	项目施工地点	供暖面积（m^2）	低温热源种类	热泵的功能
1	力神泵业锅炉房	82600	采出水	采暖
2	井下作业二大队锅炉房	20000	采出水	采暖
3	采油二厂第五作业区	7000	采出水	采暖

序号	项目施工地点	供暖面积（m²）	低温热源种类	热泵的功能
4	采油三厂生产指挥中心	14902	采出水	采暖及制冷
5	采油三厂 HSE 中心	16565	采出水	采暖及制冷
6	采油四厂杏八注水站	1600	采出水	采暖
7	采油四厂杏十二注水站	1600	采出水	采暖
8	采油四厂杏二十注水站	2800	采出水	采暖
9	采油五厂作业大队	45220	采出水	采暖
10	采油六厂信息中心	12000	采出水	采暖及制冷
11	采油七厂生产指挥中心	18300	采出水	采暖
12	采油七厂葡三联	2700	采出水	采暖
13	采油七厂计量间 1#	20	采出水	采暖
14	采七厂计量间 2#	70	采出水	采暖
15	采油七厂油配水间	30	采出水	采暖
16	井下作业三大队	51715	采出水	采暖
17	井下压裂大队	41176	采出水	采暖

表 5-24 电机冷却水余热利用项目一览表

序号	项目施工地点	供暖面积（m²）	低温热源种类	热泵的功能
1	采油一厂北一注水站	1000	电机冷却水	供暖/电机冷却
2	采油一厂中七注水站	1000	电机冷却水	供暖/电机冷却
3	采油一厂断西 2# 注水站	1000	电机冷却水	供暖/电机冷却
4	采油二厂萨西二注水站	1400	电机冷却水	供暖/电机冷却
5	采油二厂南二十六注水站	1500	电机冷却水	供暖/电机冷却
6	采油二厂南十三注水站	1600	电机冷却水	供暖/电机冷却
7	采油二厂南三注水站	1700	电机冷却水	供暖/电机冷却
8	采油二厂南十五注水站	2400	电机冷却水	供暖/电机冷却
9	采油二厂萨西注水站	2200	电机冷却水	供暖/电机冷却
10	采油七厂葡 1-1	1624	电机冷却水	供暖/电机冷却

表 5-25　浅层地下水及土壤源热泵项目一览表

序号	项目施工地点	供暖面积（m²）	低温热源种类	热泵的功能
1	采油工艺研究院	12980	地下水	供暖空调
2	水务公司红岗水源	4000	地下水	供暖
3	物资集团银浪库	6500	地下水	供暖
4	采油九厂地质大队	17556	土壤源	供暖空调

总结已有的 31 个热泵项目技术工艺路线，现有水源热泵项目基本工艺流程如图 5-101 所示。

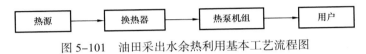

图 5-101　油田采出水余热利用基本工艺流程图

1. 热源

高含水油田热泵工程热源主要包括两部分，即油田采出水和电机冷却水，其中油田采出水为高寒区油田主要热源，水温一般为 35～38℃，水质为水驱普通水、水驱深度水、聚驱普通水、聚驱深度水，每种水均有相应的水质处理标准。

根据《大庆油田地面工程建设设计规定》（Q/SY DQ0639—2015）的规定，相应工艺流程出水水质指标见表 5-26 和表 5-27。

表 5-26　大庆油田水驱污水处理工艺流程及设计参数表

序号	流程及参数		污水处理		污水处理＋深度处理		深度处理	
1	工艺流程		自然沉降—混凝沉降—一级过滤—（核桃壳）		自然沉降—混凝沉降—一级过滤—（双滤料）二级过滤—（双滤料）		一级过滤—（双滤料）二级过滤—（双滤料）	
2	渗透率（μm²）		＜0.6	＞0.6	0.02～0.1	0.1～0.3	0.02～0.1	＜0.1
3	出水水质	含聚合物浓度（mg/L）	＜20	≥20	＜20	≥20	＜20	≥20
		含油量（mg/L）	20	20	8	10	8	5
		悬浮固体含量（mg/L）	10	20	3	10	3	5
		粒径中值（μm）	3	5	2	3	2	2
4	原水水质	含油量（mg/L）	1000		1000		20	
		含聚合物浓度（mg/L）	＜150		＜150		＜150	

表 5-27　大庆油田聚合物驱污水处理工艺流程及设计参数表

序号	流程及参数		污水处理	污水处理＋深度处理	深度处理
1	工艺流程		自然沉降—混凝沉降—一级过滤—（石英砂）	自然沉降—混凝沉降—一级过滤—（双滤料）二级过滤—（双滤料）	一级过滤—（双滤料）二级过滤—（双滤料）
2	渗透率（μm²）		＞0.6	0.1～0.3	＜0.1
3	出水水质	含油量（mg/L）	20	10	5
		悬浮固体含量（mg/L）	20	10	5
		粒径中值（μm）	5	3	2
4	原水水质	含油量（mg/L）	3000	3000	20
		含聚合物浓度（mg/L）	≤450	≤450	≤450

2. 换热器

换热器是含油污水余热利用工艺的重要组成部分。它是将热流体的部分热量传递给冷流体的设备，又称热交换器。换热器在化工、石油、动力、食品及其他许多工业生产中占重要地位，其在生产中可作为加热器、冷却器、冷凝器、蒸发器和再沸腾器，应用广泛。其按结构可分为浮头式换热器、固定管板式换热器、U 型管板式换热器、板式换热器等。常见的有：

浸没式蛇管换热器：这种换热器是将金属管弯绕成与各种容器相适应的形状，并沉浸在容器内的液体中，蛇形管换热器的优点是结构简单，能承受高压，可用耐腐蚀材料制造，缺点是容器内液体湍动程度低，管外给热系数小，为提高换热系数，容器内一般安装搅拌器。

板式换热器：典型的间壁式换热器，它在工业上的应用具有悠久的历史，至今仍占主导地位。其主体由换热板片及板间的胶条组成，主要用于液体与液体之间的交换。

管壳式换热器：这种换热器主要由壳体、管束、管板和封头等部分组成，壳体多呈圆形，内部装有平行管束或者螺旋管，管束两端固定于管板上。

目前在大庆油田含油污水余热利用工艺中以板式换热器为主。

3. 热泵机组

热泵机组是含油污水余热利用工艺的核心，目前在使用的热泵为电动压缩式热泵和燃气吸收式热泵。

（二）工艺流程

按照油田不同的用热需求，将油田采出水余热利用工艺流程划分为以下两类：

1. 以燃气吸收式热泵为核心制热设备的配套工艺（用于工艺用热及采暖）

工艺 1 中热源为高含油采出水和含聚采出水（图 5-102），用于油田掺水工艺。由于来水高含油、含聚合物水质特性，常规预处理及自清洗均无法有效实现水质的深度净化，需进入中间换热系统，中间循环水进入燃气吸收式热泵，经热泵提温后作为二级换热热源（工艺用热包含油处理工艺的掺水、油水分离和集输。掺水工艺温度一般为 65℃ 左右，油水分离温度一般为 80℃ 左右，油气集输温度一般为 55℃ 左右，采暖温度为 65℃ 左右）。

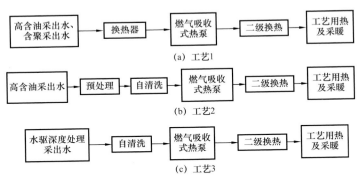

图 5-102　燃气吸收式热泵工艺流程

工艺 2 中热源为高含油采出水（图 5-102），用于油田油水分离工艺。来水虽不含聚合物但含油高，经过物理沉淀过滤后即可作为热泵热源。经过试验，为保证热泵工况温度，热泵前段应加装线胶球自清洗装置，用于定期清洗蒸发器的换热管，以防止换热管内部结垢。处理后的水进入热泵机组提温用于二次换热。该类工艺关键在于预处理对水质的处理效果及自清洗装置的效率，对不同的水质在工程实践前应进行小试及中试试验，以确定预处理的方式及自清洗装置的运行参数。

工艺 3 中热源为水驱深度处理采出水（图 5-102），经深度处理后，水质指标达到"832"标准（即水驱深度处理采出水标准，即含油≤8mg/L，悬浮物≤3mg/L，粒径中值≤2μm）。经过前期试验及论证，该类水经在线自清洗装置后可直接进入燃气吸收式热泵作为热源，进入热泵机组提温后作为二级换热热源。

2. 以电动压缩式热泵为核心制热设备的配套工艺（用于采暖伴热及生活用热）

工艺 4 中热源为高含油采出水和含聚合物采出水（图 5-103），由于来水水质高含油、含聚合物特性，常规预处理及自清洗均无法有效实现水质的深度净化，需进入换热器，中间水进入电动压缩式热泵提温后用于油田采暖、伴热及生活热水（采暖及工艺伴热温度一般为 65℃ 左右，生活热水温度为 45℃ 左右）。

工艺 5 中热源为水驱深度处理水（图 5-103），处理后直接进入电动压缩式热泵为采暖、工艺伴热及生活热水提供热源。该工艺为保证热泵工况温度，热泵前段应加装线胶球自清洗装置，用于定期清洗蒸发器的换热管，以防止换热管内部结垢和堵塞。

油田联合站及一些大型的综合性场站用热需求多样，热源也不唯一，从技术经济及安全角度综合考虑，没有任何一种工艺能完全解决问题，需要两个或三个以上的工艺技术，因此在具体的工艺设计中，应考虑以上工艺的组合，做到多种热源并用，核心机组效率最高，外围配套管路最优，实现采出水余热利用效率最大化。

图 5-118 为停止供暖前一天及后一天地温变化情况，停止供暖后，100m 以深地层温度均有不同幅度的回升，且地层越深恢复幅度越大。

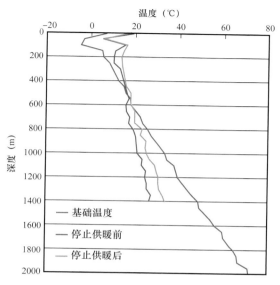

图 5-118　取热井停止供暖前后温度随深度变化曲线

图 5-119 为停止供暖后地温恢复变化曲线，5 月末 900m 以浅地温已经恢复，6 月末 1100m 以浅地温均已恢复，7 月末 1400m 以浅温度全部恢复。

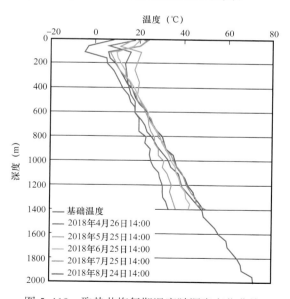

图 5-119　取热井恢复期温度随深度变化曲线

上述地温场监测及井下温度场变化表明：（1）利用油井取热供暖，单井在取热供暖过程中影响范围较小，基本不会对临近油井地下温度产生影响；（2）取热结束后，深部地层取热层会进行热量补充，补充速度随深度增加而增加，2000m 以浅地层在 9 月末可完全恢复，即在下一个供暖季时恢复至地层初始状态。

二、辽河深井直接换热技术工程试验

（一）试验背景

深层地热换热技术属于闭式地热系统，具有只取热不取水的优点，既保护了地热资源，消除了水位沉降的缺点，又减缓了地热系统在井内的腐蚀。中深层地下换热系统地热井深度大，水温更高，取热回报更高，占地面积更小，所以中深层地下换热系统具有广阔的应用前景。

试验始于2017年11月，利用废弃油气井黄32井，开展深井直接换热技术工程试验。

（二）深井直接换热系统设计

设计的套管式换热器如图5-120所示。换热器采用金属多孔介质填充在内管及环形管空间，由于金属多孔介质的高孔隙率及高比表面积，换热器的整体传热系数较传统换热器大大提高。

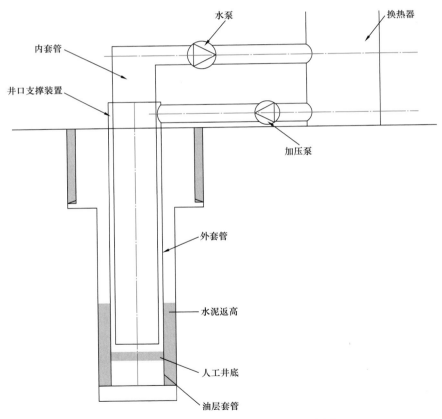

图5-120　黄32井换热井系统流程示意图

地热热水的辅助循环系统主要包括同轴套管、金属套筒、塑料套筒、潜水泵、法兰及连接零件和保温材料等。运行原理：通过同轴套管形式经潜水泵抽取地热水流入换热器，在所设计的高效换热器中将地热能传递给套管另一侧的自来水，冷却后的地热水再经过加压泵又被重新抽回到深井中吸取地热能完成循环。

套管内测的自来水是地热能的载体，考虑到井下取热系统所处深度，在自来水循环中设置了增压泵，保证自来水循环的有效运行。同时通过调节增压泵的参数可以改变套管换热器中自来水的流速，实现对热水温度和取热功率的有效控制，满足地面用户不同的用热需求。井上热利用系统本质上为热泵系统。

整个系统包括井下取热系统、热泵机组、空冷散热器、循环水泵、储水箱及流量、温度传感器等，并设计了蓄水箱用来存储地热能，当用户对热需求低时，将多余的地热能存储在蓄水箱中，用户对热需求高时，释放蓄水箱热能，确保持续地给用户供给热能。因此，井上地热利用系统兼具储热、调温特性，能极大地满足用户不同时段的热需求。

（三）试验与模拟

在系统设备安装与调试之前，工程技术人员对黄 32 废弃井的相关参数及水文地质进行实地勘探和验证。获取的重要参数包括：（1）地热井井深结构；（2）地层岩性构造；（3）地层井内静水位；（4）地热井井下水温度与井深变化曲线；（5）地热水温度梯度；（6）岩层孔隙度、渗流系数；（7）水质化学成分全分析（包括可能含油率、含气率）等。

系统安装运行后，对换热系统取热能力进行了试验与模拟。在给定系统参数的状况下，系统供暖能力 5000m² （辽宁盘锦地区），稳定进出口温差 10℃，最大流量 30m³/h，取热功率 300kW。运行 48h 后，取热功率稳定在 260kW 以上。经测试，入口温度、流量、内管的导热系数、保温材料均对取热功率有很大的影响。

第七节　砂岩地层回灌技术及应用

砂岩地层回灌一直是制约地热开发的关键问题，长期不回灌不仅会导致热储层水位下降，压力降低，而且由于弃水温度高，造成大量的资源浪费和环境热污染。

为解决砂岩地层回灌难的问题，辽河油田采用对井或多井回灌开采模式代替过去的单井开采方式。这样不仅可以有效维持热储压力，防止弃水污染环境，还能通过深循环充分利用热储层中岩石骨架中的热能，延长热储开发利用年限，保证地热井长期稳定生产。

热储层的类型不同，回灌的难易程度差异很大。基岩热储层回灌较容易，效果好，第四系、新近系、古近系热储回灌较困难，回灌效果较差。因此，要提高砂岩型热储层的回灌能力，首先要搞清楚回灌机理、影响回灌的主要因素。其次要针对不同地层，取得稳定的回灌工艺参数，完善回灌流程，形成科学合理具有推广价值的规范化工艺。最后对回灌井解堵进行研究，提出切实可行的中深层地热回灌井解堵方案。

一、回灌技术原理

研究回灌应从了解水在含水介质中的运移规律入手。在渗流力学理论中，著名的达西定律就是描述水在饱和土中渗透的基本定律。1892—1895 年，达西通过均匀砂样的大量渗水试验中发现，单位时间通过面积 A 的渗水量 Q 与上下游水头差（h_1-h_2）成正比，而

与渗样长度 L 成反比，即

$$Q=KA(h_1-h_2)/L \qquad (5-51)$$

式中，$(h_1-h_2)/L$ 为水力坡度，常以 i 表示。

从式（5-51）中可以看出，回灌量的大小与渗透系数、压差、过水面积、过水通道长度有关。随着回灌压力的增大，回灌量增大；随着渗透系数的增大，回灌量增大；随着过水通道长度的增加，回灌量减小。

（一）渗透系数

回灌（即向井中注水）是抽水的逆过程。注水和抽水的不同之处在于，前者是发散的径向流，后者是收敛的径向流。除此之外，还要强调二者物理条件的区别。当水井抽水时，因为井周围的过水断面小，流速相当大，因而岩层中的细颗粒将随水进入井内，这时抽出的井水是混浊的。持续一定时间，直到井水变清，此时在水井过滤器周围形成一个渗透性增高的地带。而回灌注水正好相反，注入的水中含有细颗粒、有机物和空气，水由井向外流动，速度减小，所携带的细颗粒将在一定的距离内沉淀在岩层中。水中所带有的某些溶解物质可能和岩石骨架或含水层中原有的水起作用，产生阻塞。水中带来的和由于压力降低从水中析出的气泡，停留在微小空隙中。某些细菌可能在过滤器上生长。这些都导致含水层阻塞和渗透性降低，因此在井周围产生了一个渗透性降低的地带。该地带呈圆柱状包在井管外面，渗透系数比原来的渗透系数小，而且不是常数，随着距井轴的距离而变化，距井轴越近，阻塞程度越大，渗透系数值越小，如图 5-121 所示。

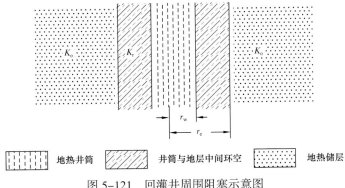

图 5-121　回灌井周围阻塞示意图

K_o 为地热储层渗透系数；K_r 为堵塞系数；r_w 为井筒半径；r_e 为井半径

（二）回灌井堵塞类型

砂岩回灌堵塞类型主要包括悬浮物堵塞、生物化学堵塞、化学沉淀堵塞、气体阻塞、化学反应产生的黏粒膨胀和扩散堵塞，以及含水层砂粒重组造成的物理堵塞等。

地下流体中的悬浮物是引起回灌系统堵塞的一个重要因素。回灌水中的悬浮物含量过高会堵塞多孔介质的孔隙，使井的回灌能力不断减小至无法回灌，这是回灌井堵塞中最常见的堵塞类型。通过对悬浮物水质化验，检测出的成分有：斜长石、石英、钾长石、Mg

和 Fe 的硅酸盐、Fe（或 Zn、Cu）的硫化物或氧化物、NaCl、$CaCO_3$ 等，其中 Fe 的化合物是造成悬浮物堵塞的主要原因。微生物的作用会在富含硫酸盐地层水和低温条件下出现，当满足这种条件时，会加速消耗硫酸盐细菌生长，形成细胞黏土并将介质孔隙堵塞。铁细菌为好氧菌，能在中性或偏酸性水中发育，在和铁质的输水管接触过程中加速 Fe^{2+} 氧化成 Fe^{3+}，形成 $Fe(OH)_3$ 沉淀，从而降低含水层的导水能力或回灌率。低温地热水的热力学变化会引发不利于回灌水化学特性的热化学反应，当地层温度高于回灌水温度时，因气体在较高温度下溶解度降低，氧气将重新释放到气相中，气体将再一次向地表流动，尤其沿着井管壁移动，并发生化学反应，生成微生物物质堆积在管壁。一旦吸附力小于回灌水冲力，将混入地层中，并有可能再次吸附在岩石喉道。

地热水由潜水泵抽至地上，经地面设备换热后再回灌到地下的过程中，由于压力和温度的变化而产生的化学物质析出或溶解的状况比较复杂。析出后可能生成新的物质颗粒，粒径发生变化，某种矿物质因温度变化过饱而产生沉淀导致堵塞孔隙的喉道。另外，地热流体中含有多种化学物质，会对金属材料的输水管线产生腐蚀而生成难溶物质，如果不经过处理直接回灌到井中就会产生堵塞。

回灌过程中水中常夹带大量的气泡，水中的溶解气因压力的变化而释放出来阻塞地层，也可能因生物化学反应生成气体物质，最典型的如反硝化反应生成氮气和氮氧化合物。气泡在浅层含水层中并不构成威胁，气泡可以自行溢出，只要防止回灌水中携带气泡即可。在承压—微承压含水层中，除防止回灌水中挟带气泡外，对其他原因产生的气体应进行特殊处理。

回灌过程中岩石碎屑也很容易堆积在滤水管孔处形成堵塞。若注入的水中带有细颗粒、有机物，会在岩层中产生物理堵塞。

（三）回灌井堵塞现象及判别

在松散的细颗粒承压含水层中进行管井回灌，常出现以下几种现象：

（1）随回灌时间的增加，回灌水位不断上升，单位回灌量不断减少。

（2）当保持一定水头时，随回灌时间的增加回灌量逐渐减少。

（3）当保持一定的回灌量时，随回灌时间的增加，回灌水位逐渐上升。

（4）回灌一段时间后，回扬时抽出的水呈锈黄色，并夹有大量的杂质和小气泡，井的动水位显著下降。

回灌井的堵塞现象，初期以物理堵塞（气相、悬浮物堵塞）为主，中期以化学沉淀堵塞（铁质、钙质盐类沉淀堵塞）为主，后期以生物化学堵塞（铁细菌、硫酸盐还原菌、脱氮硫杆菌等生化作用而产生的堵塞）为主，而物理堵塞与化学堵塞、生物化学堵塞之间又存在着交叉、重叠部分，当某一方面问题得到解决后，另一方面问题也就迎刃而解。

根据回灌量、回扬量与水位的关系，可以分析和评价井的回灌效率，判别回灌井的堵塞情况。一旦回灌过程中回灌水位突然上升或连续上升，回扬时的动水位突然下降或连续下降，不能稳定在某一标高，则说明回灌井已被堵塞。

二、回灌试验前准备及流程

（一）回灌试验前准备

1. 回灌前记录

回灌开始前，应记录开采井流量表、回灌井流量表的起始读数，开采井、回灌井水位的深度及对应液面温度，并填写记录表。

2. 系统装置检查

确保回灌系统中（包括开采井、回灌井）电源、各设备和阀门的开关状态良好，各种仪表、仪器运转正常。检查回灌系统的密封效果，包括开采井、回灌井的井口密封情况及回灌管网的密闭情况，保证系统严格密封。

3. 管路冲洗

回灌试验运行前，对整个系统管路进行彻底冲洗，包括开采井、回灌井管路、输水管网等。冲洗时间由其尾水的清洁程度而定，直至尾水经浊度、悬浮物测试确认为水清无杂质后方可进行回灌。

4. 氮气密封

将氮气罐与开采井的排气阀连接好，开启回灌井，以最大流量向开采井灌水，水面上升至井口后，打开氮气罐阀门，回灌井停泵，开采井水位下降，氮气灌入开采井，用氮气将空气与水面密封。

5. 回灌量设定

密切观测压力表数值，调节回灌量，灌量以 20m³/h，30m³/h，…，从小到大逐渐增加试运行，以压力表、水位数据的变化情况来判断回灌能力，待确认回灌通畅、回灌井内水位上升无快速、明显变化时，再以回灌量 50m³/h，60m³/h，…，依次逐渐增加回灌量，直至正常运行。

6. 回灌过程数据记录

按要求定时记录观测开采量、回灌量、水位、对应液面水温、压力数据等。

7. 回灌井回扬洗井及取样分析

（1）当回灌管线压力增加很快或回灌量减少很大时，需要停止回灌进行回扬洗井。关闭开采井水泵，开启回灌井水泵扬水，以最大水量抽水洗井，至水清砂净，视现场情况回扬 3～5h 方可断电停止回扬洗井。

（2）回扬时每 30min 记录回灌井回扬水量、回扬水温、水位、管道压力等动态数据及回扬水质的清洁情况，并在回扬泵启动后 1min、30min、50min 左右分别取样进行地热流体质量分析。检测项目：中值粒径、悬浮固体含量、水中溶解氧、侵蚀性二氧化碳、硫化物、氯化物、pH 值、Fe、Mn、铁细菌、腐生菌、硫酸盐还原菌等。

（二）回灌试验流程

对回灌井进行周期性的再生处理是保持其回灌能力的基本要求，一旦发生堵塞，通常是比较棘手的问题。除了研究解决堵塞的方法，更重要的是设计防止堵塞的措施。

1. 防止堵塞的措施

1）悬浮物堵塞

通过预处理控制回灌水中悬浮物的含量是防止回灌井堵塞的首要措施，特别是针对系统中物理颗粒和化学析出的颗粒等，这些颗粒肉眼可见，粒径通常较大。可采用增设水质处理的过滤设备，设计不同的过滤工艺和过滤精度（50～80μm），即称之为粗过滤或第一级过滤。当回灌水流经过滤装置时，可有效拦截地热回灌水中粒径较大的悬浮物。

2）微生物堵塞

微生物通常是以生物膜的方式出现，单体粒径肉眼很难观测到，同时还具有极易聚集的习性。因此，当回灌水被细菌污染后，可采用化学法去除水中的有机质或进行预消毒杀死微生物。常规水处理灭菌的方法是向水中加入消毒杀菌的药剂，或采用超滤膜过滤除掉细菌。但前者在回灌过程中适用性差，如果过量加入消毒药剂会改变地热水质，污染该层的地热水，不符合可持续开发的原则。采用精过滤方式过滤（1～3μm），能有效拦截粒径在 1μm 以上的各种微生物，在某种程度上可以防止堵塞的发生。

3）气体阻塞

采用排气改变流体外界条件（压力、流速等），使气泡破裂，并将气体释放出来。通常可用气水分离器或排气阀等排气设备。

4）物理堵塞

回灌水中带有细颗粒，如细粉砂等物理堵塞，可使用除砂器。

5）生物、化学堵塞

整个回灌系统中用氮气密封，隔绝空气中氧气，减少 $Fe(OH)_3$ 沉淀和细胞黏土生成。

2. 回灌工艺及配套设备

回灌的难易程度与热储层的裂隙发育及地下热水运移通道的顺畅程度密切相关。防止各类堵塞的发生是保证回灌的关键。辽河油田通过多次回灌试验，形成了一套回灌工艺及配套设备。

回灌试验系统主要包括开采井、集水器、除砂器、气水分离器、过滤器、加压泵、分水器、回灌井等（图 5–122），回灌试验流程见图 5–123。试验阶段整个流程必须密封。回灌试验时，启动抽水井水泵，记录流量计、压力计、温度计以及井下直读压力计等数据。

3. 氮气密封配套设备

氮气密封配套设备是在辽河油田经过多年回灌试验经验的基础上，形成的比较稳定可靠的设备，已获国家发明专利授权（图 5–124）。

氮气密封配套设备从回灌源头上解决了堵塞问题。通常情况下，地下水从开采井抽水，经过换热器提取热量，到回灌井结束，整个过程很难形成一个密闭系统。运行时，开采井水位下降，回灌井水位上升，空气与水接触。该发明的目的是在运行过程中，通过氮气密封开采井和回灌井，使空气中氧气无法进入地下水，即地下水在整个回灌系统中，处在一个绝对密封状态下，大大减少了回灌井化学、生物化学堵塞概率，从而延长了回扬周期，从源头上解决了回灌井堵塞的问题。

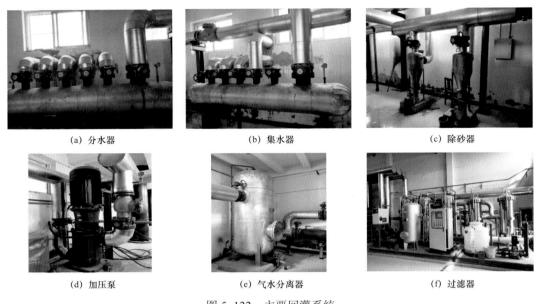

(a) 分水器   (b) 集水器   (c) 除砂器

(d) 加压泵   (e) 气水分离器   (f) 过滤器

图 5-122　主要回灌系统

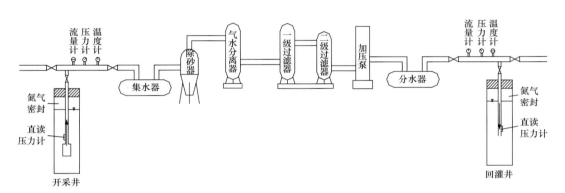

图 5-123　回灌试验流程示意图

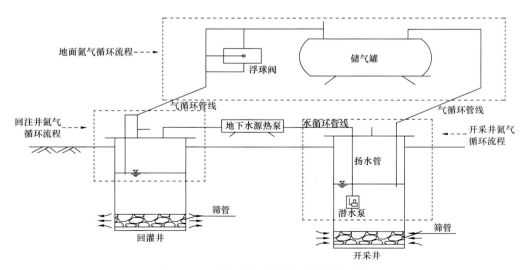

图 5-124　氮气密封回灌技术流程示意图

三、回灌井解堵方法

解决堵塞的措施应根据现场地质条件、回灌水质和可能造成堵塞的原因和类型，制定相应的对策。目前解决堵塞主要采用物理法和化学法，物理法即采用定期或不定期反抽（回扬），或可采用射入高压空气和水进行分段冲洗。化学方法包括加酸、消毒及加入氧化剂等改变回灌的水质。

（一）回扬解堵法

回扬解堵法操作简单、成本较低，尤其对由悬浮物、气泡等原因造成堵塞的回灌井解堵效果明显。

回灌井因长期回灌，回灌水在井底筛管部位因压力作用始终向地层流动，水中悬浮物、气泡也随水流进入地层，进而堵塞地层。通过回采改变地下水流动方向，让进入地层的悬浮物再次从地层中"吐出"，从而达到疏通的目的。

对于一般轻度堵塞的回灌井，可直接采用连续回扬的方法处理，直至井的单位开采量和动水位恢复正常后，再进行下一轮回灌。

对于堵塞程度中等或严重的回灌井，一般采用回扬与间歇停泵反冲的处理方法，或采用回扬与压力灌水相结合的处理方法。必要时也可采用活塞洗井方法，通过钻机下入洗井活塞反复抽拉扰动地层水体，利用活塞真空负压达到解堵目的。

（二）化学处理方法

对于由铁细菌、微生物等原因造成的回灌井堵塞，通常仅靠回扬解堵法是难以达到疏通的效果，针对这类堵塞应采用化学处理方法，即酸化处理。

当垢质中的铁含量大大超过了 0.006%，按经验数值推算，即当地层流体的 pH 值大于 3.5 时 Fe^{3+} 就会产生沉淀。当滤水管沉淀物是 $Fe(OH)_3$，并与地层砂胶合成钙质或铁质结垢物时，会把滤水管孔隙及地层孔隙部分或全部堵塞。针对这种堵塞应采用 10% 的 HCl（加酸洗抗蚀剂）处理，通过油管将稀盐酸注入筛管部位，利用化学反应生成可溶解的 $FeCl_3$ $[Fe(OH)_3 + 3HCl \longrightarrow FeCl_3 + 3H_2O]$，进行解堵。

四、辽河油田回灌试验

辽河油田 2017—2018 年对兴东水源第四系平原组、润诚苑地区馆陶组、兴一矿东营组进行了回灌试验，回灌量分别为 480m³/d、840m³/d 和 840m³/d。

回灌试验采用辽河油田标准化工艺流程和配套设备，整个回灌试验期间为自然回灌。回灌量较稳定，试验期间没有回扬。通常在供暖期结束后对回灌井进行冲砂洗井。

（一）润诚苑回灌试验

1. 回灌层

回灌层位为新近系馆陶组含水层，岩性以大段灰色、灰绿色砂砾岩为主，局部夹灰绿色泥岩薄层或透镜体，砂砾岩粒径为 0.5～5mm，主要成分为石英、安山岩，泥质胶结，成岩程度低，孔隙较发育，为一套河流相堆积物。含水层厚度大于 250m。

2. 回灌试验

回灌井为兴 4 井，回灌过程中对水量、压力进行了观测。回灌试验共进行了两组，见表 5-32。

表 5-32　润诚苑回灌试验参数

试验编号	回灌日期	持续时间（d）	平均回灌量（m³/h）
第一组	2017 年 12 月 7 日至 2018 年 4 月 1 日	116	74.9
第二组	2018 年 10 月 20 日至 2018 年 12 月 15 日	57	74.7

3. 回灌试验结果

从图 5-125 和图 5-126 中可以看出，由于采用了合理的回灌流程，且整个回灌系统采用氮气密封，该地区馆陶组含水层回灌井的井口压力为 0，属自然回灌，回灌量基本稳定在 75m³/h 左右。

由于整个回灌试验期间回灌量较稳定，且井口压力也变化不大，故试验期间没有回扬。

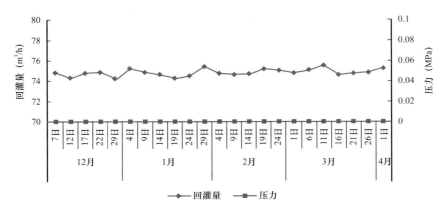

图 5-125　润诚苑第一次回灌试验曲线

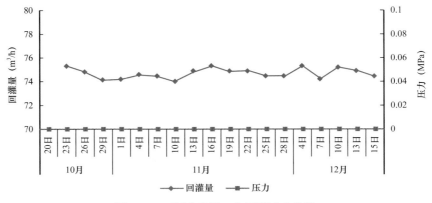

图 5-126　润诚苑第二次回灌试验曲线

（二）兴一矿回灌试验

1. 回灌层

回灌层位为古近系东营组含水层，东营组热储层在工作区内均有分布，由多套含水层组成，层间夹有泥岩层，砂层厚度为 50～290m。黄 6-5c 水层厚度为 203m。砂岩孔隙度为 19.5%～23.6%，平均渗透率为 34.9～167.39mD。东营组储层温度普遍较低，1500m 深度的地温为 39～52℃，2000m 深度的热储温度为 50～68℃。

2. 回灌试验

回灌井黄 6-5c 井，射孔井段为 2330.0～1069.6m，射孔有效厚度为 233.2m，筛管半径为 0.038m。

开采井黄 06-6 井，射孔井段为 1655.0～1362.0m、1261.0～925.0m，筛管长度为 229m，筛管半径为 0.038m。

备用井黄 04-4 井，射孔井段为 2152.3～1073.6m，射孔有效厚度为 195.7m，筛管半径为 0.038m。

开采井中的水经过热交换后，通过输水管网连接至回灌井，在井口管线中安装阀门、水表、压力表、温度计等，进行自然回灌。回灌时为了防治筛管堵塞、加大回扬周期，采用氮气密封井口方法，回灌情况见表 5-33。

表 5-33　兴一矿回灌试验参数

试验编号	回灌日期	持续时间（d）	平均回灌量（m³/h）
第一组	2017 年 12 月 1 日至 2018 年 4 月 1 日	110	35.3
第二组	2018 年 10 月 20 日至 2018 年 12 月 15 日	57	35.1

3. 回灌试验结果

从图 5-127 和图 5-128 中可以看出，整个回灌系统采用氮气密封，东营组含水层回灌井的井口压力为 0，属自然回灌，回灌量基本稳定在 35m³/h 左右。回灌试验期间回灌量稳定，井口压力变化不大，试验期间没有回扬。

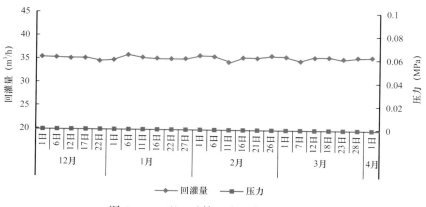

图 5-127　兴一矿第一次回灌试验曲线

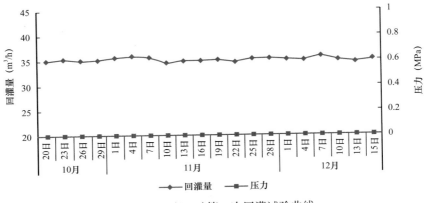

图 5-128　兴一矿第二次回灌试验曲线

（三）兴东回灌试验

1.回灌层

回灌地层为兴东地区第四系平原组下部含水层，微承压，岩性为中砂、中细砂、细砂，含水层厚度 70m。

2.回灌试验

回灌井大伙房地热 2 井，筛管位置为 –335～–275m，筛管长度为 60m，筛管半径为 0.0795m。

开采井大伙房地热 1 井，筛管位置为 –275～–215m，筛管长度为 60m，筛管半径为 0.0795m。

根据兴东水源制热（制冷）用水量，使用大伙房地热 1 井作为开采井，大伙房地热 2 井作为回灌井，开采井中的水经过热交换后，通过输水管网连接至回灌井，在井口管线中安装阀门、水表、压力表、温度计等。回灌时为了防治筛管堵塞、加大回扬周期，采用氮气密封井口方法。

试验期 2018 年 10 月 20 日至 12 月 15 日，历时 56d，平均回灌量为 19.9m³/h。

3.回灌试验结果

从图 5-129 中可以看出，回灌系统采用氮气密封，平原组含水层回灌井井口压力为

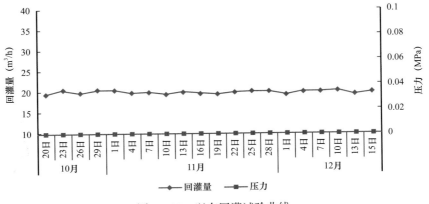

图 5-129　兴东回灌试验曲线

0，属自然回灌，回灌量稳定在 20m³/d。由于回灌试验期回灌量稳定，井口压力变化不大，试验期间没有回扬。

五、华北油田回灌试验

（一）热储层

华北油田回灌试验的地层为馆陶组，馆陶组热储为灰色、灰黄色粉细砂岩、中砂岩、含砾砂岩，砂岩单层厚度大，一般为 10～20m，累计厚度为 100～200m。有效孔隙度为 20%～32%，渗透率一般为 93～500mD。单井产水量为 1000～2500m³/d，井口水温为 70～78℃。矿化度较低，一般小于 2.0g/L。

（二）回灌试验

试验地点：华北油田渤海石油职业学院，时间：2018 年 1 月至 11 月。

试验内容：筛管完井回灌试验、射孔完井回灌试验、大井距回灌试验、小井距回灌试验、井组回灌试验。试验井任热 1、任热 2、任热 3、任热 4、技热水 1，井位位置如图 5-130 所示。

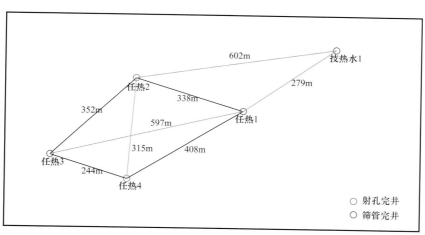

图 5-130　华北油田地热井位置示意图

（三）试验结果

通过自然回灌确定了筛管完井最大自然回灌量为 65m³/h，趋于稳定时回灌渗透系数 0.16m/d。

自然回灌时：回灌量为 30m³/h，回扬周期为 18.1d；回灌量为 60m³/h，回扬周期为 6.5d；回灌量为 70m³/h，回扬周期为 3.6d。回扬时间：大排量 70m³/h，回扬 4h 以上。

加压回灌时（1MPa）：回灌量为 30m³/h，回扬周期为 26.0d；回灌量为 60m³/h，回扬周期为 14.9d；回灌量为 70m³/h，回扬周期为 10.0d。回扬时间：大排量 70m³/h，回扬 4h 以上。

通过回灌试验对比，回灌量的大小与回灌井的完井方式有关，筛管完井的回灌效果好于射孔完井。实际生产时采用射孔完井的任热 2、任热 4 井为开采井，筛管完井的任热 1、任热 3 井为回灌井。

　　除开展辽河油田和华北油田砂岩地层回灌试验外，冀东油田为实施曹妃甸地热采暖项目，于 2018 年进行了三组馆陶组砂岩回灌试验，均实现了 100% 同层回灌，试验结果为曹妃甸新城地热采暖项目的顺利实施提供了技术保障。采用该技术，一次建成曹妃甸新城采暖面积 $230 \times 10^4 \mathrm{m}^2$，成为全国单体规模最大的地热集中供暖项目。

第六章　油区地热开发利用发展前景

　　石油企业拥有开发地热所需的丰富地下地质资料，拥有开发地热所需的技术、人才、地面设施等先天优势。在当前国家大力推进能源低碳清洁发展、推动能源变革的时期，大力开发油田地热，对推动石油企业转型发展、实现国家清洁采暖计划和建设美丽中国意义重大。

第一节　油区地热开发利用前景

　　目前，中国东部地区多个油田已实施油田地热利用项目，包括原油管道加热、油管清洗、油水分离、房屋采暖、温室大棚以及中低温地热发电等。开发利用地热的方式主要是利用采油过程中分离出的热水，将油井或废弃井改造为地热井或钻地热井等，采用的技术包括地面直接换热技术、井下直接换热技术、热泵技术和中低温地热发电技术等。在累计实施的油田地热项目中，利用的地热能（折算为标准煤）超过 $160 \times 10^4 t/a$，这些项目集中在渤海湾盆地的华北油田、胜利油田、中原油田、辽河油田、冀东油田以及松辽盆地的大庆油田。

　　对比已实施的油田地热开发利用项目，可以看出，埋深浅、温度高的直接换热项目的经济性明显好于温度低、需热泵技术的地热项目。由于不同盆地的地热资源流体质量的差异，开发利用的经济性也相差很大。中国中西部油田地温梯度较低，只有埋深较大的地区才能获取较高的温度，大部分地热资源开发须利用热泵技术，增加了项目的开发成本，因此其经济性低于东部油田。

　　开发利用的油田地热可服务于油田生产和生活，如原油管道集输、油水分离、提高原油采收率、冬季采暖和农业养殖。油田地热的资源潜力巨大，优势显著：（1）油田地热资源量大，可满足油田生产和生活用热需求；（2）油田开发多年，有成熟的管网系统和地面设施，稍加改造就可以利用；（3）经过多年的石油勘探，油田公司已掌握大量的地质、地球物理和钻井等基础数据，地下地质情况清楚，减少了前期的地热勘探投资；（4）油田中有大量的废弃井，可改造为地热井直接利用。

　　综合分析区域地温场、热储分布和地热资源的形成与富集特点，考虑油田的用热需求，应优先开发利用温度场高、资源最富集、经济性好的东部含油气盆地地热田，如渤海湾盆地的华北油田、辽河油田、大港油田、冀东油田，松辽盆地的吉林油田、大庆油田；其次为中部地区鄂尔多斯盆地、柴达木盆地和四川盆地；西部地区塔里木盆地、准噶尔盆地、吐哈盆地尽管资源量较大，但地温梯度和资源丰度较低，开发利用经济性低于东部地区。

东部地区华北油田牛驼镇古潜山地热田开发建成的"雄县模式"，成为含油气盆地水热型地热资源开发利用可复制的样板工程。该地热田的热储层为碳酸盐岩，埋深为1500～2000m，温度为60～80℃，采用回灌技术，开发潜山地热取代燃煤锅炉，供暖面积达到$450 \times 10^4 m^2$，实现了全县地热采暖，成为中国第一座地热供暖的"无烟城"。正在建设的"雄安新区"就位于水热型资源最富集的华北油田范围，开发利用油田地热，不仅可替代油田生产用能，对防治大气污染和改善环境质量意义重大。

第二节　石油公司发展地热的优势

为抢占下一轮能源竞争先机，保持公司的可持续发展，许多国际大石油公司提出了转型发展计划，涉足新能源业务。国内的三大石油公司，为顺应能源发展形势，兼顾国家和企业责任，很早就涉足了地热领域，为实现公司转型发展、建设综合性能源公司奠定基础。国家已经高度重视地热能的开发利用，对于拥有丰富地下勘探开发油气资源资料与数据的石油公司，为国家地热能资源的研究与开发利用提供技术支撑责无旁贷。

（1）地热能的开发利用是石油公司实现转型发展的重要业务领域。

石油公司以油气为主营业务，面对我国陆上资源劣质化、成本刚性上升、海外自主勘探领域缩减等一系列问题，顺应能源发展形势，兼顾国家和企业责任，发展绿色低碳清洁能源，走清洁化发展道路是保持公司可持续发展的必然选择。除传统油气业务外，积极涉足新能源新产业，发展地热能、氢能、生物质能、风能、太阳能、储能、地下煤气化、天然气水合物等新兴业务，是石油公司转型发展的重要内容。目前，中国石化、中国石油已把地热能开发利用纳入公司的经营业务。

（2）地热是与油气关系相关性最强、最现实可行的能源类型。

地热能开发利用是石油公司新能源发展最现实的能源资源，与油气主营业务高度融合，一是地热资源常与油气伴生；二是油气开发过程中，油气分离出的地热水可直接利用；三是地热能勘查与开发利用技术在很多方面与石油天然气技术重叠，可以直接利用石油行业成熟的技术，如物探、钻井、录井、测井、测试、回注、水力压裂、管道等技术，以及流体力学、地下热力学建模技术等。

作为油气的伴生资源，油田已开发利用地热多年，华北、辽河、胜利、大庆、冀东、大港、中原等油田利用油气开发过程中的伴生水余热资源或废弃井改造为地热井，开发地热用于生活采暖、输油伴热、管道清洗等，替代燃油燃气，节约了大量化石能源。

此外，从能耗看，石油公司不仅是油气生产大户，而且是能耗大户，每年油气和电力等能耗超过几千万吨标准煤，用于满足油田生产用热和电力需求。而地热能不仅能够提供热能，还可以用来发电提供电能。因此，在油田生产和生活用能替代方面地热能可以发挥巨大作用。

（3）具有资源、技术和区位优势，发展潜力大。

油田拥有丰富的地热资源。石油公司尤其是中国石油拥有大量陆上油气探矿权，矿权内地热资源十分丰富。初步评价中国石油15家油田公司77套层系的地热资源折合标准煤

1.1×10^{12}t，年可采 16×10^8t 标准煤，占我国水热型地热资源的 84%，地热资源优势显著。

拥有大量可改造的废弃井，可大大降低地热开发成本。在油气开发过程中，油田企业有大量的废弃油井，这些废弃井，很多套管结构完好，稍加改造就可以变成地热井。据估算，废弃井改造为地热井利用可节约地热开发成本一半甚至三分之二以上，该举措不仅可以降低地热开发风险，减少开发成本，还可以盘活大量沉淀资产。如辽河油田兴采一矿利用两口废弃井改造为地热井，替代原燃煤锅炉供暖，实现对 3.5×10^4m² 办公区及厂房冬季采暖，每年替代燃煤 420t，年节约运行成本 90 万元。

油田和周边城镇用热需求较大，区位优势显著。从油田分布看，我国大部分油田位居北方，是冬季采暖用热需求最大的地区。开发利用油田矿区内现有的地热资源，实现地热清洁采暖，不但可以替代化石能源，实现节能减排，而且对雾霾的治理、高含水油田的产业转型和安排再就业具有重要意义。

石油的钻井、测试、热水输送、水质处理及地面油建工程等常规技术，均是油田地热开发适用的常规技术。地热开发的实践证明，应用油气井筒技术、地球物理勘探技术、油气开发技术，能很好地解决地热开发的技术难题，还可以利用深井钻井、储层压裂改造技术，开展深层干热岩发电试验，因此，石油企业在地热开发中具有得天独厚的技术优势。结合油田地热的特点，经过多年技术攻关，中国石油、中国石化已掌握了油田地热资源勘查、资源评价、地热开发与利用、工程建设等关键技术，尤其在砂岩地层回灌、废弃井改造为地热井、采出水余热利用、燃气热泵、高温地热钻完井等技术方面取得了重大进展。砂岩地层实现了无压回灌，节约了加压回灌的电力成本，该技术已在辽河油田、华北油田和冀东油田的大型地热采暖项目中进行了应用。采出水余热利用技术在大庆油田、胜利油田、华北油田、辽河油田、中原油田等东部的多家油田进行了推广应用。中国石油利用自主研发的高温地热井高效 PDC 钻头、抗高温泡沫钻井液体系、高温地热井测试仪器、高温固井及回填工艺等关键技术，在肯尼亚完成了高温地热井 151 口，占肯尼亚地热钻井总数的 72%，市场占有率大幅度提高，显著提升了我国的影响力和竞争力。

第三节　石油公司发展地热的建议

当前国家高度重视地热产业发展，出台"十三五"规划和相关政策，加快推动地热利用实现清洁采暖和雾霾治理。作为石油公司，在面临国家更严厉的环保法、逐步关闭燃煤锅炉、推动"煤改电""煤改气"等清洁采暖的大环境下，油田地热开发利用带来了前所未有的发展机遇。油田企业开发利用地热具有先天优势，大力发展地热产业，不仅对推动我国能源结构调整、节能减排、改善环境具有重要意义，还对油田企业拓展新业务、增强综合竞争能力，尤其是老油田的产业转型升级具有更重要的现实意义。目前石油公司地热发展规模远低于预期，各公司发展的速度很不均衡，还存在关键技术未掌握、优势未得到充分发挥、体制机制不健全等问题亟待解决。

为加快发展地热产业，使其在提质增效中发挥重要作用，提出以下发展建议：

（1）充分发挥资源、技术和区位优势，大力开发油田地热，满足油田生产和生活用热需求，实现对油田企业传统能耗的有效替代，如替代油气集输、冬季采暖、油水分离等用热所需的大量燃油、燃气。再辐射到油田周边，为当地城镇居民用热提供服务。同时要注重油田伴生资源的协同开发，实现油、水、热、稀有元素（铀、锂、钾等）共同开发，提升油田综合开发效益。

（2）加大科技创新研发力度，提升地热科研水平。研发并掌握制约地热发展的关键技术，包括深井直接换热、中低温地热发电、地热高效开发利用、干热岩开发利用技术等，支撑地热产业加快发展。加快地热重点实验室建设，推动地热开发关键技术和工艺加快突破，掌握行业话语权，引领我国地热产业高质量发展。

（3）创新体制机制，建设一流研发平台。建立开放合作机制，培养地热领域专业人才。加大科研队伍建设，完善技术研发体系，引进高端人才，提升研发水平。创新科技人员分配激励政策，采取技术人员入股、享受分红等多种方式，激发科研人员的创造力。设立多元化、多渠道投资途径，引入社会资本，实现地热产业共享共赢。

（4）优势互补，协同发展。国家地热能源开发利用研究及应用技术推广中心和能源行业地热能专业标准化技术委员会落户中国石化，旨在依托石油企业加大技术研发和标准制定，引领我国地热产业发展。建议石油公司创新合作联盟，强强联合，发挥石油企业的资源、技术、人才、市场、资金优势，搭建数据共享的地热勘查数据云平台，加快拓展地热开发利用市场，做大做强全产业链，推动地热产业快速发展。

（5）布局接替产业，做强地热业务。我国石油行业经过数十年的生产开发，有些老油田已经进入高含水期，油田生产后期就是地热田，地热产业是石油行业的重要接替产业，开发地热田可以将残余的油气作为副产品，作为地热产业的经济补充。所以建议中国石油以华北油田为先导，以服务雄安新区为目标，选取1～2个老油区整体转型为地热田，开展地下地热资源精细化评价，开展地热资源地质建模、数值模拟研究，完成科学、可持续、采注平衡，以热定采的地热田开发方案，为雄安新区建设中地热能的开发利用提供安全可靠的技术保证，做强中国石油的地热业务，为我国顺利实现碳达峰、碳中和的目标贡献我们的力量。

参 考 文 献

曹阳，施尚明，李雪英，等，2000.地热资源综合评价方法.测井技术，（S1）：511-514.

陈戈，郭伟，2018.热储法在地热资源潜力评价中的应用——以天长市石梁地区为例.安徽地质，28（2）：127-130.

陈墨香，汪集旸，邓孝，1994.中国地热资源—形成特点和潜力评价.北京：科学出版社.

戴玉权，姚艳华，杨英华，等，2006.辽河油田地热资源勘查.

邓春来，2008.辽河油田地热资源评价及其配套技术研究.北京：中国地质大学（北京）.

邓岳飞，2009.地下热水补给条件与开采潜力评价.北京：中国地质大学（北京）.

董华松，2014.油井地热开发的数值模拟与回归预测研究.北京：中国地质大学（北京）.

付亚荣，李明磊，王树义，等，2018.干热岩勘探开发现状及前景.石油钻采工艺，40（4）：526-540.

Glassley W E，2017.地热能.王社教，闫家泓，李峰，译.北京：石油工业出版社.

高博翔，高联益，2017.华北潜山油藏地热能评价及综合利用实践.石油石化节能，7（5）：31-33.

高德君，2017.重视油田地热资源开发利用优势　推动绿色发展——以胜利油田为例.中国国土资源经济，30（4）：30-34.

高平，2015.岩石热物性参数分析及多场热效应耦合模型研究.长春：吉林大学.

高志娟，2012.天津市大港区地热井回灌模式探讨.人民长江.

戈艺然，2017.地热资源评价与分析——以黑龙江某地区为例.黑龙江科学，8（6）：52-53.

龚露，2014.地温场二维有限元数值模拟.长沙：中南大学.

龚晓凌，王现国，杨国华，等，2018.地热资源特征及开发利用.河南水利与南水北调，47（4）：84-85.

关帅，2012.大庆市肇州地区地热资源潜力研究.大庆：东北石油大学.

郭昂青，2016.松辽盆地北部热储体系特征及开发利用.地质与资源，25（4）：380-385.

郭冬梅，2013.辽宁省盘锦市海外河地区地热资源研究与评价.中国国土资源经济，26（3）：61-65.

郭彤，刘之葵，2016.热储法在重庆市大学城地热水资源评价的应用.长江大学学报（自科版），13（19）：57-64.

郭祥旭，刘晓光，李庆媛，2010.沉积盆地型层状热储地热资源量计算方法探索.黑龙江科技信息，（25）：25-26.

国际可再生能源署，2020.2020年可再生能源报告.

国家发展和改革委员会，国家能源局，国土资源部，2017.地热能开发利用"十三五"规划.

韩征，崔一娇，王树芳，等，2015.基于蒙特卡罗法的地热资源评价——以河北省雄县地热田为例.城市地质，10（4）：58-62.

胡德攀，2016.油气储层中地热能评价方法研究.成都：成都理工大学.

黄力军，孟银生，陆桂福，2007.可控源音频大地电磁测深在深部地热资源勘查中的应用.物探化探计算技术，29：60-63.

黄悦，2013.哈尔滨地区地热资源潜力综合研究.长春：吉林大学.

贾慧艳，2012.地下水源热泵回灌技术研究.节能建筑，（6）：56-59.

贾雁杰，2015.辽宁省地热资源成因类型及评价.阜新：辽宁工程技术大学.

姜建群，李军，史建南，等，2004.大民屯凹陷古今地温场特征及其成藏意义.沉积学报，22（3）：541-546.

姜智超，2015.黑龙江省绥化市地热田地热资源评价及合理开发利用.长春：吉林大学.

金飞，2013.黑龙江省肇州县肇州镇地热资源评价与研究.长春：吉林大学.

孔令山，王生旭，2010.探讨地热资源评估方法.黑龙江科技信息，（13）：5.

孔维臻，2013.地热资源开发利用经济评价研究.武汉：中国地质大学.

雷群，王红岩，魏伟，等，2008.油气田地热开发前景潜力分析.天然气工业，28（12）：127-129.

李德海，2008.辽河油田沈采地区地热资源勘探与开发研究.地下水，30（4）：32-33.

李钫，2014.地热资源评价方法的探讨.城市地质，9（S1）：25-29.

李克文，王磊，毛小平，等，2012.油田伴生地热资源评价与高效开发.科技导报，30（32）：32-41.

李伟，叶疆，廖媛，等，2016.江汉平原地热资源评价的初步研究.资源环境与工程，30（6）：882-894.

李卫东，2006.大地电磁反演方法评析及其在地热勘查中的应用研究.北京：中国地质大学（北京）.

李晓燕，赵铭海，杨永红，等，2018.济阳坳陷灰岩热储分布特征及资源潜力评价.工程地质学报，26（4）：1105-1112.

李雪英，刘江南，施尚明，等，2011.松辽盆地有效热储层产能预测方法.科学技术与工程，11（21）：5005-5007.

李艳梅，2005.辽河油田地区地下水水质模拟与预测.长春：吉林大学.

李野，2017.松辽盆地EGS地热资源评价及勘察开发选区初步研究.长春：吉林大学.

李自安，张锐，施尚明，等，2004.松辽盆地杜蒙地区热储流体运移模拟研究.大庆石油地质与开发，（6）：28-30.

梁宏斌，钱铮，辛守良，等，2010.冀中坳陷地热资源评价及开发利用.中国石油勘探，15（5）：63-68.

梁宏达，2015.大陆岩石圈电性结构研究.北京：中国地质科学院.

梁藉，2011.北京市再生水回灌必要性及关键问题研究.北京：北京水务.

蔺文静，刘志明，王婉丽，等，2013.中国地热资源及其潜力评估.中国地质，40（1）：312-321.

刘爱华，郑佳，李娟，等，2018.浅层地温能和地热资源评价方法对比.城市地质，13（2）：37-41.

刘晨璞，钟鑫，朱焕来，2016.松辽盆地北部中低地温场形成机制探讨.地质调查与研究，39（4）：316-320.

刘国庆，刘龙飞，陈岑，等，2015.东濮凹陷地热资源评价.石化技术，22（3）：145，152.

刘澍，刘铁敏，2014.油区地热资源的开发和利用研究.当代化工，43（11）：2370-2373.

刘玉，杨兴，隋学文，2010.松辽盆地林甸镇地热田地热流体水质评价.黑龙江水专学报，37（2）：78-82.

娄洪，闵丽霏，黄林，等，2014.松辽盆地干热岩地热资源潜力初探.矿产保护与利用，（1）：10-14.

卢文华，2016.辽宁省绥中地区地热资源地球物理勘探应用研究.南昌：东华理工大学.

路莹，2012.地热水人工回灌过程中微生物堵塞的预测.湖南大学学报（自然科学版），39（1）：77-80.

吕亳龙，马建国，解红军，等，2018.油田地热利用概况及对策建议.石油石化节能，8（8）：32-35.

梅惠呈，2016.江西省玉龙地区地热地质特征与地热资源评价研究.中国锰业，34（3）：29-30.

孟银生，姚长利，刘瑞德，等，2011.地热田温度预测的反演电阻率方法.物探与化探，35（1）：58-60.

孟银生，张光之，刘瑞德，2010.电阻率参数预测地热田深部温度方法技术研究.物化探计算技术，32

　　（1）：31–34.

庞忠和，胡圣标，汪集旸，2012.中国地热能发展路线图.科技导报，30（32）：18–24.

庞忠和，孔彦龙，庞菊梅，等，2017.雄安新区地热资源与开发利用研究.中国科学院院刊，32（11）：
　　1224–1230.

祁福利，李永利，张烽龙，等，2012.黑龙江省大庆市黑鱼湖地区地热资源评价.水文地质工程地质，39
　　（3）：139–142.

秦佩欣，2014.东濮凹陷地热资源评价方法与应用研究.北京：中国地质大学（北京）.

任国澄，2015.浅谈地热资源及储量计算方法.西部探矿工程，27（11）：108–110.

茹洪久，刘东林，胡慧川，等，2018.天津地热资源评价与综合研究.中国地质调查，5（2）：25–31.

尚小刚，2013.青海省威远镇地热田热储特征及其开发利用潜力评价.北京：中国地质大学（北京）.

施龙，李自安，施尚明，2004.松辽盆地杜蒙地区地热田的形成及资源量.大庆石油地质与开发，（3）：
　　26–28.

施尚明，孙小洁，韩殿杰，1999.油、气、水层综合识别的概率法及其应用.大庆石油地质与开发，（3）：
　　15–17.

施尚明，孙小洁，于清华，1998.松辽盆地林甸地区地温场特征.大庆石油学院学报，（4）：79–81.

施尚明，赵盼，霍东凯，等，2011.地温梯度研究中应该注意的问题.科学技术与工程，11（20）：4838–
　　4842.

施尚明，朱焕来，梁玉杰，等，2004.沉积盆地型地热水资源定量评价体系的建立及应用.大庆石油学院
　　学报，（5）：4–9.

苏永强，李郡，2018.雄安新区地热资源评价与开发应用潜力分析.河北工业大学学报，47（4）：62–67.

孙红丽，2015.关中盆地地热资源赋存特征及成因模式研究.北京：中国地质大学（北京）.

田春艳，2016.广东省新洲地热田水化学特征及流体质量评价.地下水，38（4）：46–48.

万战生，2011.青藏高原东边缘冕宁—宜宾剖面电性结构及高导层的地质意义.国际地震动态，（5）：
　　39–42.

万志军，赵阳升，康建荣，2005.高温岩体地热资源模拟与预测方法.岩石力学与工程学报，24（6）：
　　945–949.

汪集旸，邱楠生，胡圣标，等，2017.中国油田地热研究的进展和发展趋势.地学前缘，24（3）：1–12.

汪玮玮，2018.地热资源的开发利用及可持续发展.智能城市，4（7）：64–65.

王贵玲，张薇，梁继运，等，2017.中国地热资源潜力评价.地球学报，38（4）：449–459.

王贵玲，张薇，蔺文静，等，2017.京津冀地区地热资源成藏模式与潜力研究.中国地质，44（6）：1074–
　　1085.

王贵玲，张薇，蔺文静，等，2018.全国地热资源调查评价与勘查示范工程进展.中国地质调查，5（2）：
　　1–7.

王洪星，2004.胜利油田地热资源综合利用项目介绍.中国建设信息供热制冷，（1）：17.

王继华，2010.河南沉降盆地地热资源评价.长江大学学报（自然科学版）理工卷，7（2）：178–180.

王琦，2010.沉积盆地型地热田定量评价系统研究.大庆：大庆石油学院.

王瑞娟，2017.地球化学温标方法在地热资源评价中的应用.中国资源综合利用，35（9）：130–131.

王社教, 闫家泓, 黎民, 等, 2014. 油田地热资源评价研究新进展. 地质科学, 49（3）: 771-780.

王肖凤, 2011. 南阳盆地地热田类型划分及地热地质特征. 焦作: 河南理工大学.

王沂, 汪中华, 王寿岷, 2005. 地下水回灌工程对回灌水质控制的研究 // 海洋湖沼学会 2005 年学术研讨会, 丽江.

王永新, 汪集旸, 胡圣标, 2003. 辽河盆地东部凹陷热历史及构造热演化特征. 地质科学, 38（2）: 214-220.

王冶祥, 温金梅, 李德龙, 2015. 热储法在地热资源评价中的应用——以重庆巴南区地热田为例. 地下空间与工程学报, 11（S1）: 342-346.

文慧俭, 施尚明, 孙小洁, 2011. 松辽盆地有效热储层的识别与划分技术. 科学技术与工程, 11（6）: 1322-1324.

伍小雄, 2011. 辽河盆地地热资源定量评价. 大庆: 东北石油大学.

薛晓丹, 2005. 盘锦地区地下水水位模拟预报与水资源合理利用研究. 长春: 吉林大学.

薛禹群, 2005. 地下水动力学. 北京: 地质出版社.

薛中举, 2011. 溴化锂吸收式热泵系统的研究. 杭州: 浙江大学.

阎敦实, 于英太, 2000. 京津冀油区地热资源评价与利用. 武汉: 中国地质大学出版社.

杨俊仓, 贾贵义, 魏洁, 2011. 兰州盆地地热资源及其潜力分析. 甘肃科技, 27（24）: 49-51, 66.

杨荣康, 罗维, 裴永炜. 等, 2018. 贵州省水热型地热资源分布及流体水化学特征. 中国地质调查, 5（02）: 38-44.

杨兴, 刘玉, 2012. 黑龙江省地热流体水质评价. 科技创新与应用,（32）: 127.

殷骏, 2015. 基于区域地温场的煤矿床温度场数值模拟研究. 大连: 大连理工大学.

尹玉龙, 2018. 中国地热资源及其潜力评估. 科技与创新,（5）: 57-58.

余晨, 2016. 对流型地热区地热资源评价及数值模拟研究. 郑州: 华北水利水电大学.

曾玉超, 苏正, 吴能友, 等, 2011. 漳州地热系统基岩裂隙热水温度场数值模拟 // 中国地球物理学会第二十七届学术年会, 长沙.

翟志伟, 施尚明, 朱焕来, 2011. 大庆长垣西部地区地热资源潜力分布. 科学技术与工程, 11（4）: 834-837.

翟志伟, 施尚明, 朱焕来, 2011. 油田产出水型地热资源利用探讨——以大庆油田为例. 自然资源学报, 26（3）: 382-388.

张朝锋, 郭文, 王晓鹏, 2018. 中国地热资源类型和特征探讨. 地下水, 40（4）: 1-5.

张飞燕, 平立华, 吴英, 2018. 华东地区地热资源评价研究——以苏皖地区为例. 中国煤炭地质, 30（3）: 41-46.

张光华, 2018. 国内油田企业开发地热余热产业的经营策略分析. 国际石油经济, 26（6）: 95-99.

张加洪, 2014. 渤海湾盆地献县凸起大地电磁测深及地热资源评价. 北京: 中国地质大学（北京）.

张树林, 施尚明, 郭升, 1998. 松辽盆地林甸地区热储水的补给及其水动力条件. 大庆石油学院学报,（4）: 82-84.

张艳飞, 徐义贤, 2009. MT 探测居里面深度的可行性研究. 地球物理学进展, 24（6）: 2003-2011.

张阳阳, 2012. 齐齐哈尔市铁峰区地热资源潜力研究. 大庆: 东北石油大学.

赵常青，2012. 大庆市龙凤区地热资源热储分布特征及资源量评价. 长春：吉林大学.

赵丰年，向烨，马春红，2015. 油田地热能源开发技术标准体系研究进展及展望. 石油工业技术监督，31（7）：18-22.

赵国瑞，2011. 辽河盆地西部凹陷地热资源潜力研究. 大庆：东北石油大学.

赵国泽，陈小斌，汤吉，2007. 中国地球电磁法新进展和发展趋势. 地球物理进展，7（4）：1171-1180.

赵盼，2013. 前郭县地热资源潜力研究. 大庆：东北石油大学.

赵玉娟，2009. 辽河油田于楼地区地热资源评价研究. 吉林水利，（7）：39-42.

郑丽英，2015. 京津冀地区新生代地热热储分布特征与资源评价. 北京：中国地质大学（北京）.

郑人瑞，周平，唐金荣，2017. 欧洲地热资源开发利用现状及启示. 中国矿业，26（5）：13-19.

中华人民共和国地质矿产部，1985. 地热资源评价方法（DZ-4085）.

中华人民共和国国家质量监督检验检疫总局，中国国家标准化管理委员会，2011. 地热资源地质勘查规范（GB/T 11615—2010）. 北京：中国标准出版社.

周总瑛，刘世良，刘金侠，2015. 中国地热资源特点与发展对策. 自然资源学报，30（7）：1210-1221.

朱焕来，施尚明，2011. 油田产出水型地热资源开发研究. 科学技术与工程，11（13）：3052-3058.

朱焕来，王春宇，魏华彬，2017. 岩石热导率的测量及对油区地热研究的影响. 能源与环保，39（12）：34-37.

朱焕来，2011. 松辽盆地北部沉积盆地型地热资源研究. 大庆：东北石油大学.

朱喜，张庆莲，刘彦广，2016. 基于热储法的鲁西平原地热资源评价. 地质科技情报，35（4）：172-177.

朱岩，2018. 地热资源的开发利用与保护探讨. 居舍，（21）：239.

Grant M, 2014. Stored-heat assessments: A review in the light of field experience. Geotherm Energy Science, 2: 49-54.

Li K W, Wang L, Mao X P, et al, 2012. Evaluation and efficient development of geothermal resource associated with oilfield. Science and Technology Review, 30（32）, doi: 10.3981/j.issn.1000-7857. 2012.32.004.

Li K, 2011. Feasibility study on utilizing mid-low temperature geothermal resource for power generation. Geothermal Energy, 1: 25-27.

Limberger J, Boxem T, Pluymaekers M, et al, 2018. Geothermal energy in deep aquifers: A global assessment of the resource base for direct heat utilization. Renewable and Sustainable Energy Reviews, 82: 961-975.

Liu J R, Li R Q, Sun Z X, 2015. Exploitation and utilization technology of geothermal resources in oil fields// Proceedings World Geothermal Congress 2015, Melbourne.

Muffler P, Cataldi R, 1978. Methods for regional assessment of geothermal resources. Geothermics, 7（2）: 53-89.

Templeton J D, Ghoreishi-Madiseh S A, Hassani F, et al, 2014. Abandoned petroleum wells as sustainable sources of geothermal, Energy, 70: 366-373.

Wang J Y, Qiu N S, Hu S B, et al, 2017. Advancement and developmental trend in the geothermics of oil fields in China. Earth Science Frontiers, 24（3）: 1-12.

Wang J Y, Hu S B, Pang Z H, et al, 2012. Estimate of geothermal resources potential for hot dry rock in the continental area of China. Science and Technology Review, 30（32）, doi : 10.3981/j.issn.1000-7857, 2012.32.003.

Wang S J. Yan J H, Li F, et al, 2016. Exploitation and utilization of oilfield geothermal resource in China. Energies, 9（10）: 798.

Wight N M, Bennett N S, 2015. Geothermal energy from abandoned oil and gas wells using water in combination with a closed wellbore. Applied Thermal. Engineering, 89: 908-915.

Williams C, 2007. Updated methods for estimating recovery factors for geothermal resources//Proceedings of the thirty-second workshop on geothermal reservoir engineering 2007, Stanford : Stanford University.

Younger P L, 2018. Geothermal energy : Delivering on the global potential. Energies, 8: 11737-11754.